한국현대시와 동양적 생명사상

최 승 호 지음

청운

■ 머리말

  문학 강의 시간에 문학은 곧 정치라고 이야기 하곤 한다. 바람직한 삶의 방식을 탐구한다는 의미에서 모든 문학작품은 정치적이다. 사물들의 관계 맺는 방식에 대한 탐구가 수사학인데, 이것은 곧바로 정치학이나 윤리학으로 연결되는 것이다. 정치와 마찬가지로 문학에는 정답이 없다.

  주지하다시피 1930년대 이후로 한국현대시는 리얼리즘시, 모더니즘시, 전통적 서정시의 삼각구도로 형성되어 왔다. 이 세 가지 흐름이 서로 역학적으로 길항관계를 이루며 시대에 따라 다양하게 변신하며 전개되었던 것이다. 그런데 전통서정시에는 엄밀히 말해서 두 갈래가 있다. 서구에서 들어온 낭만적 서정시가 하나이고, 전통 동양적 서정시가 다른 하나이다. 낭만적 서정시는 주체중심주의적인 근대문학으로서 은유적 세계관에다 뿌리를 내리고 있고, 전통 동양적 서정시는 탈근대적 사유의 하나로서 제유적 세계관에 기반을 두고 있다. 물론 후자는 탈근대를 전근대에서 차용해 온 것이다.

  여기서 다루고 있는 문장파의 자연서정시는 전통 동양적 서정시에 속한다. 여기서 말하는 '전통'이란 오늘날 우리가 서구적 근대의 부정성을 극복하기 위해 전근대에서 차용해온 개념이다. 그것은 어디까지나 현대적인 필요에 의해 현대적인 의미로 사용되고 있다. 일제강점기 말 문장파의 전통지향적 자연 서정시는 동양적 생명사상, 즉 氣사상에 입각해서 일어난 반파시즘, 반제국주의 운동의 문화적 일환인 것이다. 넓게는 서구적 근대와 자본주의에 반감을 품은 미학적 저항인 셈이다.

리얼리스트나 모더니스트들은 전통주의를 인정하려들지 않는다. 체제영합적이고 보수적이고 반동적이기까지 하다는 이유에서이다. 다시 말해, 전통서정시에는 부정정신이나 비판정신이 보이지 않는다는 것이다. 이것은 전통서정시에 대한 이해의 부족이거나 단순히 문학적으로 헤게모니를 선점하려는 의도로 보인다. 진정성이 있는 문학 치고 부정정신이 없는 게 있겠는가. 전통서정시는 이상적인 자연을 통해 유토피아 지향성을 보여주고 있다. 이 이상적인 자연을 '자연의 메트릭스'라는 도피적 공간으로 해석할 수도 있다. 하지만 근원으로서의 이 이상적인 자연이 타락한 자본주의적 현실을 비판하고 보다 나은 세계를 제시하는 모델로서의 기능을 하고 있다고 해석할 수도 있지 않은가? 리얼리즘에만 정답이 있다고 생각하던 시대가 있었다. 모더니즘에만 정답이 있다고 생각하던 때도 있었다. 한편 전통서정시를 쓰는 시인들 또한 거기에만 정답이 있다고 생각해왔다. 그러나 어디에도 정답은 없다. 서로 다른 세계인식이 있을 뿐이다.

문장파 문인들은 조선조 선비들의 문인화정신을 숭상해왔다. 문인화정신에 근거한 그들의 정신주의 문학은 일제강점기 파시즘 체제에 저항하는 방식이기도 하다. 1990년대 이후 한국문단의 정신주의시는 바로 문장파의 맥을 잇고 있는 것이다. 1920년대의 좁은 '조선주의'를 벗어난 이 정신주의는 1930년대 동아시아에 두루 나타난 고전부흥운동에 힘을 입고 있고 있다는 점에서 어느 정도 보편성도 띠고 있다. 보편성! 문장파 문학이 이 시대에도 여전히 유효하게 호출되려면 이 보편성을 지니고 있어야 한다. 필자는 이 점에다 연구의 초점을 맞추었다.

필자의 능력 부족으로 원래 의도했던 대로 충실히 연구를 이행하지는 못했다. 하지만 본 작업은 몇 가지 중요한 의미를 지니고 있다. 첫째, 문장파의 실체를 드러내었다는 것이다. 둘째, 문장파의 실체를 드러냄으로써 고전과 현대가 전통의식을 사이에 두고 어떻게 접맥되고 변화 발전되었는가를 살펴보았다. 셋째, 문장파 문인들이 지닌 역사의식, 생명사상, 근대화관 등을 살펴봄으로써 그것들이 지닌 인간학적 중요성을 확인해 보았다. 그리고 문장파 문인들의 문학이 오늘날 어떻게 새롭게 변화해감으로써 한국문학사에 발전적 대안으로 가능한가를 염두에 두고 이 글 전체를 집필했다.

이 책이 나오기까지 동서고금의 수많은 선배 학자들의 다양한 업적들에 빚을 지었다. 초등학교부터 대학에 이르기까지 나를 가르쳐준 수많은 스승들에게 감사를 드린다. 스쳐지나 가는 만남에서 나를 깨우쳐준 무수한 사람들에게도 고마움을 전한다. 부족한 글을 재출간해준 도서출판 청운의 전병욱 사장님께도 심심한 감사를 드린다.

2012년 12월

불암산 기슭에서
최 승 호

차례

한국현대시와 동양적 생명사상

I. 서 론

1 연구대상 및 목적

　본고에서는 1930년대 후반기에 나타난 전통지향적 자연시를 연구대상으로 삼았다. 그런데 1930년대 후반기의 전통지향적 자연시는 문장파를 중심으로 하여 본격적으로 쓰여졌다. 따라서 본고에서는 일제말기의 전통지향적 자연시 중에서도 문장파의 그것을 중심으로 고찰하기로 하겠다. 그리고 시기적으로는 1930년대 후반기의 연장선상에 놓여있는 1940년대 초반까지의 전통지향적 자연시도 포함시키겠다. 그리고 그 문장파의 자연시를 중심으로 해서 그들의 미의식을 분석해내는 것이 이 논문의 구체적인 목적이다. 따라서 이 논문의 효과적인 진행을 위해서 다음 두 가지가 선행되어야 한다. 하나는 문장파의 범위 설정이고, 다른 하나는 그들이 쓴 전통지향적 자연시의 개념 규정이다. 『문장』이란 잡지를 통해 활약한 시인, 소설가들은 매우 다양하다. 그럼에도 불구하고 우리들은 그 속에서 이른바 주체세력들을 분리시킬 수 있다. 지금까지 문장파의 주체세력으로 불린 사람들은 李秉岐, 鄭芝溶, 李泰俊, 金瑢俊 등이다.[1] 이들은 문장지의 편집과 관련하여 주도권을 잡고 있었고, 또한 그들 나름으로의 공통적인 특색을 지니고 있었다. 그것이 이른바 선비문화에의 지향이다. 이들은 비록 선비문화가 자리 잡을 수 있는 조건의 하나인 물적 근거가 많이 소실된 상황에 살면서도 그들 나름대로 조선조 사대부들의 문화를 모방하고 현실적으로 실천하고자 노력한 사람들이었다. 그리고 위의 네 사람 외에 趙芝薰을 추가시키기로 했다. 趙芝薰은 비록 문장지를 통해 데뷔한 시

---

1) 金允植, 黃鐘淵 등이 문장파의 주체 세력으로 이들을 압축해 냈다.

인이지만, 그가 이룩해 낸 문학적 성과로 보거나 그가 지닌 의식 성향과 그것을 가능케 하는 사회적·물적 기초로 봐서 확고하게 문장파 시인, 그것도 주체세력으로 불러도 손색이 없다. 따라서 본고에서는 李秉岐, 鄭芝溶, 趙芝薰 세 사람의 자연시를 분석 대상으로 삼았다.

그러면 전통지향적 자연시란 무엇인가. 이는 전통지향적 자연시가 하나의 양식적 성격을 지니는가에서부터 따져 들어가야 할 것이다. 종래에는 전원시, 산수시란 말들이 일반적으로 사용되어져 왔다. 그때 전원시니 산수시니 하는 용어들은 명백히 하나의 역사적으로 형성 전개된 개념들이었다. 그런데 필자는 본고에서 그런 용어 대신 전통지향적 자연시라는 보다 현대적이고도 포괄적인 용어를 사용하려고 한다. 이에 대해서는 본론에서 다시 논의할 것이다.

그러면 이들 전통지향적 자연시에 있어서 주로 나타난 미의식은 어떤 것인가? 그들 문장파 시인들은 주로 사대부의 후예로서 선비문화를 지향하였고, 선비적인 삶을 살려고 노력했던 것은 주지의 사실이다. 그와 함께 예술 면에 있어서도 그들은 주로 선비문화 중에서도 문인화정신에 입각한 예술 활동을 하려고 했었다. 문인화정신이란 寫實보다 寫意를 더 중시여기는 것으로서 추상성을 강조한다. 다시 말하면 정신성을 강조하는데, 이들이 지향하는 추상성 또는 정신성은 주로 유가적인 형이상학과 관련된다. 그런데 그들이 지향하는 유가적인 형이상학이 그들의 전통지향적 자연시에 있어서는 주로 생명의식 또는 생명사상과 관련되어 나타난다. 다시 한번 말하면 그들이 추구하는 미의식이 주로 생명사상과 관련된다는 것이다. 따라서 본고에서는 이들 문장파 자연시에 있어서 심미적인 의식을 그들의 시에 나타난 유가적인 형이상학적 생명철학과 관련시켜 연구할 것이다.

이렇게 그들 문장파의 자연시에 나타난 미의식을 유가적인 형이상학적 생명철학과 관련시켜 연구하는 것은 어떤 목적에서인가? 그것은 이들의 전통지향적 자연시를 하나의 세계관적인 측면에서 연구하고자

함이다. 문장파의 자연시란 것이, 앞으로 밝혀지겠지만 하나의 양식 개념으로서 어떤 정신적·내용적인 항목을 지닌다고 볼 때, 거기에는 그 나름대로 독특한 세계관적 기반을 지니고 있을 수 있기 때문이다. 문학을 세계관적 측면에서 연구하는 것이 최고의 방법론은 아니겠지만, 세계관적인 측면의 연구 또한 그 시대를 살아간 인간들의 삶의 미학적 기초를 연구하는 데 중요한 하나의 관점이 될 수 있다고 본다. 더군다나 문장파의 자연시가 일제강점기라는 특수한 상황 하에서 생산되었다는 점에서 당시에 존재하던 여러 가지 다른 이질적인 이데올로기적 또는 세계관적 항목들 사이에서 어떻게 이들 유가적인 심미적 사상이 나름대로 존속하고 있었는가를 살피는 것은 중요한 관심거리가 될 수 있다.

부연하면, 문장파의 자연시에 나타난 심미의식, 생명사상에 근거한 문인화정신이 당대 세계관적인 측면에서 어떠한 성격과 의의를 지녔는가 하는 것이 또한 관심의 대상이 아닐 수 없다. 이는 그들만의 자연시가 갖는 독특한 생명사상을 인접한 다른 이데올로기와 비교 분석함으로써 연구될 수 있을 것이다. 그렇게 하기 위해서는 그들만의 고유한 자연관과 생명관이 검토될 필요가 있다. 자연관에 대해서는 제Ⅱ장에서 밝힐 것이고, 생명관에 대해서는 제Ⅳ장에서 소위 생명파의 생명관과 비교해서 논의할 것이다.

한편, 문장파 주요 시인들인 李秉岐, 鄭芝溶, 趙芝薰 세 사람은 나중에 모두 사회시를 썼다. 전통지향적 자연시를 썼던 그들이 사회시로 전환했을 때, 그렇게 할 수 있었던 사상적 근거는 무엇인가를 살펴볼 것이다. 이 사상적 근거를 통해 그들이 미의식에서 어떤 변환을 일으켰는지 살펴보려 한다.

② 연구사 개관

지금까지의 문장파에 대한 연구는 두 가지로 나누어 볼 수 있다. 문장파라는 집단에 대한 연구와 그 개별 성원들에 대한 연구이다. 먼저 문장파 집단에 대한 연구부터 살펴보자. 이에 대한 연구는 별로 많지 않은데, 대표적인 연구가로 조연현, 김윤식, 황종연 등을 들 수 있다.

먼저 趙演鉉은 『문장』의 전체적인 성격을 문제 삼았는데, 『문장』의 성격은 최재서가 이끄는 『인문평론』의 친서구적 경향과는 달리 친한국적, 친동양적 이었다고 서술하고 있다.[2] 그럼에도 불구하고 『문장』지가 완전하게 본격적이고 독립된 하나의 문예집단이라는 인식에는 미흡했었다. 『문장』지가 하나의 독립된 문예 집단으로 인식되려면 그 구성원에 대한 연구와 그들 작품 또는 에세이에 나타난 미의식에 대한 심도 있는 연구가 뒤따라야 한다. 그런 점에서 김윤식 교수의 문장파에 대한 연구는 집단적인 연구를 감행한 선구적 작업으로 돋보인다. 그는 『문장』지의 세계관을 연구한 바 있는데, 그 작업을 李秉岐와 李泰俊을 중심으로 하였다. 李秉岐의 경우, 蘭과 藝道라는 관점에서 조선조 선비문화를 이어받은 것으로 보았고, 李泰俊의 경우 고전과 그에 대한 작위적 모방이라는 관점에서 상고주의와 관련시켰다.[3] 특히 李秉岐의 시학이 생명에 대한 감각적 촉수에 기반해 있음을 지적한 바 있다.[4] 이는 李秉岐의 자연시에 보이는 미의식이 어떠한 세계관적 맥락 위에 놓여 있는가를 예시하는 것으로 보인다. 필자 나름대로 요약하여 받아들이면, 그는 유가적인 형이상학적 생명사상과 관련시켜 李秉岐의 자연시를 보고 있다고 생각된다.

다음 黃鐘淵은 문장파 전체에 대한 집단적인 연구를 일련의 연속된

---

2) 趙演鉉, 『한국현대문학사』, 성문각, 1980, p.588.
3) 김윤식, 「〈문장〉지의 세계관」, 『한국근대문학사상비판』, 일지사, 1984.
4) 김윤식, 위의 글, pp.167~168.

작업을 통해 계속해 내고 있는데, 매우 뛰어난 관점과 착실한 논증으로 돋보이는 성과를 내고 있다. 그는 먼저 문장파 문학의 정신사적 연구를 통해 비로소 본격적인 의미에서 문장파에 대한 집단적인 연구를 감행한 셈이다. 그는 '문장 – 문장파 – 문장파 문학'이란 도식 하에 먼저 문장파의 실체를 드러내는데 일정한 성과를 보여주고 있다.[5] 우선 그는 『문장』지에 대한 자세하고도 치밀한 실증적 연구를 하여 『문장』이라는 잡지가 나름대로 어떤 일관된 독특한 성격을 지니고 있음을 드러내었다. 그런 다음 그것을 끌고 간 주도세력으로 일군의 문화집단을 추출해 내었는데, 그것이 李秉岐, 鄭芝溶, 李泰俊, 金瑢俊 등이다. 다음 이들을 중심으로 한 문학이 조선조 선비문화에 대한 선택적인 친화와 상고주의에 있다고 지적하였다. 이는 상당히 진전된 논의로 볼 수 있다. 다음 황종연은 문장파 세 사람의 문학을 근대와 반근대라는 관점에서 논의를 더욱 진전시켰다.[6]

필자는 여기까지의 논의에 힘입어 나름대로 수정도 하고 덧보태기도 했다. 우선 앞에서 말한 대로 대상에 있어서 제한을 가했다. 李秉岐, 鄭芝溶, 趙芝薰으로 한정했다. 앞의 연구가들과 다른 점은 趙芝薰이 첨가되었다는 것이다. 이에 대해서는 제Ⅱ장에서 해명될 것이다. 그리고 그들의 전통지향적 자연시에 국한시킨 것이다. 그리고 또 다른 점이 있다면 앞서의 연구가들이 Hegel이나 Marxist류의 근대 개념으로 이들 문장파의 역사의식을 비판했다면, 필자는 일단 이들 자신의 이데올로기와 철학을 좀 더 신중하게 살펴보기로 했다. 다시 말하면, 이들 문장파의 자연시를 서구적인 미학사상으로 비판하지 않고, 유가들의 사상 그 자체로 분석하려고 시도했다는 점이다. 우선 이 작업이 선행되어야 다른 미학 이론에 의한 비판도 보다 심도 있게 행해질 수 있기 때문이다.

---

5) 황종연, 「문장파 문학의 정신사적 성격」, 『동악어문논집』 제21집, 1986.
6) 황종연, 「한국문학의 근대와 반근대」, 동국대학교 대학원 박사논문, 1991.

다음으로 문장파 세 사람에 대한 개별 연구들을 정리해 보자. 필자는 너무 많은 선행 업적을 다 정리할 수 없어서 주로 본 연구의 테마와 관계가 깊은 것만 간략히 추려서 열거해 보았다.

첫째, 李秉岐의 자연시에 대한 연구로는 다음과 같은 것들이 있다. 李秉岐와 관련하여 특히 그 미의식과 관련하여 심도 있는 연구는 먼저 김윤식 교수의 논문 「자생적 사상의 미학」을 들 수 있다.[7] 그는 이 글에서 이병기의 시학이 바로 藝道와 생명의식에 닿아 있음을 지적했다. 그리고 그 예도와 생명의식이 유가적인 형이상학과 관련됨을 말했다. 그는 또한 「주자학적 세계관과 시조양식」에서도 이병기의 시조학이 바로 주자학적 세계관에 닿아 있음을 지적했다.[8]

그리고 金容稷 교수는 「서정의 主流化와 풍류의 미학 – 가람 李秉岐」에서 李秉岐의 미학이 난과 매화로 표상되는 유가적인 미의식에 연하여 있음을 구체적인 작품 분석을 통해 입증했었다. 그리고 그 유가적인 미의식이 바로 멋과 풍류임을 말했다. 또한 그는 이 풍류라는 것이 자연이라든가 인생사를 높은 차원에서 여유를 가지고 즐기는 방식이라 하였다.[9] 이 말은 곧 풍류와 멋이 바로 생명적인 것과 매우 가깝게 연하여 있다고 하는 말로도 해석 가능하다.

다음으로 중요한 연구가로는 역시 황종연을 들 수 있다. 그는 「李秉岐와 풍류의 시학」, 「조선주의로부터의 이탈」이라는 두 개의 중요한 논문을 낸 바 있다.[10] 앞의 논문에서 그는 李秉岐의 자연시가 풍류사상에 연하여 있고, 그 풍류사상은 悟道 체험과 관련된다는 점으로 인

7) 김윤식, 『한국근대문학사상』, 서문당, 1979.
8) 김윤식, 『한국근대문학사상사』, 한길사, 1984.
9) 김용직, 『한국근대시사 下』, 학연사, 1991, pp. 388~398.
10) 황종연,「이병기와 풍류의 시학」, 『한국문학연구』 제18집, 동국대학교 한국문학연구소, 1985.
   황종연, 「조선주의로부터의 이탈」, 『국어국문학논문집』 제13집, 동국대학교 국어국문학과, 1986.

하여 유가적인 사상과 관련시키고 있다. 그리고 두 번째 논문에서는 李秉岐의 전통주의가 탈조선주의적임을 밝히고 있다.

다음 鄭芝溶과 관련하여 주요한 논문을 살펴보면 다음과 같은 것들이 있다. 먼저 김용직 교수는「鄭芝溶論」에서 그의 후기시가 동양사상에 닿아 있음을, 특히 유교적인 사상에 연맥되어 있음을 지적했다. 그리고 지용의 후기시가 단순히 사물시가 아니라 그 속엔 어떤 정신세계, 곧 관념이 감각화되어 있다고 지적한 것은 탁월한 안목이다.[11]

鄭芝溶의 시를 다룬 것은 아니지만 그의 시론을 다룬 논문「지용 시론의 변모」에서 韓啓傳 교수는 그의 시학이 전통의식에 연접해 있음을 밝힌 바 있다. 이는 그의 후기시론에 보이는 문인화정신과 관련된다고 볼 수 있다.

다음 鄭芝溶의 후기 자연시와 관련하여 그것이 지닌 정신주의적 측면을 예리한 감수성으로 분석해 낸 논문으로 崔東鎬 교수의「산수시의 세계와 은일의 정신」이 있다.[12] 이 논문에서도 최동호 교수는, 鄭芝溶의 거의 대부분의 시가 사물시라는 문덕수 교수의 견해를 반박하여, 얼핏 사물시로 보이는 그의 산수시에 어떤 관념이 용해되어 있음을 날카롭게 분석해 냈다. 그것은 바로 동양적 은일의 정신이었다.

또 李崇源 교수는「한국근대시의 자연 표상」에서 鄭芝溶의 후기시에 나타난 자연 표상을 연구한 바 있는데, 이 자연 표상 속에는 정적의 공간과 무시간성이 보인다고 했다. 그리고 그의 시에는 유가적인 정결성에 의한 결벽성과 여백미가 있다고 분석했다.[13] 이는 결국 모두 다 유가적인 미의식과 관련되는 것이다.

鄭芝溶의 후기시에 나타난 시간과 공간에 대해서는 金勳 교수 역시

---

11) 김용직,「정지용론」,『한국 현대시 해석·비판』, 시와시학사, 1993.
12) 崔東鎬,「산수시의 세계와 은일의 정신」,『晦岡이선영교수화갑기념논총: 1930년대 민족문학의 인식』, 한길사, 1990.
13) 李崇源,「한국근대시의 자연 표상 연구」, 서울대 대학원 박사학위 논문, 1986.

비교적 상세한 논급을 했다. 그는 鄭芝溶 후기시에서 공간이 변화와 이동을 보이지 않음에 착안했다. 그것은 바로 시간이 현재만으로 고정되어 있거나 무시간성을 지니고 있기 때문이라고 했다. 그리고 그 무시간성을 동양정신에서 빚어지는 것으로 보았다.[14]

끝으로 趙芝薰과 관련하여 살펴보자. 趙芝薰이 흔히 불교적 시인으로 알려져 있어 왔는데, 그것을 시정하고 주로 유가적인 성격을 더 많이 띤다고 주장한 논문들이 더러 있다. 그 중에 제일 먼저 주목할 만한 것으로 김용직 교수의『정명의 미학』과 朴好泳 교수의「조지훈 문학 연구」를 들 수 있다. 먼저 김용직 교수는 趙芝薰이 언어를 중시했다는 점, 그리고 자연과 인간의 조화에 기인한 풍류사상을 보인다는 점에서 유교적 범주에 드는 시인으로 보았다.[15] 그리고 박호영 교수는 趙芝薰의 가문을 자세히 조사하고 또 그의 어릴 적 수학과정을 검토한 결과 유교적 성격이 더 강한 시인이라고 결론을 내렸다. 그리고 박호영 교수는〈落花〉를 들어 그것이 주리론적인 형이상학과 관련되어 있음도 언급했다. 한편 그는〈古寺 1〉을 들어 趙芝薰이 선적인 시도 썼음을 지적한 바 있다.[16]

그리고 김윤식 교수는「유기적 문학관」에서 1930년대 시론을 비판한 적이 있는데,[17] 이 글속에서 趙芝薰의 시론을 거론했다. 거기서 그는 趙芝薰의 시론이 서구 낭만주의 시론인 유기체시론과 동양적 허무사상으로 결합되어 있다고 밝혔다. 어쨌든 여기서 그는 趙芝薰의 주요한 시론이 동양적 생명사상과 관련됨을 지적한 셈이다.

다음 徐益煥 교수의「조지훈 시 연구」가 있다.[18] 서익환 교수는 여기서 趙芝薰의 가계와 그의 성장 과정을 자세히 연구한 바 있어서 필

---

14) 金勳,「정지용시의 분석적 연구」, 서울대 대학원 박사논문, 1990.
15) 김용직,『정명의 미학』, 지학사, 1986.
16) 朴好泳,「조지훈 문학 연구」, 서울대 대학원 박사학위 논문, 1988.
17) 김윤식,「유기적 문학관」,『한국근대문학사상연구』, 일지사, 1984.
18) 徐益煥,「조지훈 시 연구」, 한양대 대학원 박사학위 논문, 1988.

자에게 많은 도움을 주었다. 그는 趙芝薰의 생애와 詩歷을 6단계로 나누어, 각 단계에서 자아가 존재하는 방식을 연구하였다. 그의 자연시 부분에 가서는 주로 유가적인 사상과 관련지어 설명하였다.

그리고 吳世榮 교수는 趙芝薰의 문학사적 위치를 점검한 바 있다.[19] 그는 일제강점기에서부터 해방기와 4·19에 이르기까지 趙芝薰의 시들을 두 가지 경향으로 요약한 바 있는데, 그것은 바로 자연은둔적 시와 현실비판적 시이다. 그가 말하는 '자연은둔적'이란 말은 현실도피적이란 말과 엄연히 구별되는 개념이다. 그는 趙芝薰이 자연은둔적인 시를 쓰면서도 여전히 사회시를 썼기 때문에 趙芝薰의 자연은둔이 결코 현실도피만은 아니라는 것이다. 그는 趙芝薰이 자연에서 도를 인식하고 생명의 근원을 탐구하려 했다고 보고 있다. 즉 자연을 소재로 하여 자연의 의미나 자연 속에서의 인간의 삶을 탐구했다는 것이다. 그리고 그는 趙芝薰이 선비정신을 지닌 채 사회시도 썼는데, 趙芝薰의 자연은둔시나 사회시가 실은 동일한 선비정신의 양면성의 표현이라는 것이다. 그는 孟子에게서 보이는 유가적 출처관으로 이 양면성을 해명하고 있다.

그리고 최근에 발표된 박경혜의 「조지훈 문학 연구」가 있다.[20] 그는 趙芝薰의 시를 3기로 나누고, 초기시를 감각과 사변의 시와 고전과 심미의 시로 다시 나누었다. 그리고 중기시는 자연 인식의 시와 선적 사유의 시로 다시 나누었다. 그리고 후기시는 다시 현실 인식의 시와 역설과 초월의 시로 분류했다. 이 중에서 중기시가 필자가 논의하는 전통지향적 자연시에 해당된다. 결국 그는 趙芝薰의 자연시를 불교적인 것과 유교적인 것으로 나눈 셈이다.

한편, 崔承浩는 趙芝薰 순수시론의 미학적 근거가 음양 이기철학에

---

19) 吳世榮, 「조지훈의 문학사적 위치」, 『민족문화연구』 제22호, 고려대학교 민족문화연구소, 1989.
20) 박경혜, 「조지훈 문학 연구」, 연세대 대학원 박사학위 논문, 1992.

근거한 생명사상에 연하여 있음을 밝힌 바 있다.[21]

그리고 金鐘均 교수는 趙芝薰의 한시집인 『流水集』을 분석한 바 있다. 그에 따르면 『流水集』의 한시들은 趙芝薰의 시세계를 단적으로 대표하며 일제암흑기에 쓰여졌다. 그리고 그 속에는 자연을 대상으로 한 시가 특히 많은데, 이 한시들은 한글로 된 그의 전통지향적 자연시와 사상을 같이하고 있다.[22]

③ 연구방법

이상에서 살펴본 바에 따르면, 앞의 연구가들은 거의가 이들 세 사람 문장파 시인들의 자연시를 유가적인 사상과 관련시키고 있음을 알 수 있었다. 그런데 그들이 말하는 유가사상을 보다 구체화시켜 논의한 것은 별로 없었다. 그 중 가장 볼만한 것은 생명의식과 관련된 논문이다. 여기서 필자는 그들의 자연시가 어떠한 형이상학과 관련되어 있는가를 유가적인 생명사상과 연맥지어 좀 더 깊이 분석하려고 한다. 문장파의 자연시를 생명사상과 연맥지어 분석하기 전에 제Ⅱ장에서는 우선 그들 문장파의 성격과 시론을 고찰해 보겠다. 그리고 문장파의 성격을 논하기 전에 먼저 그들 문장파의 범위 설정에 대해 살펴보기로 하겠다. 그리고 그런 다음 그들이 지향한 문화나 세계관이 어떠한 성격의 것인지 고찰해 보기로 하겠다. 그들이 지향한 세계관이 밝혀지면 거기서 더 나아가 그들이 지향한 예술정신을 살펴보기로 하겠다. 다음 그들의 예술정신이 규명되면 그들의 시론을 구체적으로 살펴볼 것이다. 또한 그들의 시론이 밝혀지면 그들의 시에서 사용되는 기본적인 미학 개념이 추출될 것이다. 여기서 밝혀진 미학적 개념으

---

21) 崔承浩, 「조지훈 순수시론의 몇 가지 이론적 근거」, 『향천 김용직 박사 화갑 기념논문집: 한국현대시론사, 모음사, 1992.

22) 金鐘均, 「조지훈 한시 연구」, 『논문집』 제17집, 한국외국어대학교, 1984.

로 제Ⅲ장에서 구체적인 작품 분석이 진행될 것이다.

그리고 제Ⅲ장에서는 방금 말한 대로 구체적인 작품 분석을 시도하겠다. 그리고 역시 방금 말한대로 제Ⅲ장에서 사용하는 분석 도구는 제Ⅱ장에서 추출된 개념이다. 구체적으로 제Ⅲ장에서 사용되는, 전통지향적 자연시 분석 방법은 다음과 같다. 전통지향적 자연시를 분석하는 연구 방법은 주로 고전문학 연구가들에 의해 논의되어 왔다. 전통지향적 자연시를 분석하는 개념이 본격적으로 논의되기는 趙東一 교수의 「山水詩의 경치, 흥취, 주제」에서부터이다.[23] 그는 전통 자연시를 분석하는 기본 개념으로 경치, 흥취, 주제라는 세 가지 항목을 설정한 바 있다. 이는 그가 고려 시대부터 조선조에 이르기까지 대표적인 유가들의 문학관에서 추출한 개념들이다. 이 중에서 특히 그가 모델로 삼은 것은 李珥의 것이다. 율곡은 다음과 같이 선비가 자연을 대하는 태도에 있어서 세 가지 층위를 나열하면서 그 우열을 논의하였다.[24]

천지의 사이에 모든 물체는 각기 理가 있으니, 위로는 日月星辰으로부터 아래로 草木山川에 이르고 미세한 것으로는 糟粕·煨燼에 이르기까지 모두 道體가 寄寓한 것으로서 지극한 가르침 아닌 것이 없다. 그러나 사람이 비록 조석으로 눈을 붙여 본다 하더라도 그 이치를 알지 못하면 보지 않는 것과 무엇이 다르겠는가. 금강산에 유람하는 선비가 또한 눈으로만 볼 따름이고 능히 산수의 眞趣를 깊이 알지 못한다면 바로 저 백성이 날로 사용하고 있으면서도 도를 알지 못하는 것과 별다를 것이 없을 것이다. 洪丈과 같은 이는 산수의 취미를 깊이 알았다고 이를 수 있을 것이다. 그러나 다만 산수의 취미를 알 뿐이고 도체를 알지 못하면 또 산수를 아는 것이 귀중할

---

23) 趙東一, 「山水詩의 경치, 흥취, 주제」, 『국어국문학』 제98집, 국어국문학회, 1987.
24) 전통지향적 자연시는 조선시대 산수시와는 기본적으로 동질적인 미학적 자질 위에 구축되어 있다고 본다. 따라서 율곡의 이론은 오늘날에도 원용 가능하다고 본다. 다만 오늘날에는 그 개념들을 현재화시킬 필요가 있다.

것은 없으니, 홍장의 앎이 어찌 여기에 그치겠는가.[25)]

  이는 자연을 대상으로 읊은 시를 단지 자연경물만 묘사한 것, 경물 묘사를 넘어서 그 자연이 주는 정취를 읊은 것, 경물 묘사와 정취 표현을 포함하면서 그것을 넘어선 도체를 표현한 것 세 가지로 나눈 것이다. 그러면서 율곡은 단순히 경물 묘사만의 시보다 정취까지 나타낸 시가 우수하고, 정취까지 드러낸 시보다 도체까지 나타낸 시가 더 우수하다는 입장을 표현하고 있다. 이 중에서 도체까지 포함한 시가 가장 이상적인 자연시라는 것이다.

  조동일 교수도 그런 사대부들의 용어, 즉 경물, 흥취, 도체, 이치 등의 개념을 이어받아서, 그 나름대로 현대적인 용어, 바로 경취, 흥취, 주제로 바꾸어 낸 것이다. 이는 전통 자연시를 연구하는 중요한 층위적 개념이다. 전통 자연시는 전통 자연시 나름대로 역사적으로 형성된 독특한 양식으로 미학적 요소를 지니는 것이다. 이런 의미에서 경취, 흥취, 주제는 그런 요소가 됨에 충분한 것이다.

  呂運弼 교수는 조동일 교수의 그러한 개념들을 그대로 이어받으면서 용어들을 약간 변형시켰다. 즉 이색의 자연시를 연구하면서 그 자연시의 층위를 묘사중심, 이치중심, 정취중심으로 바꾸어 불렀다. 다시 말하면 그는 조동일 교수의 경치란 말을 직접 쓰지 않았고, 도체 대신 보다 일반화된 용어로 이치를 썼으며, 흥취 대신 보다 현대시학적인 의미로 정취를 쓴 것이다.[26)] 그리고 그는 정취를 사물이 지닌 분위기가 아니라 자아의 정서로 해석하였다.

---

25) 李珥, 洪恥齋仁祐遊楓嶽錄跋, 『栗谷全書』 卷十三, 天壤之間物各有理. 上自日月星辰 下至草木山川 微至糟粕煨燼, 皆道體所寓 無非之敎. 而人雖朝夕寓目 不知厥理, 則與不見何異哉? 士之遊金剛者 亦目見而已 不能深知山水之趣, 則與百姓日用而不知者 無別矣. 若洪丈可謂深知山水之趣者乎. 雖然, 但知山水之趣 而不知道體, 則亦無貴乎 知山水矣. 洪丈之知 豈止於此乎? 『국역 율곡전서』, 정신문화연구원, 1987, pp.275~276.
26) 呂運弼, 「이색의 시문학 연구」, 서울대 대학원 박사학위 논문, 1993.

필자는 이상 두 연구자의 연구 태도와 방법을 이어 받으면서 나름 대로의 용어를 사용하고자 한다. 우선 경치란 용어 대신에 객관경물 또는 객관대상이란 보다 일반화된 용어를 쓰고자 한다. 왜냐하면 경치는 그야말로 좁은 산수시에 국한되는 개념이기 때문이다. 산수시를 넘어선 영물시나 전원시까지 포함된 전통지향적 자연시에는 보다 포괄적인 용어가 필요하기 때문이다. 그리고 흥취나 정취 대신 정서나 분위기라는 보다 현대시학적인 용어를 쓰고자 한다. 물론 흥취란 용어는 주관적인 것만은 아니다. 필자는 주관적인 흥취를 정서라 부르고, 객관적인 사물의 흥취를 분위기라 바꾸어 부를 것이다. 또 한편, 이치나 도체 대신 형이상이란 용어로 일반화시키고자 한다. 요약하면, 필자가 다루고자 하는 바 문장파의 자연시는 객관대상 및 객관대상의 분위기, 주관 정서, 형이상이란 세 가지 층위를 중심으로 분석될 것이다. 그리고 형이상은 주로 생명 및 생명력의 존재방식과 관련하여 살필 것이다. 따라서 필자가 본 논문에서 사용하는 최종적인 비평 용어는 객관대상 또는 객관경물, 대상의 분위기, 자아의 주관 정서, 자아와 대상 사이의 생명력의 교감 방식이 될 것이다.

그리고 문장파의 이들 세 사람의 자연시를 좀 더 구체적으로 분석하기 위해 그것을 크게 네 가지로 분류하였다. 즉 일상적 공간의 자연물을 다룬 자연시와 비일상적 공간의 자연물을 다룬 자연시로 크게 양분하였다. 그리고 일상적 공간의 자연물도 그것에 대해 관련 맺는 주체와의 관계에 따라 일상적 거주 공간의 자연시와 일상적 노동 공간의 자연시로 나누었다. 또한 비일상적 공간의 자연물 역시 그것을 대하는 주체와의 관련 양상에 따라 비일상적 여행 공간의 자연시와 비일상적 은거 공간의 자연시로 나누었다. 따라서 위의 네 가지 자연시들은 아래와 같이 정리될 것이다.

① 일상적 거주 공간의 자연물과 그것을 완상하는 완상자와의 관계
② 일상적 노동 공간의 자연물과 노동하는 사람과의 관계

③ 비일상적 여행 공간의 자연물과 그 속을 여행하는 사람(遊人)과의 관계
④ 비일상적 은거 공간의 자연물과 그곳에 은거하는 사람과의 관계

  그런데 위 네 가지 자연시를 각각 차례로 영물시, 전원시, 여행적 산수시, 은거적 산수시로 불러도 무방할 것이다. 이렇게 분류된 네 가지 전통지향적 자연시에서의 미의식이 李秉岐, 鄭芝溶, 趙芝薰에게 각각 어떻게 나타나고 있는지를 살펴보고자 한다.

문장파의 범위 설정

'문장파의 자연시'라는 타이틀을 두고 먼저 논의되어야 할 바는 첫째 문장파의 범위 문제이고, 둘째 전통지향적 자연시라는 개념 규정 문제이다. 여기서는 우선 전통지향적 자연시의 개념 문제는 접어두고 소위 '문장파'의 범위 설정의 문제에 대해 간략히 언급해 두고자 한다.

근래에 들어 문장파에 대한 집단적 연구를 가능하게 해주는 작업들이 드물게 발표되었다. 맨 먼저 김윤식 교수가 이『문장』지의 세계관을 분석함으로써 그 이념적 기초를 어느 정도 드러내었다고 볼 수 있다.[27] 그리고 최근에 황종연이 '문장파' 및 '문장파 문인'들의 문학에 대해 체계적이고 일관성 있는 논문들을 발표하였다.[28] 그는 '문장 – 문장파–문장파 문학'이란 도식 아래 먼저 문장파의 실체를 드러내는 데 일정한 성과를 보이고 있다. 그에 따르면『문장』이란 잡지는 문장파라는 문예집단의 집단적 이념의 표식이게끔 하는 데 충분했으며, 문장파는 그런『문장』지를 일정한 방향으로 편집되게끔 한 주체세력이었다는 것, 그리고 그 주체세력들은 그들 나름으로의 고유한 영역을 구축하여 문장파 문학을 이룩해 내었다는 것이다. 그리고 그 집단의 이념이 주로 유교적 문화와 관련되었다는 것을 밝혀 놓았다.

문장파 문인들은 그들 스스로를 문학집단의 주체로 선언하지는 않았다. 그러나 그들은 여러 가지 경로로 그들 나름대로 그들을 다른 집

---

27) 김윤식, 「문장지의 세계관」,『한국근대문학사상비판』, 일지사, 1978.
28) 황종연, 「문장파 문학의 정신사적 성격」,『동악어문논집』제21집, 1986.
　　황종연, 「한국문학의 근대와 반근대」, 동국대학교 대학원 박사학위논문, 1991.

단과 구별지우는 몇몇 특징 있는 문학적 행위를 영위해 왔었다. 그러한 행위로 인하여 『문장』은 공공연히 표방되던 아니던 간에 당대 문학의 지배적인 조류 중의 하나를 대변하고 있었던 것이다. 그것은 『문장』의 편집 방침을 보면 알 수 있는데, 이 잡지의 편집 방침은 결과적으로 어떤 특정한 개성적이고 독자적인 문학창작의 방향을 노정하고 있었다. 그것은 표지의 장정이나 특집호의 선정에 이르기까지 다양하게 나타나고 있다. 『문장』은 분명히 몇몇 사람의 배타적인 이념을 표방하는 동인지는 아니었던 것이다. 그리하여 그들 나름대로 문학창작의 원리나 방향을 확고한 명제나 강령으로 천명한 적은 없었다. 그렇지만, 이 잡지의 편집은 여러 가지 경로로 그 나름으로 독특한 문학적 이념을 지향하고 드러내고 있었다. 그것이 당시의 사회주의 리얼리즘이나 모더니즘과는 다른 소위 전통주의의 한 모습인 것이다.

그리고 그것은 30년대 후반기에 나타난 고전부흥운동과 관련된다. 이 고전부흥운동은 확실히 당대에 있어서 하나의 문화창조의 노선이었다. 역시 황종연의 지적[29]대로 문장파에는 뚜렷한 지도적인 비평가는 없었다. 그리하여 이론적 세련화와 전략화를 도모할 수 없었던 불리한 여건에 처해 있었으면서도 그들은 분명히 한국문학사의 한 시기를 점유하는 독특한 정신적 지향점을 그리고 있었다. 그 정신적 지향의 한 특색을 조연현은 『인문평론』의 친서구적 지향과는 다른 '친한국적, 친동양적'인 것이었다고 지적하고, 또한 김윤식 교수는 '선비다운 맛'과 '고전에의 후퇴'라고 정리하고 있다. 그리고 황종연은 그것의 근대성과 반근대성을 문제삼아 정신사적인 측면에서 논의했다.[30]

---

29) 황종연, 「문장파 문학의 정신사적 성격」, p.3.
30) 필자는 문장파의 문화 운동이 단순히 퇴영적인 고전에의 후퇴라고 보지 않는다. 그리고 반근대적이라고 보지 않는다. 이들의 이념을 반근대적이라고 규정하는 논자들은 대체로 Hegel철학 내지 Marx철학을 잣대로 가지고 있다. 즉 이성에 근거한 역사의 변증법적 발전 법칙을 신봉하고 있다. 그들은 문장파가 고전을 현재 및 미래지향적인 문화 창조의 원천으로 역사화하지

그러면 소위 문장파의 주체세력은 무엇인가? 비록 밖으로는 드러나게 배타적인 이념과 강령을 천명한 적은 없었더라도 그 잡지에는 분명히 한 시대의 어떤 특정한 문화적 조류를 반영하고 주도하는 세력이 있었는데, 즉 그들이 바로 문장파의 주체세력들이다. 그것은 우선이 잡지의 편집에서 도출해 낼 수 있는 일군의 문학 내지 문화집단이다. 그들이 바로 李秉岐, 鄭芝溶, 李泰俊, 金瑢俊 등이다. 李秉岐는 주지하다시피 바로 문장파의 정신적 지주였다. 문장파의 정신적 지향이 소위 선비문화였다면 그 '선비'의 한 전형이 李秉岐였던 것이다. 李秉岐는 그의 전 생애를 통해 조선조 지식인이었던 선비다운 교양과 기품을 기르고 유지하려 했던 전형적인 문인이요 학자이다. 역시 황종연의 지적[31]대로 그는 좁은 의미에서 문예인이라기보다 문학에 대해 폭넓은 교양과 조예가 풍부한 국학자였던 것이다. 이 국학자인 李秉岐가 1930년대 중·후반에 있어 전통문화 부흥운동과 관련하여 그 여러 문화업적을 『문장』에 수용하고, 그러한 정신적 이념을 당시 한국문화 내지 문학창조의 한 노선으로 정립한 것이다. 그는 자신이 지녔던 조선조 선비들의 이념이 가장 잘 표방된 시조를 창작하고 현대화했을 뿐만 아니라, 그 자신의 창작 및 연구에 힘입어 나름으로의 시조학을 정립했던 것이다. 그리고 그의 시조학은 단순히 고시조를 연구하는 데 그치지 않고 현대시의 한 장르로서의 시조를 제시함으로써 창작방법론을 내세우기까지 했던 것이다. 이것이 그의 큰 몫의 하나이다. 전통 및 고전의 현대화를 위한 李秉岐의 노력과 업적 - 이것은 바로『문장』

못하고 단지 물신적으로 숭배하고 있다고 진단한다. 그러나 필자는 그들의 고전에의 관심이 단순한 물신적 숭배가 아니라, 그들 나름대로 문화 창조의 원동력으로 삼고자 하고 있음에 착안하였다. 그것은 그들 나름으로의 역사 철학에 의거하고 있음을 간파한 데서 나왔다. 그들의 역사철학은 단순히 복고적, 상고적이지만 않고 진보적이거나 현대적이면서 나름대로의 독특한 사관을 가지고 있다고 볼 수 있다. 필자로서는 Hegel류의 역사철학이 절대적인 것으로 판단하고 믿을 하등의 근거를 갖고 있지 않다.

31) 황종연, 앞의 글, p.4.

이 전통주의를 표방함에도 불구하고 현대문학의 한 조류로서 살아남을 수 있었던 이유 중의 하나이다. 어쨌든 李秉岐의 큰 공헌은 바로 여기에 있었던 것이다. 李秉岐의 시조학은 어쩌면 문장파 전체의 문화 창조 노선의 본질과 그 가능성을 가늠하는 한 거멀못으로 될 수도 있다는 점에서 그의 위치는 실로 대단한 것이었다. 그리고 문장파의 시인들이 대체로 언어적 감각에 있어서 세련되고 치밀하였던 것도 李秉岐의 문학사상과도 무관하지 않으리라고 보인다. 가람 자신이 조선어학회 등과 관련되면서 조선어에 대한 각별한 관심을 갖고 있었을 뿐만 아니라, 시론 곳곳에 언어에 대한 관심을 강조하고 있었다.

李秉岐와 더불어 『문장』에 깊이 관여한 시인으로 鄭芝溶을 들 수 있다. 정지용이 언제 무슨 계기로 전통주의로 돌아섰는지 그 객관적인 이유를 밝힐만한 자료를 찾기는 현재로서는 어렵다. 아마 1930년대 중반부터 시작된 고전부흥운동의 영향이 한 원인이라고 짐작된다.[32] 그리고 당대 고전론자 중에 한 권위인 李秉岐가 휘문고보에서 동료 교사로 있었다는 게 하나의 큰 계기였으리라고 짐작된다. 鄭芝溶은 李秉岐나 李泰俊에 비하면 『문장』의 편집으로부터 어느 정도 거리를 유지하고 있었던 게 사실이다. 그러나 그가 기고한 시들은 『문장』지의 이념을 가장 잘 표방하고 있었다. 李秉岐를 정신적 종장으로 떠받들고 있었지만, 그의 시작품의 특색은 그 나름대로 독자적인 영역을 구축하고 있었던 것이다. 즉, 그는 그의 독특한 사상을 감각화시키는 데 뛰어난 재능을 가지고 그것을 발휘했던 것이다. 결코 李秉岐의 아류만은 아니었던 것이다. 어쨌거나 鄭芝溶은 여러 가지 면에서 李秉岐를 떠받들면서 그를 문장파의 정신적 지주로 내세우고 있었는데, 그는 1939년 문장사에서 간행된 『가람시조집』의 발문을 감격한 기분으로 쓰고, 李秉岐를 단순한 시조작가가 아니라 뛰어난 천성의 시인이라 찬양하였

---

32) 정지용이 전통지향적인 사상으로 시를 본격적으로 발표하기는 1936~7년 이후부터이다.

다. 그렇게 주장하는 근거로 그는 다음과 같은 이유를 들었다.

> 더욱이 확호한 어학적 토대와 고가요의 조예가 가람으로 하여금 시조제
> 작에 힘과 빛을 아울러 얻게 한 것이니 그의 시조는 경건하고 진실함이 읽
> 는 이가 평생을 교과로 삼을 만한 것이요, 전래 시조에서 찾기 어려운 자연
> 과 리얼리티에 철저한 점으로는 차라리 근대적 시정신으로써 시조 재건의
> 열렬한 의도에 경복케 하는 바가 있다. 이리하여 가람이 전통에서 출발하야
> 그와 결별하고 다시 시류에 초월한 시조 중흥의 영예로운 위치에 선 것이
> 다.[33)]

　이는 바로 鄭芝溶이 李秉岐를 현대시인으로, 즉 현대적인 순수 조선
적 포에지를 가장 맛가롭게 표현한 시인으로 추앙하는 면을 보인 것
이다. 李秉岐에 의해 성취된 이러한 조선적인 것의 현대화가 鄭芝溶에
게 희망과 용기를 준 것으로 보인다. 鄭芝溶은 장르를 달리하면서 바
로 전통사상을 현대화해서 표현하는 것을 시도하고 나름대로 성공을
거둔 것이었다. 작품 발표에 있어서 鄭芝溶은 후기에 들어와서는 그의
중요 작품을 거의 『문장』에만 단행하고 있었는데, 이는 그의 정신적
취향의 일단을 보이는 것이기도 하다. 이 시기 鄭芝溶의 시는 문장파
시의 한 정점으로 보인다. 즉 일제강점기 전통지향적 순수시인들이
시도한 자연시의 최대치를 실현한 셈이다. 『문장』 제23집을 통해 鄭芝
溶의 비중이 상징적으로 강조된 것을 봐도 그의 위치는 실로 대단한
것이었다. 이 호의 잡지에서는 특별히 鄭芝溶新作詩集으로만 시란을
장식했는데, 이는 바로 그가 문장파의 중추적 인물 중의 한 명임을 부
각시키기에 충분한 것이었다. 통상 많은 비평가들이 鄭芝溶을 李秉岐
를 흉내 낸 겉멋 들린 아류로 보지만 결코 그렇지 않고 그 나름대로
독자적인 정신적 영역을 구축하고 있었던 것이다.

---

33) 정지용, 「가람시조집 발문」, 『가람시조집』, 문장사, 1939, pp.103～104.

또 한 사람의 중요한 멤버로 李泰俊을 들 수 있는데, 그는 시인이 아니어서 전통지향적 자연시는 아니 썼지만, 문장파 전체의 정신을 규명하는 데 매우 중추적인 인물이므로 꼭 언급하고 가야 하겠다. 李秉岐가 문장파의 상징적 존재이고, 鄭芝溶이 문장파의 사상을 시창작으로 최대치를 발현했다면, 李泰俊은 편집주간으로서 그들 문인들을 규합하고 실제 편집을 도맡고 그들 나름으로의 집단적 행위를 주도해간 사람이라는 점에서 중요하다. 즉 문장파의 이념이 실현화되는 데 가장 실질적인 역할을 한 셈이다. 『문장』의 발간을 누가 제일 먼저 제안했는지는 현재로서는 추정하기 어렵다. 하지만 그것의 발행을 위해 최대한으로 노력한 이는 역시 李泰俊으로 봐야 할 것이다.

李泰俊은 문장파의 정신적 지향이 문학사적 흐름에서 어떤 실체로 자리 잡는 데 실질적인 역할을 했던 것이다. 그렇지만 그가 단지 이 잡지의 주간으로서 사업에만 힘쓴 것은 아니다. 그 나름대로 고전문화에 대한 열렬한 관심과 그에서 빚어지는 어떤 에네르기로 당대 새로운 문화창조의 한 가능성을 타진하는 데 주도적이었던 것이다. 황종연이 말한 대로, 실제 문장파의 문학적, 미학적 기획은 그의 개인적인 열망과 의지가 일종의 집단적인 에너지로 증폭된 결과라고 보아도 좋을 것이다. 그리고 그러한 의미에서 그가 『문장』에 연재한 〈문장강화〉를 위시한 일련의 산문들은 문장파의 문학 및 문학관의 요강을 담은 공식문서로 읽혀질 수 있다.[34]

문장지의 주체세력은 역시 李秉岐, 鄭芝溶, 李泰俊이나 여기에 또 하나 빠뜨릴 수 없는 사람이 바로 전통화가 金瑢俊의 존재다. 『문장』이 문학을 넘어서서 문화의 차원에서 새로운 창조의 집단적 활동을 하나의 흐름으로 나타내는 데는 문인만의 힘으로 되지는 않았다. 거기에는 그 잡지의 장정이라든가 삽화 등에 관여한 다른 일손이 필요했다.

---

34) 황종연, 앞의 논문, p.6.

거기에 적합한 인물이 金瑢俊이었는데, 그는 길진섭과 더불어 『문장』의 표지를 도맡아 그렸다. 특히 金瑢俊은 표지화나 장정만 맡았던 것이 아니라 빼어난 수필과 평론을 써서 그 잡지에 게재하였는데, 그 수필의 내용은 바로 동양회화 사상이다[35]. 나중에 다시 말하겠지만 그것은 문인화정신, 즉 詩畵一致 사상이다. 이는 바로 李秉岐를 위시한 문장파의 미적 취향인 조선조 선비문화의 요체인 것이다. 金瑢俊은 해방 후 서울대학에서 동양화의 이론과 실기를 가르칠 만큼 당대에 유수한 전통화가였다.[36] 그가 남긴 『근원수필』은 李泰俊의 『무서록』, 鄭芝溶의 『지용문학독본』과 더불어 문장파의 중요 산문집으로 문장파 문학을 집단적 운동이게끔 이념화하는 데 매우 큰 구실을 했던 것으로 추정된다.

이상 네 명이 문장파를 주도했던 주체들이다. 그런데 본 논문에서는 여기에다 趙芝薰을 첨가시키고자 한다. 이는 본고의 제목이 '문장파의 자연시'라는 이유로 소설가나 수필가가 제외되기 때문이기도 하지만, 趙芝薰이 문장파의 중요 멤버로 부상되는 것은 결코 그런 형식상의 이유 때문만은 아니다. 趙芝薰이 문장파의 정신적 문학적 후예로 그 이념을 가장 충실히 계승했다는 것은 이미 널리 알려진 사실이다. 사실 趙芝薰은 문장파 선배들의 문학적 이념을 단순히 계승한 것에 그치는 것이 아니라 보다 심화 발전시켜서 그 문학적 성과를 극대화시켰다고 볼 수 있다. 사실 문장파의 이념은 趙芝薰에게 그대로 연결되고 완성되어서 그 이후 새로운 전개가 이렇다하게 보이지 않는다. 趙芝薰에 의해 완성된 전통지향적 시와 시론의 한 축은 사실 문장파에서 시발된 것이라고도 볼 수 있다. 趙芝薰이 문장파의 범주에 들어가게 되는 이유는 단지 그가 鄭芝溶에 의해 추천받고 등단했다는 것, 鄭芝溶의 경향을 가장 성실히 정통으로 이어받았다는 세평에만 국한되는 게

---

35) 김용준의 수필집으로는 『근원수필』(을유문화사, 1948)이 있다.
36) 오광수, 『한국현대미술사』, 열화당, 1979, p.116.

아니다. 사실 趙芝薰은 청록파로만 취급되어왔다. 그리하여 문장파와
는 다소 소원한 것으로 취급되기도 했다. 그것은 청록파 3인이 모두
스스로 청록파라고 지칭한 데서부터 연유하여 세인들이 그들 사이의
정신적 유대나 문학적 유대를 강조하는 데만 치중하였고, 그리고 그러
한 사실이 지훈을 다른 유파와의 연계 가능성의 측면에서 고찰하는
것을 방해해 왔었다. 그러나 사실 청록파 3인에게 엄밀히 정신적 유대
는 생각보다는 그렇게 크게 없어 보인다. 문학에 있어서 정신적 유대
는 단순한 외형적으로만 검출되지 않는다. 즉 그들이 공히『문장』을
통해 데뷔했다는 것, 자연을 소재로 시를 썼다는 것, 일제강점기 말에
서부터 그 이후 순수시로서 문협정통파의 핵심을 이루었다는 것,『청
록집』이라는 공동시집을 내었다는 것, 세 사람이 유달리 인간적으로
친했다는 것 등은 외형적인 조건에 지나지 않는다. 그런데, 보다 중요
한 것은 이 세 사람 사이의 정신적 지향이 상당한 차이를 보인다는 점
이다. 예컨대 자연을 소재로 한 순수시를 썼다 할지라도, 그 자연을
대하는 태도, 즉 세계관이나 이념이 매우 다르다는 것이다. 적어도 趙
芝薰은 기독교적인 색채를 띠고 있는 박목월 및 박두진 두 사람과 그
철학적 미학적 기반이 전혀 다른 것이다. 오히려 그의 형이상학적, 미
학적 기반은 그를 추천해준 鄭芝溶이나 鄭芝溶의 정신적 지주인 李秉
岐로 연결된다는 것이다. 다시 말하면 趙芝薰은 박목월, 박두진과의
관계보다도 李秉岐, 鄭芝溶과의 관계에서 그 정신적 유대가 더 크고 유
사하다는 것이다. 이러한 이유로 인하여 趙芝薰을 문장파의 일원으로
취급하게 된 것이다. 대신 문장지를 통해 같이 데뷔했으나 사상적·
철학적 기반이 다른 이유로 박목월과 박두진을 문장파에서 제외시
켰다.

　사실 문장파의 이념인 선비문화에의 지향은 李秉岐(제1세대), 鄭芝
溶(제2세대)에서보다도 그 마지막 세대(제3세대)인 趙芝薰에 와서야
그 극점을 보인 것이다. 유교적 이념의 이해와 실현이라는 점에서 보

면 趙芝薰은 『문장』지의 주간인 李泰俊보다는 훨씬 확고하고, 같은 시인인 李秉岐, 鄭芝溶 보다도 확실하고 철저하다. 趙芝薰이 그런 확실성을 보이게 된 것은 그의 사상이 문장파의 다른 누구보다도 확실한 신분적, 물적 토대를 갖고 있기 때문이다. 기실 李秉岐, 鄭芝溶, 李泰俊에게는 이미 당대에 이르러 사대부 양반 선비들의 이념을 지향하기에는 그들의 신분적, 물적 토대가 다소 미심쩍어 보이는 게 사실이다. 즉 그들의 시대에 이르러 그들이 정통 양반의 후예라는 것을 확증할 물적 자료가 확실치 못하다는 것이다. 따라서 본고에서는 그들의 선비문화에의 지향을 가져오는 유교적 이념을 그들의 물적 토대와는 직접 연결시키지 않았다. 따라서 그들의 의식이 확고한 정통 사대부적인 것이라는 확증이 빈약한 이유로 '선비문화에의 지향'이라고 다소 잠정적으로 후퇴된 제목을 붙이게 된 것이다.[37] 그리고 필자의 견해로는, 사상사의 전개란 반드시 물적 토대만을 기초로 하는 게 아니라고 본다. 정신 및 의식내용은 물적 토대와는 직접 관계없이 그 자체 내의 동력으로 다음 세대로 계승 발전되기도 한다고 생각한다. 그래서 비록 이들 문장파 멤버들이 양반으로서의 사회적, 물적 토대가 다소 미심쩍더라도, 의식상으로는 그들이 선비문화를 계승 지향할 수 있다고 본다. 그리고 본고에서는 유교적 이념의 예술적 실현의 한 전형이라 볼 수 있는 전통지향적 자연시에 비중을 많이 두고 있기 때문에, 문장파 중에서도 李秉岐, 鄭芝溶, 趙芝薰 세 사람의 시인들을 주된 대상으로 다루고자 한다.

 ## 2 선비문화에의 지향

앞에서도 살펴보았듯이 문장파가 유가적 이념을 지향하고 있다는

---

37) 황종연도 정지용, 이태준에 대해서는 선비라 단정 짓지 않고, 그들의 의식이 선비지향적임을 지적한 바 있다. 황종연, 「한국문학의 근대와 반근대」, p.113.

것은 이미 몇몇 논자에 의해 밝혀졌다. 그런데 유가적 이념을 지향하는 사람을 전통적으로 선비라 부른다. 그러면 이들 문장파의 주체세력들도 유가적 이념을 지향했다는 의미에서 '선비' 내지는 '선비적인' 인물들이라고 불려 져야 할 것이다. 어쨌든 그들은 선비를 지향하고 선비가 되고자 했다. 그러면 그들이 지향했던 그들 나름으로의 선비는 어떠했던가? 이것을 밝히는 것이 세계관적으로 그들의 실체를 드러내는 중요한 하나의 단서가 될 것이다. 즉, 의식상, 물적 토대상 그들의 조건과 상황을 드러내는 일이다. 여기서는 그들의 현대적인 선비로서의 모습을 다루기 전에 먼저 선비 일반에 대해 간략히 언급해둘 필요가 있다.

선비라는 것은 우리나라 순수 고유어이다. 그 순 우리말을 한자어로 표기할 때는 '士'와 '儒' 두 자가 별 의미 차이 없이 쓰인다. 士란『漢書』에 기술되었듯이 '학문을 익혀서 位(벼슬)에 있는 사람'을 가리킨다.[38] 그런데 정약용의 기록에 따르면, 반드시 조정에 나아가 벼슬하는 사람만이 아니라, 先生(先賢)의 道를 배워서 '장차 벼슬에 나가려는 자'도 士에 포함된다.[39] 이와 같이 士란 仕宦者나 未仕宦者를 함께 나타내는 말로 쓰였다. 한편 정약용에 따르면 士가 '도를 배워 익힌 사람'(學道之人)을 뜻하는 것으로도 쓰이고 있음을 알 수 있다.[40] 이와 같이 士란 용어가 상당히 넓게 쓰이고 있음을 알 수 있다. 그런데 이런 士(선비)는, 박지원에 의해, 인간이 추구하는 이상적인 인격체로서 신분의 고하도 없으며 은택을 사해에 베풀어 功業이 만대에 垂範이 될 수 있는 인물로 묘사되고 있다.[41]

---

38) 士農工商四民有業, 學以居立曰士, 闢土殖穀曰農, 作巧成器曰工, 通財鬻貨曰商. (班固,『漢書』, 卷24 上 食貨志 第四 上).
39) 古稱士農 士者仕也 凡仕於朝 隷於公者 皆士也, 學先生之道 將以出仕者士也. (丁若鏞,『與猶堂全書』第 九卷 策問應旨 論農政疏).
40) 古者學道之人名之曰士 士也者仕也.(丁若鏞,『與猶堂全書』第一集 第 17卷 五學論).
41) 李章熙,『조선시대선비연구』, 박영사, 1989, pp.4~5.

무릇 士(선비)는 아래로 農, 工과 列하고 위로는 王公과도 벗이 되는데, 位로 치면 等級이 없고, 德으로 말한 즉 雅事이다. 한 선비가 글을 읽어 은택이 사해에까지 이르고, 功은 만세에까지 垂範이 된다. 易에서 이르기를 "龍이 나타나 밭에 있으면 천하가 文明한다"고 하였는데, 이는 책을 읽는 선비를 두고 일컫는 말이다. 천자는 原士이다. 原士란 人生의 本이다. 작위로 치면 천자이나 그의 몸인즉 선비이다. 그런 까닭으로 하여 작위는 높고 낮음이 있으나 몸은 변함이 없다. 位로 치면 귀하고 천함이 있지만 선비는 굴러 옮겨지는 것이 아니다. 따라서 작위가 선비에 加해져도 선비가 옮겨가는 것이 아니라 작위가 바뀌는 것이다.[42]

그런데 조선시대에 있어서 '士'란 '儒'를 의미하는 것이기도 하다. 원래 '儒'란 『漢書』에서 밝힌 것처럼 孔·孟의 道를 따르고 지키는 사람을 일컫는다.

儒家는 하나의 流派인데, 司徒의 벼슬에서 나온 것으로 임금을 도와서 음양의 순리에 따르고 교화를 밝히는 자이다. 글은 六經 가운데서 노닐고 그 뜻은 仁義의 가(際)에 머물게 하고, 요순을 근본으로 삼아 그것을 존수하고 문왕과 무왕을 이상적인 법으로 따르며 공자를 모범으로 삼고 그 말을 소중히 여겨 최고의 도로 삼는다.[43]

사실 조선시대에 있어서는 학문의 기본도서가 바로 유학 경전이기 때문에 성리학적인 이념을 떠나서는 지식인이 존립할 수가 없었다. 따라서 '士'와 '儒' 사이에는 엄밀한 구별이 있을 수 없었다. 신흠은 다음과 같이 士가 바로 儒라는 것을 잘 정리하고 있다.[44]

---

42) 夫士下列農工 上友王公, 以位則無等也, 以德則雅事也. 一士讀書 澤及四海, 功垂萬世. 易曰, 見龍在田 天下文明, 其謂讀書之士乎. 天子原士也, 原士者 人生之本也, 其爵則天子也, 其身則士也. 故爵有高下 身非變他也, 位有貴賤 士非轉徙也, 故爵位加於士 非士遷而爵位也.(朴趾源,『燕巖集』卷十 別集 雜箸 原士).

43) 儒家者流蓋出於司徒之官, 助人君 順陰陽 明敎化者也. 游文於六經之中 留意於仁義之際, 祖述堯舜 憲章文武 宗師仲尼以重其言 於道最爲高.(班固,『漢書』卷 三十. 藝文志 第十).

士가 士의 행실을 얻는 것은 儒인데, 공자가 소위 儒行이라고 한 것이 바로 이것이다.[45]

이로 보아 조선조 때 선비는 바로 유교적 이념을 추구하고 실현하려는 이상적 인물, 즉 유교적 지식인을 가리키는 말이다. 그러면 이 유교적 이상적 지식인은 어떤 소양을 갖춘 인물인가? 그것은 바로 유교적 경전의 지식과 그 이념의 예술적 실현인 예술의 기(技)를 소양으로 갖춘 인물이다. 여기서 유교적 경전이란 바로 六經을 의미하며 예술적 기예란 바로 六藝를 의미한다.[46]

그런데 보통의 경우 선비들은 六經·六藝에 모두 통달할 수는 없다. 그래서 李德懋의 지적대로 一經 一藝에 조예가 깊은 자를 선비라 일컫는 것이 통상의 관례였다.

문인은 얻기가 쉽지만 유자는 얻기 어렵다. 이는 백 명의 문인이 한명의 선비를 감당할 수 없기 때문이다. 그러므로 (六經 중에) 한 가지에 능통하고 (六藝 중에) 한 가지 藝에 전공한 사람을 儒라 일컫는다. 제자백가의 글을 넓게 섭렵하여 名物을 종합적으로 자세히 밝히는 것은 그 다음 차례의 일이다. 여러 성인의 글을 널리 통하고 名理를 탐색하여 한 가지라도 모르는 것이 있음을 부끄러이 여기는 경지에 이르러야 비로소 大儒라 할 수 있다. 이는 揚雄이 이른바, 天·地·人에 두루 통달한 자로 천백 년에 겨우 몇 명이 나오는 것이다.[47]

---

44) 이장희, 앞의 책, p.7.
45) 士而得士之行者儒, 孔子所謂儒行 是也.(申欽, 『象村集』卷 四十 雜著 二 士習篇).
46) 六藝는 대체로 藝, 樂, 射, 御, 書, 數를 일컫기도 하고(『史記』, 伯夷傳), 藝, 樂, 書, 詩, 易, 春秋를 말하기도 한다(『史記』, 滑稽傳).
47) 李德懋, 『青莊館全書』, 卷 二十一 編書雜稿 1, 〈宋史筌儒林傳論〉. 文人易得 而儒者不易得. 是盖百文人不足以當一儒者. 故能通一經專一藝者 謂之儒. 泛覽百家 綜核名物 又其次耳. 至苦博通群聖人之書 探索名理 恥一物之不知 如可謂之大儒. 此乃揚雄所謂通天地人者也. 千百年僅見數人焉.(이장희, 앞의 책, p.6에서 재인용).

이와 같이 儒란 통상 어느 정도의 유교적 경전과 그 기예에 능통한 사람을 일컫는다. 물론 모든 儒의 꿈은 大儒, 즉 君子가 되는 것이지만 현실적으로 그것은 쉽지가 않다. 따라서 조선시대 보통의 선비란『소학』정도에 능통하고 六藝 중 하나에 전공한 자 이상을 일컫는 개념이다.

이러한 조선시대 유가적인 이상적 인간형이 바로 문장파의 궁극적인 모델이었다.[48] 그러면 문장파의 주체세력에 있어서 이런 '선비지향'은 어떻게 나타났는가? 여기서는 그들의 선비지향을 가능케 한 요인으로서의 물적 토대는 다루지 않기로 한다. 그 대신 현상적으로 나타나는 선비문화 취향을 살펴보기로 한다. 그것은 여러 가지 측면에서 살펴볼 수 있을 것이다. 여기서는 그들의 문화 내지 문학 또는 예술관과 관련하여 살펴보고자 한다.

그러면 문장파의 주체세력들에게 보이는 선비취향을 얼마간 살펴보자. 편의상 그리고 지면 관계상 문장파의 수장인 李秉岐를 중심으로 하여 살펴보겠다. 李秉岐는 일기, 수필, 문학평론, 시조 등 곳곳에서 강한 선비취향을 보이고 있는데, 그는 1920년 1월 3일자 일기에서 자기 주위에 생존하는 선비의 모델로 환형이란 사람을 예로 들었다. 이 환형이란 인물이 어떤 사람인지 구체적으로 기록되어 있지는 않으나 다음과 같이 그를 칭양하는 말 속에서 가람 자신이 지향하는 바의 인간형을 짐작할 수 있다.

문명한 사람에도 문명한 정신을 가졌다. 깨끗하고 아름답고 깊고 먼 뜻이 마치 묵고 지친 풀언덕에 하얀 백합꽃 같이 그 자태와 운치를 빼어내는 듯이, 답답하고 캄캄한 사회에 자라나서 조금도 궂은 것, 낮은 것, 그른 짓에 물들지 아니하고, 새로 굳셈으로 옳음으로 꾸준히 부지런히 나아갔다.[49]

---

48) 물론 이들 문장파가 지향한 선비는 신채호나 이육사가 지향한 지사형 선비가 아니라 삶을 도락적으로 즐기는 선비들이다. 그리고 당대 국학을 독립운동의 일환으로 생각한 조윤제는 가람과 같은 선비형을 비판적으로 보고 있었다.

이러한 이상적 인간형은 반드시 사회학적으로 규정되는 것이 아니다. 유교문화관이 배태한 최고치의 인간형은 역시 성인, 군자 등이다. 성인, 군자 등은 3才의 하나로 평범한 인간이 아니다. 물론 이런 인간형은 이상적이지 현실적으로는 있을 수 없다. 다만 역사적으로 실존한 요와 순, 주공, 공자 등을 그러한 모델로 이상화했을 뿐이다. 그러나 이러한 이상화가 단지 허무맹랑한 것만은 아니다. 적어도 한 문화권에서 인간적 이상 실현의 최대치를 설정하여 보였다는 것, 그리고 그 모델을 따르려고 노력하는 것 그 자체가 의미 있는 것이다. 이렇게 본다면 문장파가 지향하는 이상적인 인간인 선비가 단지 지나간 역사의 한 낡은 인간형에 지나지 않았다는 것만은 아니다. 즉 사회적 물질적 토대만으로서는 해석되지 않는 영역이 선비라고 하는 인간형에 있는 것이다. '선비'는 어쩌면 동양권에서 초역사적인 추상적인 인간형이다. 단지 봉건적 생산양식으로만 규정될 수 없는 정신적 측면이 있는 것이다. 따라서 문장파 시인들이 지나간 봉건시대의 한 인물형으로서의 선비와 자기를 '동일시'하려는 환영에 빠졌다는 것은 너무 성급하고 편협한 결론으로 보인다. 유가들에게 있어서 문화란 순환적인 것이어서 그 순환적인 문화 속에 살아가는 인간이란 반드시 역사적으로만 규정되는 것이 아니다. 그들에게 있어서 선비는 언제 어디서나 실현되어야 할 모델인 것이다.

이런 선비는 윤리적으로 이른바 삼강오륜에 따라 사는 사람일 수 있다. 그런데 오륜도 시대에 따라 맞지 않을 수도 있다는 견해50)로 보아, 선비의 추상형은 불변이나 그것의 현실화된 모습은 시대에 따라 다를 수 있다는 관점을 보이고 있음을 알 수 있다. 이는 어떤 이상적인 인간형의 전형으로 군자나 선비는 불변이나 그 현실적 모습은 시·공간에 따라 변한다는 것을 의미하는 것이다. 물론 오륜도 시대

---

49) 이병기, 『가람일기』(1920. 1. 3), p.106.
50) 이병기, 『가람일기』(1924. 5. 22), p.238.

에 따라 맞지 않을 수 있다는 사상은 근대유가로서 李秉岐의 변화 발전된 모습이다. 그러나 이 말이 결코 유교적 이념을 부정하는 것이 아니다. 이는 유교적 이념을 현대화하려는 자기 노력의 한 모습으로 볼 수 있다. 사실 삼강오륜이란 불변의 윤리적 도그마는 아니다. 삼강오륜은 결국 실천윤리의 강령에 지나지 않는다. 그 삼강오륜의 실천윤리 속에 자리 잡은 것은 바로 仁사상이다. 仁이란 이웃, 즉 생명 있는 것에 대한 사랑이다. 그것은 또한 유가들에게는 우주의 본질이기도 하다. '仁者人也'이기 때문이다. 이 불변의 원리, 즉 우주의 불변의 원리인 仁은 초시대적 초역사적인 것이다. 그러나 그것의 실천은 시대에 따라 다를 수 있다. 이와 같이 수업시간에 제자들에게 이미 시대에 낡은 사조를 억지로 주입시키려 하지 않는 점으로 보아서 그가 개인적 개성과 자주를 중시한 현대유가임을 알 수 있다.

개개인의 개성과 자유를 중시하는 현대유가로서의 가람의 사상은 남·여에도 구별이 없다. 물론 남녀상의 성적 차별은 당연한 것으로 하나 결코 인격적인 차별은 하지 않는다. 예컨대, 여자에게도 以上과 같은 유교적인 의미에서의 이상적인 인간형을 기대하고 있다. 가람은 이상적인 여인상을 다음과 같이 제시하고 있다. 즉 얼굴뿐만 아니라 덕성, 품행, 학식, 재예, 용모, 자태, 음성, 언어, 동작 등 모든 방면에서 미를 갖춘 여인[51]이다. 이는 바로 유가적인 덕목과 미를 갖춘 여인상인데, 이를 남자에게 대입하면 그대로 선비가 된다. 이로 보아 여성에게도 이상적인 인간으로서의 '선비'가 될 가능성을 말하고 있는 셈이다. 이런 이상적인 여인상을 위해 제시되는 것은 역시 교육이다. 이는『가람일기』곳곳에 보이는 바와 같이,[52] 여자도 교육을 받아 남자

---

51) 이병기,『가람일기』(1919. 10. 1), p.75.
52) 이병기,『가람일기』(1919. 9. 12.), p.47. 사람은 먹기, 입기, 자기만 위하여 사는 것이 아니라, 맘의 기쁨이 있어야 하겠다. 곧 기쁨으로 살아야 하겠다. 기쁘기, 즐겁기, 위로하기 위하여 사는 것으로 생각한다.…… 인륜이 있어 사람의 질서를 바르게 하고, 학문하여 지혜 밝히고 정성드려 일함이 모두

와 똑같이 인격적인 성숙을 도모해야 한다는 생각에서 확인할 수 있다. 이는 道의 인식과 실현을 할 수 있는 선비 자질이 여자에게도 있다는 뜻으로 해석할 수 있을 것이다. 이것이 현대유가로서의 李秉岐의 한 모습이다.

이런 선비는 풍류를 즐기는데, 李秉岐의 일기 곳곳에 이런 풍류남아로서의 모습이 많이 보인다. 이런 풍류는 道樂을 근간으로 한다. 도락 중의 하나로 식도락이 있는데, 그의 일기를 통해 볼 때, 李秉岐는 상당한 식도락가였다고 보여진다. 유가로서 먹고 마시는 것에 대해 관심이 많았다. 그러나 그는 결코 무절제한 소비를 하는 사람이 아니었다. 조선조 전기나 중엽 때의 성리학자들처럼 철저한 금욕주의자는 아니었으나, 그는 그 나름대로 절제된 생활을 미덕으로 삼았다.[53] 그러나 그는 적당한 정도의 물질적 생산의 발달을 중요시한다.[54] 그리고 먹고 마시는 일도 중요시한다. 그러나 먹고 마시는 행위를 더 중시하는, 성리학적으로 말해서 道心보다 人心을 더 중요시 하지는 않는다. 예컨

사람의 맘으로 우러난 것이니 이런 것으로 말미암아 사람 노릇한다. 몸도 위하려니와 맘을 위하여 닦은 것이 많고 아는 것이 많고 하는 것이 많으며, 또한 알뜰한 맛이 있어야 기쁘고 즐겁겠다.

그러므로 어디까지나 여자도 사내와 한가지로 배우며 일할지어다. 우리네는 사내도 무식하여 걱정이지마는, 여자도 너무 무식하여 걱정이다.…… 우리들은 누구니 누구니 할 것 없이 남자나 여자나 새 사람이 되어야 하겠다. 새 사람이 되려면 새로 배우고 새로 하여 궂은 것, 낮은 것 모두 고쳐 남과 같이 즐겁게 살아야 하겠다.

53) 1919. 9. 25일자 일기에서 이병기는 과소비하는 세태를 신랄하게 풍자하고 있다. 『가람일기』, pp.59~60.

54) 1919. 10. 1일자 일기에서는 경제적 부강을 꿈꾸고 있다. "슬픈 것은 세력 없는 이며 돈 없는 이라, 한 가지 사람으로 태어나서 다만 부리는 말과 소 노릇을 하는가. 깨치어라, 사람노릇 하여라. 사람이므로 말과 소와 같이 버는 것이야. 누가 말하랴마는, 사람노릇 하는 이들(일본사람: 필자 주)이 사람으로 치지 아니하고(지나인을 사람 취급하지 않는다는 뜻: 필자 주) 말이나 소로만 여기는 것이 진실로 원통함이라. 인력거를 잡아타고 정거장 안을 거쳐 일인이 사는 곳을 지난다. 넓고 빈 땅에 지나인을 시켜 벽돌집을 여기 저기 짓는다. 우리네도 넓고 높은 집을 짓고 싶다." 『가람일기』, p.74.

대, 음식이나 남녀에 있어서 음식·남녀 자체는 天理로서 道心과 관련된다. 이때 음식이나 남녀에 있어서 적당한 욕구 충족을 넘어서 식욕이나 색욕을 과도하게 추구함은 人欲으로서 人心과 관련된다.[55] 성리학자들은 道心에 의해 人心이 통제되기를 희망했다. 이처럼 가람도 人心은 道心에 통제되기를 바랐다. 그리하여 그는 아래와 같이 육체적인 욕구보다도 정신적 욕구를 더 중시여기는 절제의식을 내보인다.[56]

> 정신은 살덩이에 붙어서 떠날 수가 없다. 정신이 떠났다면 살덩이만이 살지 못한단다. 집은 비워 놓으면 다른 사람이라도 와서 살지만, 이 살덩이는 비워 놓으면 마지막이다. 그만 썩어 버린다. 그러나 다시 정신 때문에 살아야 하겠다. 늘 살덩이에 얽혀 아무 노릇 못하겠으니, 어서 살덩이에서 떠나면서도 아니 떠나는 삶을 하여야 하겠다. 나라는 나는 살덩이와 정신이 같이 된 것이다. 곧 내게는 살덩이도 있고 정신도 있다. 그래서 온갖 고통이 이 살덩이로부터 일어난다. 워낙 나라는 것은 고통도 없다. 그러면 이 정신이 이 살덩이에 얽히지 않는 삶을 할 적에 참 내가 나타나겠다.[57]

이러한 유가적 절제의식은 바로 사대부들의 役物的 사고방식에서 연유한다. '역물적'이란 자아가 외적 사물을 부린다는 의미이다. 그에 비해 役於物的 사고방식이란 인간 주체가 외적 사물에 부림을 받는 것을 의미한다.[58] 외적 사물 인식에 있어서 유가들의 이상은 바로 역물에 있다. 그들은 불가나 도가들처럼 역어물을 기피하는 것만을 능사로 삼지 않고 역물을 주장했다. 이것이 유가들의 물질관, 산업 경제관이기도 하다. 이러한 것은 유가가 아무리 다양하게 변형된다 하더라

---

55) 裵宗鎬, 『한국유학사』, 연세대출판부, 1990, p.164.
56) 程伊川·程明道, 『二程全書』 卷31, 人心人欲 道心天理(人心은 人欲이요 道心은 天理이다.) 그리고 人心과 道心은 私心과 公心으로도 볼 수 있다.
57) 이병기, 『가람일기』(1919. 3 .1), p.145.
58) 이 역물적, 역어물적에 대해서는 이민홍, 「성리학적 외물 인식과 형상사유」, 『국어국문학』 제105집(국어국문학회, 1991)을 참조할 것. 역물과 역어물에 관한 용례는 趙翼, 『浦渚先生集』 「外物辨」에 보인다.

도 유지되는 기본 사상이다. 현대유가의 한 사람인 李秉岐가 아무리 현대 속에 산다 하더라도 유가의 후예다운 모습은 바로 그의 이러한 역물적 사고방식에 나타난다. 그의 이러한 역물적 사고방식은, 그가 청년기에 이수당[59]이라는 상인 휘하에 들어가 상업행위를 할 때도 잘 보인다. 그는 수당의 휘하로서 물건을 사러 만주로 여러 차례 여행을 하는데, 그때마다 고책사에서 중국고서 등에 관심을 표명(1919. 8. 20)하고, 중국 청나라 문물에 상당히 관심을 보이기도 한다(1919. 8. 20)[60]

그런데, 장사에 뜻을 둔 이유는 단순히 利의 추구에 그치지 않고 利와 名을 둘 다 취하려는 데 두고 있다. 그는 諸葛亮의 苟全性命의 일화를 예로 들어 자신의 상업행위가 단지 이익추구에만 있지 않음을 다음과 같이 말한다.

> 재동 장진안을 찾았더니 신주사 어른은 아니 계시다. 주인 영감이 재재히 하는 말로, 만주 이야기 물어 가로되 利와 名 두 가지에 무엇을 취하였나 하며 자기 표준한 말만 하고, 배가 든든하여 아무 걱정 없는 말과 너무 두려워서 땅도 무너질까 하며 가만가만히 다니는 말하기에 利나 名이나 다 취하여야 겠소 하고 고생과 경험도 있어야 하겠다 하며 諸葛亮이 躬耕南陽하여 苟全性命於亂世하고 不求聞達於諸侯란 말을 하면서 苟全性命하여라 하기에 예로부터 위인 걸사가 성명을 구전함에 농가에만 숨은 것이 아니라 장사에나 공장에나 도문에나 여러 데로 숨었나이다 하고 바로 일어났다.[61]

---

59) 상당히 식자있는 사업가인 듯하다. 일기에는 천여 석 받는 지주(p.86)로 기술되어 있고, 가끔 만주로 물건을 사러가는 사람에게 고책사에서 책을 사오라고 부탁(1919. 10. 1)하기도 한다. 가람과는 교양 있는 대화의 파트너이기도 하고, 젊은 날 가람의 한 후원자 역할도 겸한 듯하다.

60) 이병기는 청나라 문화에 대해 매우 호의적인데, 이는 그가 북학파로부터 강한 영향을 받은 때문이라 짐작된다. 그는 박지원, 홍대용, 박제가, 김정희 등 북학파의 책을 매우 많이 읽었다. 이중에서 경제적인 영향을 받은 것은 박지원으로부터인 듯하고, 예술적 학문적으로는 김정희로부터 입은 것으로 보인다.

61) 이병기, 『가람일기』(1919. 9. 7), pp.44~45.

단지 물질적 욕구의 충족을 위해서(역어물적으로)만 경제행위를 하는 사람을 비웃고, 선비가 난세에 처하여 구전성명의 한 방법으로 장사하는 것이라 함으로써 그의 경제행위가 어디까지나 유교적 이념에 충실해 있음을 드러낸다.

이러한 역물적 사고방식은 일상사 속에서 道를 실현하려는 그의 의식적인 노력에서도 보인다.

> (……) 다만 마음을 두고 마음만으로 함이 있어서 몸의 함은 없이 듣도 보도 못할지니, 듣도 보도 못하면 몸은 곧 없어지겠다. 아니라, 오늘 함 가운데 가장 함을 말하자니 그러지, 무릇 함을 말하자면 밥도 먹고 글도 보고 물건 사고팔기도 하고, 방문도 하고 글씨도 익혔다. 그러면 한평생 온 천하가 무릇 모든 것을 하는 가운데 가장 마음의 함이 있으면 그야말로 무한한 즐거움이 아니냐. 그렇도록 하라 하며 하기 바라고 빈다. 한갓 눈에 귀에 듣고 보는 것만으로 하였다 함은 눈과 귀를 위하여, 눈과 귀로만으로 사는 사람의 할일진저. 그네의 함은 그뿐 곧 그뿐으로 알고 믿으리니, 둘하고 둘 아는 이가 구태여 하나만 하고 하나만 아는 이에게 함이 없다 함을 얻든지 아니 얻든지 무슨 손익이 있으랴. 둘 하는 이도 더욱 더 하려니와, 하나 하는 이는 하나라도 하여야 할 것이니, 비록 어리석으나 나는 나대로 둘을 아울러 하고 앎이드라.[62]

이는 道의 실현이란 의·식·주 등 일상사적인 자질구레한 일속에서 이루어진다는 것을 의미하는 말이다. 즉 물건을 사고파는 경제 행위도 실제로는 선비로서 도를 주체적으로 실현하는 방법이라는 것이다. 유가들에게 있어서 문화란 결국 일상사에서 도를 실현하는 방법이다. 이렇듯 경제 행위도 道에 따라 이루어져야 한다는 사상이 바로 역물적 태도인 것이다.

이러한 역물적 사고방식을 하는 李秉岐는 결코 부르주아가 될 수 없

---

62) 이병기, 『가람일기』(1919. 11. 1), pp.93~94.

다. 부르주아란 아무리 그의 정신적 측면을 강조한다 하더라도 기본적으로 물질(자본)의 운동법칙에 따라 살려는 사람이다. 즉 역어물적인 원리에 따르는 사람이다.

李秉岐의 이러한 비부르주아적인 태도는 그의 사회 역사관에도 보인다. 그는 나름대로 독립을 위해 준비론 사상을 가지고 있었는데, "나는 무엇보다 국가의 가장 힘쓸 것은 국가의 실력이니 실력은 곧 산업발전이라. 산업 발전하려고 그 한 부분 되는 상업을 비롯함이라" [63) 하면서, 실력을 기르며 때를 기다리는 모습을 보인다. 이 '때'를 기다린다는 것은 막연한 준비론이 아니다. 여기에 그의 '時運' 사상이 나타나는 것이다. 시운사상은 곧 時中개념에서 나오는 것인데, 모든 일에는 때가 있다는 것이다. 이는 결국 유교 경전의 하나인 易에서 도출된 개념이다.[64) 사람은 사물의 변화의 원리를 꿰뚫고 그 변화의 '때'를 잘 타야 한다는 것이다. 이는 李秉岐가 독립운동단체와 내통하였다는 혐의로 종로경찰서에서 수감되었다가 마지막 날 풀려 나올 때 岡本 警部와 주고받은 다음과 같은 말에서 잘 나타난다.

> 그대는 단순한 장사나 하지 독립운동에 참예하지 말지어다. 독립은 개인의 힘으로는 못되는 것이라 하더라. 나는 대답하여 가로되 독립은 시대가 시키는 것이라, 시대가 시키면 사람이 따라 하지마는, 나는 무엇보다도 국가의 가장 힘쓸 것은 국가의 실력이니 실력은 곧 산업발전이라. 산업 발전하려고 그 한 부분이 되는 상업을 비롯함이라.[65)

바로 이러한 시운을 기다리는 유가로서의 역사관이 가람 특유의 물산장려운동으로 이어진다.

---

63) 이병기, 『가람일기』(1919. 10. 11), p.86.
64) 時中 개념에 대해서는 다음 책을 참조할 것. 곽신환, 『주역의 이해 - 주역의 자연관과 인간관』, 서광사, 1990, pp.260~266.
65) 이병기, 『가람일기』(1919. 10. 11), p.86.

이를테면 물감이든지 화장품이든지 문방제구를 만들어 자급자작하게 함
이다. 어서 이런 것이 널리 퍼져 우리네 가정마다 다 업이 있게 하였으면
좋겠다.[66]

　가내공업의 발전을 통한 물산장려운동, 경제적 자급자족, 산업의 독
립, 이것들은 가람 자신의 근대화관이다. 그는 결코 근대화, 산업화를
도외시한 고루한 낡은 선비의 잔영은 아니었다. 그는 나름대로 근대
화된 유가이면서도 확고한 근대화관을 가지고 있었던 것이다. 즉 그
는 결코 반근대주의를 지향하는 것이 아니었다. 근대화에 대한 그의
길이 비록 비부르주아적인 것이었다 할지라도 그는 그 나름대로 근대
적이기를 노력하였다. 그의 근대화에의 길이 Hegel식의 역사관에 따
르는 것이 아니라 할지라도 그는 나름대로 역사관을 가지고 있었던
것이다. 그는 나름대로 근대화관을 가지면서도 반제국주의 노선을 지
키고자 했다. 비록 그의 근대화에 대한 이념이 부르주아에 의해 패배
당했다 할지라도 역물적 사고방식의 근대화관은 매우 의미 깊은 일인
것이다.
　그의 역물적 사고방식은 산업에 있어서뿐만 아니라 문화, 예술 및
학문에도 나타난다. 역물적 사고방식이 미학으로 나타날 때 그것은
바로 풍류와 멋이다. 풍류와 멋은 삶의 여유에서 나오는 것인데, 그것
은 바로 인간 자신이 삶의 주체가 되고자 하는 역물적 사고방식에서
가능한 심미적 태도이다. 부르주아에게서 어찌 그런 풍류와 멋이 가
능하겠는가. 가람의 일상은 기실 풍류와 떼어 놓고 생각할 수 없었다.
풍류 생활을 즐기는 모습이 일기와 시조, 수필 곳곳에서 많이 보인다.
그것이 바로 난, 매화를 즐기고, 식도락을 즐기고, 자연을 즐기는 행위
속에, 시를 창작하는 행위 속에, 학문을 하는 속에 나타난다.

---

66) 이병기, 『가람일기』(1920. 11. 8), pp.126~127.

① 온갖 꾸밈을 하고 거들대는 풍장군의 놀음을 구경하고 정읍 읍내 백양
사 포교당으로 들다. 참외며 차를 먹고 한동안 그립던 석전, 한별의 진
지한 이야기도 듣고, 문밖에 나가서 퀄퀄 흐르는 물에 목욕도 하고 구
름 사이로 보이는 달 아래서 거닐기도 하니, 사방은 고요하고 밤은 깊
었다.[67]

② 온통 발가벗고 텀버덩 물속으로 뛰어들어 두 손을 훨훨 내두르니 퍽 시
원하다. 한별 언니께 등을 문지르고 속등거리를 빨아 말리고, 물가 반석
에 앉아 물소리를 듣고 물 흐름을 보니, 자못 道理가 여기에 있구나.[68]

위의 일기 ①은 박한영, 한별과 더불어 정읍 읍내 백양사로 들어가
서 그 주위의 자연을 즐긴 기록이며, 일기 ②는 같은 일행과 금산사를
방문해 그 계곡에서 속세를 잊고 자연을 즐긴 이야기이다. 바로 자연
을 즐긴다는 것, 그것은 자연의 외양만 구경한다는 것이 아니라, 자연
의 이치를 궁구하고 즐긴다는 것이다. 도락이란 글자 그대로 도를 즐
긴다는 것으로 사물의 본질을 탐구하고 즐긴다는 것이다. 이것이 바
로 李秉岐의 말대로 道理인 것이다. 도락이 곧 풍류요, 멋이다. 趙芝薰
의 말처럼 유가들에게 풍류, 곧 멋이란 우주의 제1원리를 두고 일컫는
것이다.

> 우주의 원리 유일의 실재에다 「멋」이란 이름을 붙여 놓고 엊저녁 마시다
> 남은 머루술을 들이키고 나니(……)멋, 그것을 가져다가 어떤 이는 「道」라
> 하고 「一物」이라 하고 「一心」이라 하고 대중이 없는데, 하여간 道고 一物
> 이고 一心이고 간에 오늘 밤에 「멋」이 있다.[69]

이 풍류사상이 곧 道에 직결되어 있다는 것, 그리고 그 道의 주체적
실천이라는 것은 유가(선비)들의 만만찮은 덕목이다. 道를 실천한다는

---

67) 이병기, 『가람일기』 (1922. 8. 11), p.170.
68) 이병기, 『가람일기』 (1922. 8. 15), p.174.
69) 조지훈, 「멋說・三道酒」, 『조지훈전집 4』, p.44.

것은 공자의 말대로 '즐기는 것'과 관련된다. 즉 공자는 "무엇을 안다는 것은 그것을 좋아하는 것보다 못하며, 그것을 좋아한다는 것은 그것을 즐기는 것만 못하다" (知之者不如好之者, 好之者不如樂之者)라고 말했는데, 이는 사물의 본질인 도를 안다는 것에 그치지 않고 그 도를 실천한다는 것, 그것을 체화한다는 것, 즉 즐긴다는 것만 못하다는 말이다. 이러한 즐김, 즉 道의 즐김은 李秉岐 생활의 전반에 있어서 한 중요한 덕목으로 자리 잡고 있는 것이다. 즉 그는 모든 의미 있는 것을 즐김의 대상으로 향유하고자 한다. 그것이 고서이고 난, 매화이고, 시이고, 학문이다.

난, 매화를 키우고 즐기는 것은 문장파 시인들에 있어서는 단순한 기호나 취미에 그치는 것이 아니라, 난이나 매화가 표상하는 바의 문화적 분위기를 즐기는 것이다. 즉 문장파 시인들은 단순한 난 재배 전문가이기를 원했던 것이 아니라 난을 통해 그것이 풍기는 바 어떤 이념에 도달하고자 했던 것이다. 이 난을 즐기는 행위는 문장파를 하나로 묶어주는 어떤 정신적 유대감을 형성하는 역할을 했었다.[70] 기호나 취미에 있어서 유대성은 어떤 세계관을 결정하는 중요한 한 요소가 되는 것이기 때문이다. 한 집단의 정신적 유대감이란 곧 세계관 상의 유대감을 말하는데 세계관을 하나로 묶어주는 것은 취미, 관념, 신념 등의 유사성이나 통일성이기 때문이다.

이 蘭과 관련해서 가장 주목되는 인물은 역시 가람 李秉岐이다. 李秉岐는 단지 난 재배전문가의 수준을 넘어서서 가히 난의 생리와 그것이 표상하는 바의 정신적 세계를 충분히 체화한 인물이다. 李秉岐의 일기를 통해 볼 때, 그가 난에 대해서 각별한 관심을 가지고 대하기 시작한 것은 1925년 5월 7일 無號 李漢福의 집을 찾아가 眞蘭을 보고 돌아왔다는 최초의 기록에서 보인다.[71] 그리고 몇 달 후에 같은 집에

---

70) 김윤식, 「문장지의 세계관」, pp.163~166. 황종연, 앞의 논문, p.113.
71) 이병기, 『가람일기』(1925. 5. 7), p.256.

찾아가 건란을 구경하고 돌아왔다는 게 두 번 째 기록이다.[72] 그러다가 1933년 7월 24일에야 난초를 직접 구입했다는 기록이 나온다. 이때 구입한 난은 건란이다.[73] 그러다가 본격적으로 난을 키우기 시작한 것은 1934년 9월 26일 야마토 식물원에다 주문한 난들이 도착하고부터이다. 이때 한꺼번에 구입한 난들의 이름이 복주한란, 일경구화, 풍세란, 사란 등이다.[74] 뒤이어 야마토 식물원에서 소심, 자한란, 소란 등을 계속 주문하여 들여온다. 이리하여 난이 가장 많을 때는 30분이 넘었을 때도 있었다.[75] 李秉岐는 이 난을 단지 눈대중으로 기른 것이 아니라 상당히 과학적으로 길렀다. 그것을 위해『난과 만년초의 배양』이란 책을 사보기도 하고, 한란계를 구입하여 실내온도를 조절하기도 했다. 그 정도에 그친 것이 아니라 과학적인 양란을 위해 수도수, 응봉사, 집 뒤 언덕 모래의 산성을 조사하기 위해 리트머스 종이를 구입하기도 했다.[76] 그리고 직접 난의 비료를 제작하기도 했는데, 이는 상당한 수준의 기술을 요구하는 것이기도 하다.

그런데 앞에서도 이야기 했듯이 李秉岐의 養蘭과 난의 감상행위는 결코 단순한 기호가 아니다. 그리고 그 기호는 황종연의 견해처럼 앎의 단계를 거치지 않거나 또는 넘어버린[77] 주관적 인상적인 느낌에 머문 것은 결코 아니다. 선비들인 유가들의 앎이란 결코 분석적이지 않다. 그렇다고 결코 비이성적이지도 않다. 그리고 단순히 정감적인 느낌에 머무는 것이 아니다. 선비들의 앎이란 바로 직관적인 것이다.

72) 이병기, 『가람일기』(1925. 9. 16), p.264.
73) 이병기, 『가람일기』(1933. 7. 24), p.429.
74) 이병기, 『가람일기』(1934. 10. 16), p.450.
75) 가람이 평소 가꾼 난들의 종류를 보면 건란, 복주한란, 풍세란, 사란, 오란, 자한란, 대만한란, 풍란, 철골소심, 관음소심, 신죽소심, 일경9화, 백화춘란, 대만한란, 보세란, 석곡, 도림란, 춘란, 중국춘란, 16라한 등이다. 최승범, 「가람 이병기론 서설」, 국어국문학회 편,『시조문학연구』, 정음사, 1980, p.430.
76) 이병기, 『가람일기』(1934. 11. 28.), p.451.
77) 황종연, 「문장파의 문학과 정신사적 성격」, p.114.

사물의 본질에의 직관적 포착, 이는 결코 이성적으로만 일어나는 것이 아니라, 지·정·의가 통합된 전인간적 정신능력에 의해서 가능한 것이다. 분석적 사고에 의한 이성적 앎보다 직관적 포착이 더 열등하다고 말할 근거는 없다. 결국 문장파의 거두인 李秉岐가 지향하는 바의 앎의 양식은 바로 이 직관적 포착이다. 이는 한 사물의 본질이나 사물들의 본질적 관계를 포착하는 것을 기본 항목으로 한다. 이른바 大儒란 바로 세상만사에 능통한 사람인 것이고, 모든 선비는 이런 대유 곧 성인, 군자를 지향하는 것이다.

李秉岐가 난을 기르는 데는 바로 도의 경지가 필요하다고 했다.

> 이렇게 심기 어려운 난초들을 우리나라에선 梅蘭菊竹이니 如入芝蘭之室이니 하는 한자의 교양을 받아 가지고 일찍 중국서 種種 난초를 이식하였으나 그 배양법을 몰라 거의 다 죽이고 말았으며 지금도 그러하여 내가 난 초재배한지 30여년에 이걸 달라는 이는 많았으나 주어도 기르는 이는 없었다. 이도 또한 悟道다. 悟道를 하고서야 재배한다.[78]

이처럼 養蘭 행위를 悟道에 관련지우는 것에서 李秉岐 사상의 핵심을 엿볼 수 있다. 여기서 도란 일단 난의 본질을 두고 말한 것이다. 그것은 일차적으로 난의 생리이고, 이 난의 생리를 알기 위해서는 난을 둘러싼 주위 환경의 생리마저도 포착해야 한다. 이 '생리'의 파악이 무엇보다 관건이다. 生理란 여기서 바로 살아있는 사물의 이치인데, 그것이 바로 道인 것이다. 성리학에서 이치, 곧 도란 모든 사물의 근본 원리인데, 이는 바로 모든 생명의 근거인 氣개념에서 출발된다. 기의 운동에서 생명현상이 비롯된다고 보고 있다. 생명의 존재방식, 곧 이치(도)란 이 氣의 운동방식에 다름 아니다. 여기서 전통유가의 맥을 이은 문장파가 이른바 '생리' 의 철학에 집착하는 것을 알 수 있다. 이

---

78) 이병기, 『가람문선』, p.186.

생리는 결코 분석적이지 않고 직관적으로 포착되는데, 바로 그 점에 사물에 대한 이해의 관건이 놓여 있다. 생명의 이치(생리)를 탐구하고 그것을 실천하는 것은 바로 도의 실천이다. "그 푸른 잎을 보고 芳烈한 향을 맡을 순간엔 문득 환희의 別有世界에 들어 無我無想의 경지에 도달하기도 하였다"[79]고 한 것처럼, 그는 난과 생명적인 만남을 하고 있다. 이렇게 사물과의 생명적인 만남이 곧 李秉岐 시학의 본질인 것이다. 趙芝薰 역시 시정신이란 우주의 생명과 나의 생명의 만남, 우주의 꿈과 나의 꿈의 만남에서 비롯된다고 하였다.[80] 이렇듯 사물의 생명적 본질을 투시하고 그것을 인식하려는 기도와 행위는 그들의 삶의 전반을 지배하는 어떤 양식인 것이다. 이 세상 모든 것을 一氣의 부분으로 보고, 그리하여 생명적인 것으로 보고, 그 사물들과 생명적으로 하나가 되고자 하는 데서 그들 자신의 인격적 수양을 도모했던 것이다. 이른바 '修身齊家' 하기 위해 그 전단계로 '格物致知'가 필요했던 것이다. 난을 통한 격물치지, 이는 선비들의 자기 인격 수양의 가장 전형적인 방법의 하나였다.

> 「看竹何須問主人」이라 하는 시구가 있다. 그도 그럴 듯하다. 고서도 없고 난도 없이 되잖은 서화나 붙여 놓은 방은 비록 화려광활하다더라도 그건 한 요리집에 불과하다. 斗室, 蝸室이라도 고서 몇 권, 난 두어 분, 그리고 그 사이 술이나 한 병을 두었다면 三公을 바꾸지 않을 것 아닌가! 빵은 육체나 기를 따름이지만 난은 정신을 기르지 않는가![81]

여기서 말하는 '고서 몇 권'이 바로 난의 정신과 통하는 것이다. 고서 몇 권이란 이른바 유명한 秋史의 '書卷氣' 사상에서 나오는 말인데, 이는 유교적 인문적 교양을 두고 하는 말일 것이다. 난을 기르고 난

---

79) 이병기, 「풍란」, 『가람문선』, p.195.
80) 조지훈, 「시의 원리」, 『조지훈전집 3』, p.15.
81) 이병기, 「풍란」, 『가람문선』, p.196.

그림을 그리고, 난을 소재로 시를 쓰고 하는 것은 모두 바로 이 유교적인 인문적 교양을 떠나 있을 수 없는 것이다. 이는 바로 난, 그리고 난을 비롯한 우주 만물을 理氣로 해석하려는 유교사상을 한치도 벗어나지 못하는 사고방식에서 연유하고 있는 것이다. 그들이 말하는 바의 書卷氣란 바로 유교적 인문교양의 힘인데, 이는 바로 선비들의 정신적 지적 교양의 원천인 六經, 六藝를 학습하는 데서 나온 것이다.

그들의 기본적인 철학사상이 理氣철학에 연유하고 있다는 것은 차차 밝혀지겠지만, 그들의 그러한 사상에 힘입어 '고서 몇 권'이란 말이 그들로 하여금 조선조 선비와의 환상적인 자기동일성이란 태도로 떨어지게 했다고 논단하는 것은 필자가 쉽사리 동의할 수 없다.

난을 둘러싼 문장파 핵심멤버들의 유대는 역시 李秉岐가 그 중심을 이루는 가운데서 가능하였다. 『가람일기』 곳곳에 李秉岐가 鄭芝溶, 李泰俊 등과 함께 난을 감상하고 그 배양법을 가르치고 배우는 것이 보인다. 그들 간 정신적 교류의 일단을 알 수 있는 기록으로 다음과 같은 李泰俊의 수필이 있다.

그러나 메칠 뒤에 가보니 내가 사고 싶은 분은 이미 임자를 얻어 팔려버리고 말았다. 우울하게 돌아온 수삼일 후 芝溶大仁에게서 편지가 왔다.

가람선생께서 난초가 꽃이 피였다고 이십이일 저녁에 우리를 오라십니다. 모든 일 제쳐놓고 오시오. 청향복욱한 망년회가 될 듯하니 질겁지 않으리까

과연 즐거운 편지였다. 동지섣달 꽃 본 듯이 하는 노래도 있거니와 이 영하 이십도 엄설한 속에 꽃이 피였으니 오라는 소식이다.

이날 저녁 나는 가람댁에 제일 먼저 드러섰다. 미다지를 열어주시기도 전인데 어느듯 호흡 속에 훅 끼쳐드는 것이 향기였다.

옛사람들이 聞香十里라 했으니 戶와 마당 사이에서야 놀라는 者 - 어리석거니와 大小十數盆中에 제일 어린 絲蘭이 피인 것이요 그도 단지 세 송이가 핀 것이 그러하였다. 난의 本格이란 一莖一花로, 다리를 옴초리고 막

날아오르는 나나니와 같은 자세로 세 송이가 피인 것인데 戶 안은 그윽한 향기에 차고 창호지와 문틈을 세여 밖앝까지 풍겨나가는 것이었다.

　우리는 옷깃을 여미고 가까이 나아가 잎의 푸름을 보고 뒤로 물러나 橫一幅의 墨畵와 같이 百千劃으로 벽에 엉크러진 그림자를 바라보았다. 그리고 가람께 養蘭法을 들으며 이 戶에서 눌러 一卓의 성찬을 받으니, 술이면 蘭酒요 고기면 蘭肉인듯 입마다 향기로왔다.

　풍세란 두어분도 내가 三越溫室에서 보던 것처럼 花莖들이 불숙불숙 올려 솟았다.

　주인 가람선생은 이야기를 잘 하신다. 객중에 지용은 웃음소리가 맑다. 淸香淸談淸笑聲 속에 塵雜을 잊고 半夜를 즐기였도다.[82]

　이 글에서 보듯이 李秉岐가 자신의 집에서 기르던 사란이 꽃을 피우자 鄭芝溶을 통해 李泰俊을 같이 초대한 것으로 되어 있다. 그런데 이 수필이 쓰여지던 때(丙子年 正月 下澣) 기록된 李秉岐의 일기에는 초청된 문인이 한 사람 더 있는데, 노천명이다.[83] 그런데 李泰俊의 수필에는 노천명이 제외되어 있다. 이로써 李泰俊이 난을 중심으로 한 李秉岐, 鄭芝溶, 李泰俊 자신 세 사람의 회동을, 그들 간의 정신적 제휴를 상징적으로 부각시키고 있다.[84] 즉 '난' 은 이때 이 세 사람을 정신적으로 한 자리에 묶어주는 매개 역할을 한 셈이다. 물론 李泰俊이나 鄭芝溶이 양란법에 있어서나 그것을 즐기는 도락의 차원에서 수가 낮은 것은 틀림없다. 그러나 그 난을 사랑하는 마음은 매우 강렬하다.

　서화, 도자는 언제든지 먼지나 털면 고만이다. 하로만 돌보지 않아도 야속해 하는 것이 난초다. 그리 귀품은 아니나 향기는 좋던 사란, 건란, 십팔학사 세 분을 3년이나 길러오다가 하로 저녁 방심으로 지난 겨울 모다 얼려 버렸다. 물을 주고 볕을 쪼여주고 잎을 닦아주고 조석으로 시중들던

---

82) 이태준, 『상허문학독본』, 서음출판사, 1988, p.26.
83) 이병기, 『가람일기』(1936. 1. 22), p.465.
84) 황종연, 앞의 논문, p.96.

것이 없어지니 식구가 나간 것처럼 허전해 견딜수 없다. 深冬인 채 화원마다 뒤지어 겨우 춘란, 건란 한분씩 얻었다. 그리고 가람선생이 주문해 주신 사란은 수일 전에 한 분 왔다. 사란은 미풍에도 움직여 주어 좋다.

　책이 지리할 때, 붓이 마를 때, 난초잎을 닦아주는 것이 제일이다. 중국에는 내외 싸움을 하려거든 난초 잎을 닦아주란 말이 있다 한다. 결국 이 幽谷君子를 대함으로써 和敬淸寂을 얻으라는 말이다.

　蘭草는 그만치 심경을 가라앉혀 준다. 그러므로 養蘭而養身 이란 말도 있다.[85]

　비록 자신은 난의 잎보다 꽃을 더 사랑하는 난의 初戀者에 지나지 않고 기를 줄 몰라 제대로 키운 난이 없다고 겸손을 보이나,[86] 실은 그 애정이 보통이 아니다. 그 태도는 앞에 보인 예문에서와 같이 제단에 참배를 드리듯이 "옷깃을 여미고 나아가 잎의 푸름을 보고 뒤로 물러나 횡일폭의 묵화와 같이 백 천 획으로 벽에 엉크러진 그림자를 바라보았다"에서 보이는 것처럼 엄숙한 것이었다. 이는 일상적인 삶 자체를 즐기는 귀족취미인 도락행위이다. 난과 관련하여 이런 귀족취미의 한 문학적 표현이 바로 鄭芝溶에게도 보인다.[87]

　　蘭草닢은
　　차라리 水墨色.

　　蘭草닢에
　　엷은 안개와 꿈이 오다.

　　蘭草닢은
　　한밤에 여는 담은 잎술이 있다.

---

85) 이태준, 「난」, 『무서록』, 서음출판사, 1988, pp.188~189.
86) 이태준, 「난초」, 『상허문장독본』, 서음출판사, 1988, p.25.
87) 정지용의 귀족취미에 대해서는 다음 논문을 참조. 황종연, 앞의 논문, pp.138~143.

蘭草닢은
별빛에 눈떴다 돌아 눕다.

蘭草닢은
드러난 팔구비를 어짜지 못한다.

蘭草닢에
적은 바람이 오다.

蘭草닢은
칩다.

〈난초〉

이 시는 1932년 1월『신생』제37호에 발표된 것이다. 따라서 鄭芝溶
이 동양고전으로 경사한 작품을 보이기 시작한 1936~1937년보다 몇
년 앞선 것이다. 확실히 이 작품에는 어떤 정신이 잘 감지되지 않는
다. 후기 작품에서 보이듯 동양고전 사상의 감각화가 명료하지 않다.
아마 이때는 李秉岐와 교류하며 난에 대해 공부하였으나, 그것에 대해
깊이 있는 완상은 못한 때라 짐작된다. 이른바 정신이 스며들어 있지
못하다. 그럼에도 불구하고 난 자체에 대한 감각적 육화는 상당해 보
인다. 난초를 통해 자신의 정서를 표출하는 것으로 보아 그는 난의 생
리를 어느 정도는 감각적으로 체득한 듯하다. 이렇게 鄭芝溶도 이미
1930년대 초반부터 난을 즐기는 행위에 입문하고 있었던 것이다.
　앞에서 이야기했듯이 이 '난'을 즐기는 행위는 곧 문장파의 세계관
과 직결된다. 즐긴다는 것은 생리적인 것인데 세계관이 믿음에까지
내려가면 곧, 그것은 생리가 되는 것이다. 그것이 곧 삶의 도락이다.
그러면 문장파의 정신적 유대를 가능케 하고 또 그것을 표상하는 난
은 유가들에게는 어떤 의미를 가지고 있는가? 난은 예로부터 선비의
기품을 표상하는 식물로 널리 알려져 왔다. 즉 선비들의 상상력 속에

깊이 각인이 되어 있는 식물이다. "지란은 깊은 숲속에서 자라는데 사람이 없어도 방향을 풍기지 않음이 없고, 군자는 도를 닦아서 덕을 세움에 어려움을 인하여 절개를 고치지 않는다"(芝蘭生於深林 不以無人而不芳, 君子修道立德 不以因窮而改節)이라는 『孔子家語』에서 볼 수 있는 것처럼, 유교문화권에서는 기품이 높은 군자를 상징하는 것이었다. 이 군자는 유교문화권에서나 유교이념을 지향하는 자들에게는 언제나 동일시의 우상이었다. 즉 모방의 대상이었다. 유교란 엄밀히 말해서 종교에 다름 아니다. 즉 유교적 도그마를 믿는 데서 출발한다. 따라서 유학은 신학이나 마찬가지다. 그런데 종교에는 반드시 사회적 역사적으로만 설명되지 않는 초월적인 영역이 엄연히 있다. 따라서 유교문화권에서나 유교이념을 지향하는 사람이 동일시의 대상으로 '군자'를 상정할 때, 그 군자는 초역사성을 동시에 띠고 있는 것이다. 따라서 문장파 문인들이 그들의 동일시의 모델로 군자를 설정한 것은 결코 단순히 낭만적 동경에 지나지 않는 것이 아니다. 왜냐하면 유교문화권에서 역사란 변증법적으로 질적 변화를 하는 것이 아니라 어떤 유형의 삶이 계속 주기적으로 반복된다고 믿기 때문이다. 그리고 난과 관련된 이러한 선비문화에의 지향은 앞에서도 말했듯이 폭넓은 인문적 교양, 즉 서권기와 떼어 놓을 수 없다. 난이 표상하는 바 군자의 삶이란 바로 유교적 덕목이며, 그 유교적 덕목은 경전과 예술을 통한 폭넓은 교양에서 빚어지기 때문이다.

鄭芝溶에게 나타나는 선비문화에의 취향은 다음과 같은 사실들에서도 밝혀진다. 그는 결벽스러울 만큼 귀족적인 反俗主義를 지니고 있었다. 다시 말해 그는 삶의 감각적 풍요를 향한 욕망 못지않게 세속사의 더러움에 대한 강렬한 혐오감을 지니고 있었다.[88] 그러한 사실은 다음의 인용문에서 보이는 그의 태도에서 확인된다.

---

88) 황종연, 앞의 논문, p.145.

세상이 바뀜에 따라 사람의 마음이 흔들리기도 자못 자연한 일이려니와 그러한 불안한 세대를 만나 처신과 마음을 천하게 갖는 것처럼 위험한 게 다시없고 또 무쌍한 禍를 빚어내는 것이로다. 누가 홀로 온전히 기울어진 세태를 다시 돌아일으킬 수야 있으랴? 그러나 치붙는 불길같이 옮기는 세력에 부치어 온갖 음험 괴악한 짓을 감행하여 부귀를 누린다기로소니 기껏해야 자기 身命을 더럽히는 자를 예로부터 허다히 보는 바이어니 이에 굳세고 날카로운 선비는 탁류에 거슬리어 끝까지 싸우다가 不義를 피로 갚는 이도 없지 않어 실로 높이고 귀히 여길 바이로되 기왕 할 수 없이 기울어진 바에야 혹은 몸을 가벼히 돌리어 숨도 피함으로써 지조와 절개는 그대로 살리고 신명도 보존하는 수가 있으니 이에서도 또한 빛난 지혜를 볼 수 있는 것이로다.[89]

위의 인용문에서 확인되듯이 鄭芝溶은 옛날 선비들이 행하였던 고고한 처세의 규범을 존중하고 따르고자 함을 보인다. 이 글은 정몽주의 어머니가 그 아들에게 난세에 지조와 절개를 지키도록 경계한 시조에 대한 감상문의 도입부이다. 결국 이 글에서 鄭芝溶은 난세에 있어서 선비, 즉 지성인이 취할 바의 몸가짐에 대해 말하고 있는 셈이다. 그리고 그는 선비의 취할 바 몸가짐이 바로 반속주의에 있음을 말하고 있다. 그것은 "치붙는 불길같이 옮기는 세력에 부치어 온갖 음험 괴이한 짓을 감행하여 부귀를 누린다기로소니 기껏해야 자기 신명을 더럽히는" 일에 지나지 않는다는 것을 말함에서 보인다. 따라서 날카로운 선비는 탁류에 거슬리어 끝까지 싸우다가 불의를 피로 갚는 것이 바람직하다는 것이다. 그러나 때가 험한 지라 선비는 이 불리한 시운에 조용히 물러나 신명도 보전하고 지조와 절개를 동시에 지킴이 지혜로운 일이라는 것이다. 여기서 우리는 鄭芝溶의 전통 사대부적 出處觀을 보게 된다.

이 출처관에서 소위 은일의 정신이 나온다. 親日도 排日도 하지 못

---

89) 정지용, 「옛글 새로운 정(上)」, 『정지용전집 2』, p.212.

하고 "日本놈이 무서워서 山으로 바다로 회피하여 시를 썼던" 그에게 직접 행동하는 지사형 선비의 모습은 기대하기 힘들었던 것이다.

그의 또 다른 산문에서 우리는 은일의 정신을 읽을 수 있다.[90]

> 나라세력으로 자란 솔들이라 고소란히 서있을 수밖에 없으려니와 바람에 솔소리처럼 안윽하고 서럽고 즐겁고 편한 소리는 없다. 오롯이 敗殘한 후에 고요히 우는 慰安 그러한 것을 느끼기에 족한 솔소리, 솔소리만 하더라도 문밖으로 나온 값은 칠 수밖에 없다.
>
> (⋯⋯)
>
> 사치스럽게 꾸민 방에 들 맛도 없으려니, 나이 삼십이 넘어 애인이 없을 사람도 뻐끔채 자주꽃 피는 데면 내가 실컷 살겠다.
>
> 바람이 자면 노오란 보리밭이 후끈하고 송진이 고혀오르고 뻐꾸기가 서로 불렀다.
>
> 아츰 이슬을 흘으며 언덕에 오를 때 대소롭지 안히 흔한 달기풀꽃이라도 하나 업수히 녁일 수 없는 것을 보았다. 이렇게 적고 푸르고 이쁜 꽃이었던가 새삼스럽게 놀라웠다.[91]

이 글에서 우리는 관조의 태도를 볼 수 있다. 그는 주변의 사물을 대할 때 마음을 옥죄는 어떤 욕망이나 정념을 개입시키지 않는다. 그는 감각의 문을 무심히 열어 놓고 들어오는 사물을 맞이한다.[92] 이는 결국 邵康節이 말하는 以物觀物의 태도이다.

그리고 이 글에서 우리는 그의 처세관을 다시 확인할 수 있다. 즉 나라세력으로 자란 솔들이라 고소란히 서 있을 수밖에 없다는 말에서 우리는 그 자신이 처한 시대적 상황과 그 자신의 입장을 보게 된다. 객관적인 시운은 난세에 처해 있고, 그리고 그 자신은 '솔'에 비유된다.

---

90) 황종연의 지적대로, 정지용의 시가 대체로 은일의 세계를 밀도 있게 구현하고 있는데 반하여 그의 산문은 그에 관련된 언급을 거의 담고 있지 않다. 황종연, 앞의 논문, p.148.
91) 정지용, 「꾀꼬리와 국화」, 『정지용전집 2』, pp.153~154.
92) 황종연, 앞의 논문, p.149.

그리고 그 솔 소리처럼 아늑하고 서럽고 즐겁고 편한 소리는 없다. 오롯이 패잔한 후에 고요히 우는 위안, 그러한 그것을 느끼기에 족한 솔소리다.

이렇게 보아 鄭芝溶은 솔 소리를 들으며 자신의 지조와 절개를 지키기에 적당한 곳을 찾아 은일의 생활을 하고자 한다. 그곳이 완전히 산수 속이 아니라 서울 근교이지만 그의 생활 태도는 은자의 그것을 지향하고 있다. 그리고 이 글에서 우리는 소위 체념과 극기의 정신을 볼수 있다.

그러면 이제부터 趙芝薰에게 나타난 선비적 풍모와 선비적 문화에의 취향을 살펴보자. 趙芝薰의 가통이 영남의 대표적인 유학자 집안이었다는 것은 주지의 사실이다. 그리고 그는 어릴 적부터 조부 조인석으로부터 엄격한 한학 교육을 받았다. 따라서 그러한 환경에서 자라란 趙芝薰의 인격이 유교 내지 한문학적 바탕 위에 불교적 諦觀과 禪의 기미를 곁들인 교양[93]으로 이루어졌다는 것은 분명하다. 그리고 그는 李秉岐나 鄭芝溶보다는 지사형 선비 쪽으로 많이 기운 시인이다.

그의 지사형 선비 모습을 보여주는 글로 다음과 같은 것들이 있다.

> ① 金君! 자네는 착하나 좀 느리고 진실하나 날카롭지 못한 것이 허물일세. 이것이 내가 군을 위하여 秋水라는 호를 주는 까닭이니, 시인의 錦心繡腸도 秋水의 神과 玉의 骨을 못 가지면 안 되는 것, 太阿의 劍과 같이 푸른 서슬로 혹은 百川灌河의 氣槪를 군이 가질 수 있겠는가. 실상은 사내 나이 스물도 어린 나이는 아닌 것. 시가 인생보다 가벼움을 이제 못 깨달으면 몇 줄 시는 마침내 도로에 그치리. 나는 이 몇 줄의 글을 쓰는 인연으로 하여 이제부터 자네를 지켜보겠네. 그 마땅히 刻骨腐心할진저.[94]

---

93) 김종길, 「조지훈론」, 『청록집 기타』, 현암사, 1968. 오세영, 앞의 논문, p.31 재인용.
94) 조지훈, 「落花集 序」, 『조지훈전집 3』, 일지사, 1973, p.281.

② 지성인 곧 선비는 나라의 紀綱이요 사회정의의 지표이다. 그러므로, 한 나라의 기강을 바로잡고 사회정의의 지표를 확립하자면 무엇보다도 먼저 선비가 氣節을 숭상함으로써 선비의 명분을 세우지 않으면 안 된다. ……중략…… 선비가 다시 기절을 세우고 부정과 불의에 항거하지 않으면 안 될 때가 왔다. 타락한 時俗의 못된 선비들을 징계하지 않으면 안 될 계제에 우리는 봉착한 것이다. 正과 邪가, 義와 不義가 뒤죽박죽이 된 세상을 백성 앞에 분명히 흑백을 가려줄 사람이 누구인가. 지성인을 두고 이 일을 능히 할 사람은 없을 것이다. ……중략…… 선비의 기절은 먼저 몸소 행하고 마침내 殺身成人의 경지에까지 그 정신의 높이를 끌어올릴 수 있는 신념 있는 행동에의 사모다. 나라는 흥망의 關頭에 서 있다. 선비도 해야 할 말이 있고 하지 않으면 안 될 일이 있다.[95]

③ 志操란 것은 純一한 精神을 지키기 위한 불타는 신념이요, 눈물겨운 정성이며 냉철한 確執이요, 고귀한 투쟁이기까지 하다. ……중략…… 지조는 선비의 것이요, 교양인의 것이다. 장삿군에게 지조를 바라거나 창녀에게 지조를 바란다는 것은 옛날에도 없었던 일이지만, 선비와 교양인과 지도자에게 지조가 없다면 그가 인격적으로 장삿군과 창녀와 가릴 바가 무엇이 있겠는가. ……중략…… 도도히 밀려오는 망국의 탁류― 이 금력과 권력, 사악 앞에 목숨으로써 방파제를 이루고 있는 사람들은 지조의 함성을 높이 외치라.[96]

趙芝薰이 지닌 바 선비로서의 풍모는 해방 전후와 6 · 25의 난세에서 보여준 처신, 그리고 이승만 독재 정권과 5 · 16 군사 쿠테타에 대한 저항에서 행동적으로 표현되었지만, 위에 인용된 글에서도 그것을 확인할 수 있다.

①은 趙芝薰이 김관식의 처녀시집 『落花集』에 써준 발문의 일부이다. 오세영 교수의 지적대로, 이 글은 김관식에게 써준 격려사이나 趙芝薰 자신의 인생관 내지 문학관을 보여주고 있다.[97] 역시 오세영 교

---

95) 조지훈, 「선비의 直言」, 『조지훈전집 5』, pp.23~24.
96) 조지훈, 「지조론」, 『조지훈전집 5』, pp.16~20.

수의 지적대로, '추수의 신과 옥의 골'을 가진 인간, 혹은 '태아의 검과 같이 푸른 서슬'과 '백천관하의 기개를 가진 인간'이 그의 이상적 인간관이라면, 시인으로서 시가 결코 인간의 삶보다 중요할 수 없다고 생각하는 것은 그의 기본적인 시인관이다. 그런데 이 두 가지는 모두 선비의 본질적 특성들이다. 왜냐하면 전자는 선비가 지녀야 할 지조와 절의의 정신을 가리키는 것이고, 후자는 도학자로서 선비의 문학관을 피력한 것이기 때문이다.

한편 3·15 부정 선거 직전과 직후, 선비정신의 시대적 요청에 대하여 쓴 ②와 ③에도 趙芝薰의 인간관과 신념이 잘 나타나 있다. 먼저 ②에서 지성인은 곧 선비로서 나라의 기강이요, 사회정의의 지표라고 말한다. 지성인을 선비라고 말할 때 그 지성인은 단순한 기능적 지식 소유자가 아니라, 한 나라의 기강을 바로잡고 사회정의의 지표를 확립할 수 있는 비판적 지식인임을 의미한다. 그리고 그는 그 비판적 지식인으로서의 선비가 무엇보다 氣節을 숭상하고 명분을 세워야 한다고 말한다. 그리고 지조와 명분을 지키기 위해서는 살신성인의 경지에까지 그 정신적 높이를 고양시키지 않으면 안 된다고 말한다. 이것은 곧바로 선비정신의 핵심인 생명사상에서 나온 것이다.

그리고 ③에서 그는 그러한 선비로서 지녀야할 지조에 대해 보다 구체적인 논급을 하고 있다. 즉 지조는 순일한 정신을 지키기 위한 불타는 신념이요, 눈물겨운 정성이며 냉철한 확집이요, 고귀한 투쟁이기까지 하다는 것이다. 그런데 그 지조는 선비의 것이요 교양인의 것이라고 말한다. 또한 그 지조는 도도히 밀려오는 망국의 탁류 앞에 목숨으로써 방파제를 이루고 있는 사람들의 것이라고 말한다. 이는 지식인 곧 선비로서의 정신적 자세를 말한 것이다.

이러한 선비정신이 시로서 나타난 것으로 다음과 같은 작품이 있다.

---

97) 오세영, 위의 글, p.33.

共産主義와 싸우기 위하여 共産主義를 닮아 가는 무지가 불법을 자행하는 곳에

民主主義를 세운다면서 民主主義의 목을 조르는 폭력이 정의를 逆說하는 곳에

버림받은 지성이여 짓밟힌 인권이여 너는 정말 무엇을 신념하고 살아가려느냐.

무엇으로써 너의 그 아무것과도 바꿀 수 없는 矜持를 지키려느냐?

그것을 말해 다오 그것만을 말해 다오 하늘이여!

백성을 배신한 독재의 주구 앞에 연약한 民主主義의 忠犬은 교살되었다.

온 나라의 마을마다 들창마다 새어나오는 소리 없는 울음소리.

사랑하는 동포여 서러운 형제들이여 목을 놓아 울어라. 땅을 치며 울어라. 네 가슴에 응어리진 원통한 넋두리도 이제는 다시 풀 길이 없다.

찢어진 신문과 부서진 스피커 뒤로 난무하는 총칼, 이 百鬼夜行의 어둠을 어쩌려느냐

정말로 정말로 잔인한 세월이여!

새아침 옷깃을 가다듬고 죽음을 생각는다.

〈우리는 무엇을 믿고 살아야 하는가〉

권력의 구둣발이 네 머리를 짓밟을지라도
잔인한 총알이 네 등어리를 꿰뚫을지라도
절망하지 말아라 절망하지 말아라
민주주의여

백성의 입을 틀어막고 목을 조르면서
"우리는 민주주의를 신봉한다"고
외치는 자들이 여기 있다.
그것은 양의 탈을 쓴 이리

〈터져오르는 함성〉

문인화정신의 추구

    그러면 유교적인 인문적 교양을 상징하는 '書卷氣'란 말과 관련해서 문장파 주체세력들의 예술사상 속으로 좀 더 깊이 들어가 보자. 이 '서권기' 사상을 누구보다 강하게 예술정신으로 강조한 이는 역시 李秉岐이다.

>   추사의 글씨를 배우는 이가 추사의 독서법은 배우지 않고 다만 그 體法을 익히다가 만다. 비록 그 字樣이 鐵笛道人처럼 핍진하게 되었다더라도 그는 한 俗姿일 뿐이요, 經史子書와 金石五千券의 氣運을 腕下에 움직이는 秋史는 도저히 따를 수 없을 것이다. 一行一字는 고사하고 一點一劃이라도 따를 수 없을 것이다. 추사의 글씨는 그 기교만이 아니라 書券氣로써 이룬 까닭이다.
>   다시 말하면 書券氣란 즉 독서의 힘이요, 교양의 힘이다. 이것이 어찌 書道에뿐이리요. 文章에도 없을 수 없다. 위대한 천재는 위대한 서권기를 호흡하여서 발휘될 것이다.[98]

    이 글을 요약하면 창작의 원동력은 바로 서권기, 즉 독서의 힘, 폭넓은 인문적 교양의 힘이라는 것이다. 이 글 바로 앞에 李秉岐는 五祖 弘忍和尚의 두 제자 神秀와 惠能의 고사를 들고 있다. 그에 따르면 오랜 세월 각고면려한 신수보다 입문한지 겨우 8개월 정도밖에 안 된 혜능이 아직 문자도 모르면서 누군가 신수의 偈를 외는 것을 듣고 스스로 대의를 알고 자기도 한 偈를 지었는데 오히려 신수의 것보다 동뜬 것이란 평을 세인으로부터 받았다는 것이다. 그러나 혜능과 같은 놀라운 천품으로도 끝내 남해에 있어 나무장수를 하고 금강경 외는 소리를 못 들었다 하면 그 마음을 밝히고 悟道를 하지 못했을 것이라고 덧붙이고 있다. 즉 이는 아무리 뛰어난 천품이 있더라도 나름대로 각고

---

98) 이병기, 「書券氣」, 『가람문선』, p.200.

의 공정이 있어야 함을 말하고 있는 것이다. 이 工程이 곧 독서요, 학문이다. 결국 書卷을 읽음으로 해서 법열과 해탈이 온다는 것이다. 즉, 독서는 단지 감각적 즐거움이 아니라 그것을 넘어서 悟道의 경지에 이르러야 한다는 것이다. 李秉岐 자신은 "다만 □頭禪으로 될 수 없지만 턱없는 「不立文字 卽見自性」이라는 것도 부당하다"고 본다.[99]

여기서 보는 서권기 사상, 즉 悟道를 서권을 통해서 확실하게 하자는 사상은 바로 추사 김정희에게서 온 것이다. 이게 바로 추사의 實事求是 정신인데, 이는 추사 자신도 그러했듯이 어떤 신비주의적인 인식도 비판하고 경전에 의거한 확실한 인식을 우선시하는 태도이다. 이것이 이른바 그의 금석학에도 이어지지만, 그는 모든 지식을 문헌에 의해 확실히 하고자 했다. 그의 이러한 사상은 다음과 같은 仙사상에도 보인다. 그가 이해한 仙의 경지는 어떤 전설적 신비주의나 혹은 초인간적 비법에 의하여 도달할 수 있는 경지가 아니라, 우리가 처한 현상계의 인류문화사가 이루어온 인간 정신의 실상을 그대로 인식함으로써 우리 자신이 스스로 깨달아 낸 우리 자신의 자유자재한 정신적 경지라는 것이다.[100] 그러한 仙사상은 아래의 시에서 확인된다.

단조에다 힘 바친 지 모를레라 몇 해던고	丹竈辛勤不計年
공 이루자 대라천에 상제를 알현하네	功成게帝大羅天
당에 올라 옥을 주고 정실을 진열하니	升堂授玉陳庭實
모두가 인간의 근례전을 배웠구려[101]	總學人間覲禮篇

이는 추사의 작품 〈小遊仙詞〉 제1수인데, 이 시의 내용은 초월적인 세계도 결국 인간 세계의 모방에 지나지 않는다는 것의 상징적 비유

99) 이병기, 위의 글, p.200.
100) 金惠淑, 「추사 김정희의 시문학 연구」, 서울대 대학원 박사논문, 1989, p.144.
101) 金正喜, 『阮堂先生全集』 卷十, p.361.

이다. 결국 이 비유로 나타내고자 하는 것은 현상세계의 경험적 인식의 중요성이다. 추사의 이러한 실사구시 정신이 바로 그의 서권기 사상으로 자연스럽게 이어진다.

　　예서 쓰는 법은 가슴 속에 淸高古雅한 뜻이 없으면 손으로 쓸 수 없다. 가슴 속에 있는 청고고아한 뜻은 또 가슴 속에 文字香과 書券氣가 없으면 팔 아래 손끝에 나타나 발휘되지 못한다.[102]

　　가슴 속에 5천자가 있어야 비로소 붓을 들어 서품과 화품 모두가 한 등급을 뛰어넘을 수 있다. 그렇지 않다면 단지 俗匠이요 魔界일 뿐이다.[103]

　　난초 치는 법도 역시 예서 쓰는 법과 가까와서 반드시 文字香과 書券氣가 있은 연후에야 얻을 수 있다. 또 蘭法은 그리는 畵法을 가장 꺼리니 만약 화법이 있다면 그 화법으로는 한 붓도 대지 않는 것이 좋다. 조화룡같은 사람이 내 난초그림을 배워서 치지만 끝내 화법이라는 길에서 벗어나지 못하는 것은 가슴 속에 文字氣가 없는 까닭이다.[104]

　이상에서 보이듯 추사가 말하는 文字香, 書券氣란 문학 및 예술 일반에서 필수적인 정신적 기세를 일컫는 것이다.[105] 이 정신적 기세는 그야말로 오천권의 책과 금석학적 지식 등으로 주어지는 것이다. 이 정신적 기세는 다른 말로 유교적인 인문적 교양이고, 유교적 이념인 것이다. 추사의 이런 유교적인 이념과 관련된 정신적인 힘은 그의 실학

---

102) 隷法 非有胸中 淸高古雅之意, 無以出手. 胸中淸高古雅之意, 又非有胸中文字香書券氣, 不能現發於腕下指頭(김정희, 『완당선생전집』卷七, 下, 書示고兒, pp.166~168).
103) 胸中有五千字 始可以下筆 書品畵品 皆超出一等. 不然只俗匠魔界而己耳(김정희, 『완당선생전집』卷八, 下, 雜識, p.223).
104) 蘭法亦與隷法近, 必有文字香書券氣, 然後可得. 且蘭法最忌畵法, 若有畵法 一筆不作可也. 如趙熙龍輩學作吾蘭 而終不免畵法一路, 此其胸中無文字氣故也(김정희, 『완당선생전집』卷二, 上, 與고兒, p.159).
105) 김혜숙, 앞의 논문, p.25.

자다운 박람광기에서 비롯된다. 이 박람광기에서 빚어진 정신적인 힘이 곧 추사가 말하는 "物象 너머로 벗어나 環中을 얻는다"(超以象外 得其環中)[106]를 가능케 하는 에네르기인 것이다. 이 사상이 곧바로 가람에게 이어져 神韻사상으로 이어지는데,[107] 신운이란 바로 가시적인 것을 통하되 그것을 넘어 불가시의 것을 드러내는 것이다. 이 불가시적인 것의 포착이 곧바로 문인화정신의 요체이다. 일종의 추상성의 표현인 이것은 곧 그림 속에 시를 드러내는 것을 이상으로 한다. 그런데 그림 속에 시가 있게 하고 시 속에 그림이 있게 하는 문인화의 이상적인 경지는 바로 위에 말한 書券氣로 가능한 것이다.

이런 서권기를 위해 李秉岐는 추사를 이어받아 박람광기를 내세운다. 그것은 곧 많은 노력에 의한 학문을 일컫는 말이다. 여기서 가람은 바로 앞에서 말한 천품과 공정의 조화를 말하고 있는데, 이는 사실 김정희가 말한 바 성령과 격조의 조화에 지나지 않는다. 이처럼 李秉岐는 철저하게 김정희를 모방하고 있는 것을 알 수 있다. 성령이란 개인의 타고난 예술적 천품, 즉 감수성을 일컫는 것이고,[108] 격조란 시의 원리에 입각한 일체의 언어 구축 방법, 즉 언어 형상화 방식을 의미한다.[109] 그런데 여기서 말하는 격조는 단순한 언어적 수련을 넘어서서 학문적 소양과 훈련과도 관련되는 것임을 김정희가 다음과 같이 말하고 있다. 이것은 김정희가 이상적인 시인으로 虞集을 들고 있는데, 그 虞集이 바로 "性情과 學向이 결합되어 하나가 되었다"(禹則性情 學問 合爲一事)[110]고 칭양하고 있음에서도 볼 수 있다. 이 사상, 곧 성령과 격조의 조화, 천품과 공정의 조화는 그대로 李秉岐에게 이어져 그의 시학의 한 핵심적 요소가 된다.

---

106) 김정희, 『완당선생전집』卷八, 下, 雜識, p.210.
107) 이병기, 『가람일기』(1923. 5. 12), p.184.
108) 劉若愚, 『중국의 문학이론』, 이장우 역, 동화출판공사, 1984, pp.166~167.
109) 김혜숙, 앞의 논문, pp.38~39.
110) 김정희, 『완당선생전집』卷八, 下, 雜識, p.196.

이상에서 살펴 본 서권기 사상, 곧 시에 정신적 힘이 있어야 한다는 사상, 다시 말해 그 힘이 광범위한 독서에 의한 교양에서 온다는 사상이 바로 문인화정신이다. 문인화정신이란 앞에서도 이야기했듯이 사물의 핍진한 묘사를 넘어서 어떤 정신(추상적인 것)을 드러내야 하는 것인데, 그 추상적인 것이 바로 유교적 이념인 것이다. 추사가 지닌 이런 서권기에 의한 문인화정신이 李秉岐를 통해 문장파 일반에게 확산되어서[111] 그 집단을 하나로 결속시키는 구심력으로 작용한 것이다. 이러한 문인화정신이 잘 나타나 있는 것으로 다음에 보는 金瑢俊의 글들이다.

> 東坡가 王維를 讚한 중에 魔詰의 詩에는 詩中有畵요, 魔詰의 畵에는 畵中有詩라 하여 소위 詩畵一體의 上乘임을 말하였다.
> 東西古今을 통하여 회화의 최고정신을 담은 것이 南畵요 남화의 비조로 치는 이가 王魔詰이니만큼 그의 詩畵一體의 정신은 후일 비록 한 편의 詩와 한 폭의 畵까지 소멸하고 만 뒤에도 그 정신만은 뚜렷이 살아갈 것이다.
> 東塗西抹하여 그림이 되는 것이 아니다. 胸中에 文字의 香과 書券의 氣가 가득하고서야 그림이 나온다.
> 이것은 시에서와 꼭 마찬가지의 논법이다. 文字香과 書卷氣라는 것은 반드시 글을 많이 읽으란 것만은 아니리라. 董文敏의 畵禪室隨筆에서 말한 바 讀萬券書하고 行萬里路해서 胸中의 塵濁은 씻어버리면야 물론 좋다. 그러나 一字不識이면서라도 먼저 胸中의 高古特絶한 稟性이 필요하니 이 품성이 곧 文字香이요 書卷氣일 것이다.[112]

위의 수필에 나타나듯이, 金瑢俊은 王維에 의해 정립된 문인화, 즉 남화의 정신, 곧 시화일체의 정신을 동서고금을 통한 최고의 예술정신

---

111) 이병기의 시와 시론 및 그의 학문에 끼친 추사의 영향은 필자의 논문 「가람 이병기의 시와 시학에 있어서 유가적 미적 형상 방식」(『아주어문연구』 제1집)을 참조.
112) 김용준, 『근원수필』, 을유문화사, 1948, pp.99~100.

으로 본다. 비록 王維 자신이 남긴 마지막 한편의 시와 한 폭의 그림까지 다 소멸하더라도 그의 예술정신, 즉 王維의 시정신은 영원할 것으로 보고 있다. 오늘날의 전통화정신은 바로 王維의 이 사상을 이어 받아야 하는데, 王維가 지닌 시화일체 사상의 한국적 개현의 최고 정점이 바로 추사의 예술과 예술론에서 나타난다고 본 것이다. 따라서 金瑢俊은 바로 추사의 예술과 예술정신을 모방하고 실천하는 것을 하나의 거멀못으로 하고 있다. 즉 시화일체 사상에서 그 시정신은 바로 추사가 말하는 바 서권기, 문자향에서 비롯된다는 것이다. 그런데 그는 이 서권기나 문자향을 李秉岐와는 좀 달리 독특하게 해석한다. 즉 문자향과 서권기가 단지 李秉岐의 박람광기에 의해서만 생기는 것이 아니라, 문자의 혜택이 없이 천부적으로 주어지는 것으로도 본다. 즉 高古特絶한 稟性으로 보기도 한다. 이는 추사가 지니는 의도와는 다소 뉘앙스가 다르긴 하나, 결국 시를 쓰거나 그림을 그리는 자는 먼저 고상한 인격을 갖추어야 한다는 추사의 예술정신의 본뜻을 나름대로 해석한 것으로 보인다. 이것은 바로 예술적 기법보다 그 예술정신을 먼저 강조하는 문인화정신인 것이다. 이리하여 그는 謙齋 鄭敾이 이룩한 眞景山水의 우수함을 인정하면서도[113] 궁극적으로는 남화정신을 절대적으로 고집하게 되었다. 세상에는 흔히 난을 그리는데 난 잎을 방불하게 만드느라고 애를 쓰는 이들이 많으나 그림이란 결국 應物象形에서만 다 되어지는 것이 아니다 [114]하고 그림 속에 예술정신이 담겨지는 남화에로의 열정을 드러내었다. 여기서 "應物象形을 넘어선다"는 것은 앞에서도 말했듯이 추사의 "物象너머로 벗어나 環中을 얻는다"(超以象外得其環中)는 말을 이어받은 것이라고 볼 수 있는데, 바로 이런 문인화정신을 위해서 서권기가 필요하다고 주장하는 것이다. 그리고 그는 당대 화가로 하여금 그런 예술정신으로 지향할 것을 강력하게 권하

---

113) 김용준, 위의 책, pp.116~117.
114) 김용준, 위의 책, p.109.

고 있다.

추사와 그의 예술정신에의 강한 경도는 李泰俊에게도 간접적으로
보인다. 시인이 아닌 그에게 문인화정신이란 얼핏 좀 먼 것 같지만,
李泰俊의 소설들이 지닌 고답적인 분위기는 역시 선비로서의 인문적
교양을 그 근원적 에네르기로 깔고 있는 것이다. 『문장』의 題字를 추
사의 筆蹟에서 찾아내기 위해 한 달 가까이 애를 쓴 자가 바로 李泰俊
자신이었던 것으로 봐서 그의 추사에의 경도는 짐작할 만하다.[115] 또
한 李泰俊은 그의 수필「두 淸詩人 故事」에서 추사 김정희를 다소 현학
스럽게까지 찬양함으로써 그의 정신적 숭앙을 드러낸다.

鄭芝溶의 산문에는 추사의 영향이 직접적으로 검출되지는 않지만
몇 개의 글로써 간접적으로 짐작할 수는 있다.

> …… 태준의 「미술」은 바로 그의 천품이요 문장이다. …… 이 사람의
> 미술은 다단하다. 이러한 점에서 태준은 문단에서 희귀하다. 이조 미술의
> 새로운 해석 모방 실천에서 신인이 둘이 있다. 화단의 김용준이요 문단의
> 이태준이니 그쪽 소식이 감상문이 아니라 정선세련된 바로 수필로 기록된
> 것이 이 『무서록』이다.[116]

이 글은 金瑢俊과 李泰俊이 조선조 선비문화의 핵심인 문인화정신
을 정통으로 이어받았다고 보는 데서, 그리고 그들을 칭찬하는 데서
자신이 그러한 문인화정신을 계승하고자 함을 간접적으로 드러낸다고
볼 수 있다. 지용이 다음과 같이 고전적인 것을 지향하는 것을 표방하
는 데서도 그의 문인화정신에의 경사를 짐작할 수 있다.

---

115) 문장의 제자는 처음에는 추사체였다가 제5집부터는 추사의 예서체였다. 그
리고 『문장』 창간호의 표지는 가람이 소장하던 추사의 수선화 그림에서
길진섭이 초했다는 것이다.(『가람일기』, 1938. 12. 10) 이로 보아 문장파
전체에 대한 추사의 영향은 실로 심대한 것이었다.
116) 정지용, 「〈무서록〉을 읽고 나서」, 『정지용전집 2』, 민음사, 1988, pp.323~
324.

고전적인 것을 진부로 속단하는 자는, 별안간 뛰어드는 야만일 뿐이다. (……) 무엇보다도 돌연한 변이를 꾀하지 말라. 자연을 속이는 변이는 참신할 수 없다. 기벽스런 변이에 다소 교활한 매력을 갖출 수는 있으나 교양인은 이것을 피한다. 鬼面驚人이라는 것은 유약한 자의 슬픈 괘사에 지나지 않는다. 시인은 완전히 자연스런 자세에서 다시 비약할 뿐이다. 우수한 전통이야 말로 비약의 발디딘 곳이 아닐 수 없다.[117]

여기서 교양인이란 바로 서권기를 갖춘 사람이다. 이때의 서권이란 "시학과 시론에 자주 관심할 것이다. 시의 자매 일반 예술론에서 더욱 동양화론에서 시의 향방을 찾는 이는 비뚫은 길에 들지 않는다. 경서 성전류를 심독하야 시의 원천에 침윤하는 시인은 불멸한다"[118] 에서 보듯 바로 동양사상의 기록인 경전류인 것이다. 전통이란 과거의 모든 것이 다 포함되는 것이 아니라, 그것을 계승하고자 하는 자의 의도에 부합하는 것일 수밖에 없음을 고려할 때, 鄭芝溶에게서 고전이나 전통은 바로 유가적 문화, 좀 더 좁게 말해서 문인화 예술정신인 것이다. 바로 鄭芝溶이 "시의 Point d'appui(策源地)를 고도의 정신주의에 두는 시인이야말로 시적 上智에 속하는 것이다"[119] 하고 실토할 때 우리는 이렇게 하여 이 정신주의의 내용 항목이 바로 문인화정신, 동양사상임을 알 수 있다.

趙芝薰이 예술은 "우리 생활에 깃든 形而上의 나라를 살찌게 해야 할 것이다"[120]고 할 때, 그의 形而上이란 바로 道의 다른 이름에 지나지 않는다. 趙芝薰에게는 불교 특히 선종계통의 불교사상도 강하게 들어가 있으나 역시 그 사상과 미학의 근간은 유교이다.[121] 이때　형이

---

117) 정지용, 「시의 옹호」, 『정지용 전집 2』, 민음사, 1988, p.246.
118) 정지용, 「시의 옹호」, 『정지용 전집 2』, 민음사, 1988, p.245.
119) 정지용, 「영랑과 그의 시」, 『정지용전집 2』, 민음사, 1988, p.261.
120) 조지훈, 「유미주의 문예 소고」, 『조지훈전집 3』, p.324.
121) 조지훈에게 유교사상이 지배적이라고 밝힌 문헌으로는 박호영의 논문 「조지훈 문학 연구」(서울대 박사논문, 1988)와 김용직의 저서 『정명의 미학』

상이란 바로 유교적 정신주의의 한 표현이며, 그것이 예술적 형상화와 관련됨으로써 이른바 문인화정신으로 이어지는 것이다. 이로 보아 趙芝薰도 역시 조선조 사대부의 문인화 예술정신을 정통으로 이어받고 있음을 알 수 있다. 趙芝薰이 지닌 바 문인화정신은 다음 인용에서 명확히 나타난다.

> 동양화, 더구나 수묵화의 정신은 애초에 寫實이 아니었다. 芭蕉 잎새 위에 白雲을 듬뿍 실어 놓기도 하고 十里 둘레의 山水風景을 작은 화폭에 다 거두기도 하고 소쇄한 산봉우리 밑, 물을 따라 감도는 오솔길에다 나뭇군이나 山僧이나 隱者를 그리되 개미 한 마리만큼 작게 그려 놓고 미소하는 그 畫境은 寫實이라기보다는 꿈을 그린 것이었다. 이 정신이 四君子, 石壽圖, 書藝로 抽象의 길을 달린 것이 아니던가.[122]

전통화의 정신은 애초에 寫實이 아니라 꿈을 그린 것이었다는 말은 곧 문인화가 寫實보다 寫意에 치중한 것임을 의미한다. 이는 사물을 있는 그대로 그리는 것이 아니라 추상화시킨다는 의미이다. 이때 그 추상화시킨다는 것은 사물의 본질을 드러낸다는 것이다. 곧 형이상을 구현한다는 것이다. 이때 형이상은 바로 서권기와 연결된다. 그리고 寫意에 치중한다는 것은 앞의 추사의 말대로, "物象 너머로 벗어나 環中을 얻는다"는 의미가 된다.

이상으로 문장파의 주체세력들이 지향하거나 추구했던 선비문화의 핵심의 하나가 문인화정신에서 비롯됨을 살펴보았다. 그런데 이 문인화정신이 문학으로 표현될 때는 역시 서정시에서 그 특징을 가장 잘 드러내고, 특히 서정시 중에서도 전통지향적 자연시에서 더욱 그러하다. 문장파의 자연시는 뒤에서 계속 논의되겠지만, 단순한 '서경시'가 아니라 거기에는 심오한 동양정신이 스며들어 있는 것이다. 다시 말

(지학사, 1986)이 있다.
122) 조지훈, 「돌의 미학」, 『조지훈전집 4』, p.19.

해서 문장파의 자연시야말로 그들 집단의 이념이 가장 잘 집약된 예술양식인 것이다. 이제부터는 주로 문장파의 자연시와 관련해서 살펴볼 것이다. 그런데 그에 앞서 그들의 문학이론과 미학사상을 좀더 구체적으로 살펴볼 필요가 있다. 먼저 그들의 자연시와 관련된 이론으로서 형이상학론을 살펴보고, 그들이 특히 추구한 형이상이 어떤 것인지 알아보기로 하자.

 ## 정경론, 형이상학론 및 생명사상

앞 절에서 결론적으로 살펴본 바와 같이 문장파의 예술적 이념의 궁극적인 지향점은 조선조 선비문화의 대표격인 문인화정신이라 할 수 있다. 이 문인화정신, 곧 동양적 인문주의가 예술적으로 표현된 것 중 최고 경지의 하나가 전통지향적 자연시이다.[123] 전통지향적 자연시는 객체로서의 자연과 주체로서의 인간 사이의 관련 양상을 다루지만, 단순히 경물 묘사나 정서의 표현에 머무르지 않고 어떤 정신적인 것, 즉 이념이나 이치의 표현까지 이루어 내는 것을 목표로 하고 있다. 한마디로 전통지향적 자연시의 최고 목적은 道의 구현인 것이다. 이때 道란 자연 속에 내재해 있는 理法이기 때문에 자연을 대상으로 시를 쓸 땐 당연히 그 이법까지 드러내는 것을 이상적으로 한다. 동양에서는 보통 그 道를 形而上이라 부른다.[124] 따라서 전통지향적 자연시란 바로 형이상을 드러내는 것을 최고의 목적으로 한다. 동양에는 아주 옛날부터 바로 形而上을 드러내는 것을 이상으로 하는 시론이 계속 맥을 이어오고 있다. 시에서 形而上의 구현을 이상시하는 이러한 시론을 필자는 形而上學論으로 부르고자 한다.[125] 시론에서 形而上學論이란

---

123) 자연시란 개념은 요사이 일반화되어 가고 있는데, 다음 절에서 다시 정의를 내릴 것이다.
124) 是故形而上者謂之道, 形而下者謂之器.(『周易』 계사 上, 제 12장)

용어를 道의 구현이란 내용으로 처음 정의를 내린 사람은 劉若愚이다.[126] 그런데 劉若愚는 형이상학론 이란 용어를 사용할 때 그 용어의 출처를 명백히 하지 않아서 그 용어가 지니는 함의를 상당히 애매하게 하였다. 즉, 그 形而上이란 용어가 아리스토텔레스의 'metaphysics'에서 온 것이 아닌가 하는 오해를 불러일으키기도 한다. 왜냐하면 劉若愚 자신이 중국의 고전시론을 유형화할 때 M. H. Abrams의 도식을 빌려오기 때문이다. M. H. Abrams의 도식에서 볼 때 모방론은 결국 아리스토텔레스의 metaphysics와 관련이 매우 깊기 때문이다. 그러나 사실은 그렇지 않다. 劉若愚 자신이 간접적으로 그가 말하는 형이상학론이 아리스토텔레스 등의 모방론과 다르다는 것을 살짝 언급하고 지나갔기 때문이다. 즉 그는 형이상학론은 모방론과 표현론의 중간에 선다고 말했던 것이다.[127] 그러나 자신이 그 이유를 충분히 논증하지 않았기 때문에 계속 모방론과 형이상학론 사이에 서로 혼동되는 오해를 불러일으키고 있다. 앞으로 계속 논증하는 가운데 밝혀지겠지만 형이상학론은 美의 주관성과 객관성을 등질적으로 중요시하기 때문에 미의 객관성만 말하는 모방론과도 다르고 미의 주관성만 말하는 표현론과도 다르다.

그런데 전통지향적 자연시에 있어서 形而上은 따로 독립적으로 표현되지 않는다. 形而上은 객관 경물 묘사와 자아의 주관 정서 표현 사이에 용해되어 있다. 다시 말하면 形而上의 구현은 객관 경물 묘사와 주관 정서가 하나로 교융된 상태 속에 내재해 있는 것이다. 이를 고전

---

125) 문학에는 道를 담아야 한다는 견해를 나타내는 전통적인 시론을 가리키는 용어로 文以載道論이 있으나, 필자는 이 용어를 피하고자 한다. 이러한 전통적 용어에는 形而上學的 의미의 道뿐만 아니라 윤리적 효용론적 의미의 道까지 포함되어 있기 때문이다. 따라서 形而上學的 의미의 道만 따로 분리시켜 形而上學論이란 용어를 쓰기로 했다.
126) 劉若愚, 『중국의 문학이론』, 이장우 譯, 동화출판공사, 1984.
127) 劉若愚, 앞의 책, p.107

시학 용어로 말하면 情景論 속에 形而上學論이 내포되어 있다고 할 수 있다. 따라서 형이상학론을 언급하려면 먼저 정경론부터 살피지 않을 수 없다.

정경론 속에 형이상학론이 내포되어 있는 것은 王夫之의 다음과 같은 글에서 확연히 드러난다.

> 情을 품고 능히 그것을 표현할 수 있다면, 景을 보고 마음이 살아 움직인다면, 사물의 情을 체득하고 그 정신을 얻을 수 있다면, 자연스럽게 생동하는 귀절을 얻게 될 것이고, 자연 조화의 묘함에도 참가하게 될 것이다.[128]

王夫之의 이 글에서 우리는 자아의 情과 사물의 景이 하나로 만날 때 단순히 감각적이거나 감정적인 데 그치지 않고, 그 만남이 형이상학적인 데까지 들어감을 볼 수 있다. 이것은 관조자가 사물의 形만 보는 것이 아니라 사물의 神까지 보기 때문이다. 또한 이것은 바로 관조자의 마음이 관조되는 대상인 사물의 정신과 직관적으로 합일되기 때문이다. 이처럼 정경론속엔 형이상학론이 내포되어 있다. 그 둘은 확연히 분리되지 않는 게 모호하지만 그 특색이다. 정경론이란 한시에서의 시학 이론인데, 전통적인 한시, 특히 전통 자연시는 자아의 情과 객관 경물의 景이 서로 만나 하나로 융해된 상태에서 쓰여진다고 보는 이론이다. 이렇게 情과 景이 통히 하나로 융해되어 있는 세계에서는 어디까지가 情이고 어디까지가 景인지 분리되지 않는다. 계속해서 王夫之의 이론을 예로 들어 보자.

> 情과 景이 이름은 둘이지만 실제로는 분리할 수 없는 것이다. 詩로써 神妙한 것은 [情과 景이] 감쪽같이 하나가 되어 이어댄 자리가 없고, 공교로운

---

128) 王夫之, 『詩繹』, 含情而能達 會景而生心 體物而得神 則自有靈通之句 參化工之妙. 劉若愚, 앞의 책, p.91에서 재인용.

것은 情 가운데 景이 있거나 景 가운데 情이 있거나 한다.[129]

이렇듯 王夫之는 情과 景이 서로 만나 이른바 '情景交融'을 형성함을 말하고 있다. 이런 정경교융을 향한 열망은 중국에서뿐만 아니라 우리나라에서도 사대부들의 한시에서 하나의 창작 또는 이론적인 지침이 되어 왔다. 이런 정경론은 바로 문장파 시인에게도 보인다. 가령 李秉岐가 전통지향적 자연시 속에 '山海風景'과 '山水情懷'[130]가 나타난다거나, 情景[131]이 보인다고 하는 것 등이 그러하다. 鄭芝溶 역시 객관 경물 묘사로서의 景과 주관 정서 표현으로서의 情을 다 같이 강조하고 있다. 먼저 그는 『서경』에서 따온 "詩者는 言志라"는 말을 쓰고 있다.[132] 이는 표현론적인 견해로 情과 관련된다. 鄭芝溶이 표현론적인 견해를 보이는 것은 다음 구절에서 보인다.

> 시가 시로서 온전히 제자리가 돌아빠지는 것은 차라리 꽃이 봉오리를 머금듯 꾀꼬리 목청이 제철에 트이듯 아기가 열 달을 채서 태반을 돌아 탄생하는 것이니, 시를 또 한 가지 다른 자연현상으로 돌리는 것은 시인의 회피도 아니요 무책임한 죄로 다스릴 법도 없다.[133]

이는 시란 것은 자연스런 감정의 '자발적인 발로'라는 낭만주의적 표현론과 유사하다. 따라서 그는 "가장 타당한 詩作이란 具足된 조건 혹은 난숙한 상태에서 불가피의 시적 懷姙 내지 출산"[134]이란 입장에 이르게 된다. 결국 이는 미란 것은 주관적인 감정을 '자발적으로' 표현

129) 王夫之, 『薑齋詩話』, 情景名爲二, 而實不可離. 神於詩者, 妙合無垠. 巧者則有情中景 景中情. 이병한 편저, 『중국 고전시학의 이해』, 문학과지성사, 1992, p.110에서 재인용.
130) 이병기, 『가람일기』(1931. 9. 18), p.384.
131) 이병기, 「시조와 그 연구」, 『가람문선』, p.242.
132) 정지용, 「조선시의 반성」, 『정지용전집 2』, p.272.
133) 정지용, 「시와 발표」, 『정지용전집 2』, p.248.
134) 정지용, 위의 글, 위의 책, p.249.

한 것이란 낭만주의 미학과 유사한 태도이다.

그런데 鄭芝溶의 이 표현론적 견해는 서구 낭만주의와 일치하지 않는다. 그는 서구 낭만주의에서 말하는 '주관적 감정'의 자발적 발로를 말하는 것이 아니라 性情論에서 일컫는 情의 관점에서 말하고 있다. 즉 情의 '자발적 발로'를 말하고 있다. 따라서 낭만주의와 鄭芝溶 표현론의 유사점은 '자발적 발로'에 있지, 주관적 감정과 情과의 관계에 있지 않다. 이것이 鄭芝溶으로 하여금 표현론적 견해를 보이면서도 서구 낭만주의와 다르게 만드는 요인이다.

그런데 鄭芝溶은 한편 다음과 같이 모방론적 견해도 보인다.

> 그보다도 더 좋은 것을 얻을 수 있는 것은 바다와 구름의 동태를 살핀다든지 절정에 올라 고산식물이 어떠한 몸짓과 호흡을 가지는 것을 본다든지 들에 나가 一草一葉이, 벌레 울음과 물소리가, 진실히도 시적 운율에서 떠는 것을 나도 따라 같이 떨 수 있는 시간을 가질 수 있음이다.[135]

이는 시가 바로 객관적인 대상을 묘사했다는 모방론에 다름아니다. 이런 모방론은 바로 전통지향적 자연시가 지니는 景의 묘사와 관련된다. 이처럼 鄭芝溶이 모방론적 견해를 가지고 있다는 것은 다음처럼 고전주의적인 시론을 지니고 있음에도 확인될 수 있다.

> 안으로 熱하고 겉으로 서늘옵기란 일종의 생리를 압복시키는 노릇이기에 심히 어렵다. 그러나 시의 威儀는 겉으로 서늘옵기를 바라서 마지 않는다.[136]

이는 감정의 절제를 지향하는 고전주의 시학 태도이다. 감정을 절제하는 방법은 그 감정을 직접적으로 발하지 않고 객관적인 사물과

---

135) 정지용, 위의 글, 위의 책, p.249.
136) 정지용, 「시의 威儀」, 『정지용전집』 2, p.250.

사물들의 질서를 통해 간접적으로 표현하는 것이다. 그것이 바로 안으로는 뜨겁고 겉으로는 서늘한 것이다. 이처럼 鄭芝溶은 객관 대상의 묘사로써 미를 나타내고자 하는 객관성의 미학도 지니고 있다.

이상에서 살펴본 바와 같이 鄭芝溶에게는 객관적인 미를 추구하는 景의 묘사와 주관적인 미를 추구하는 情의 표현이 맞물려 있음을 볼 수 있다. 이는 결국 그의 시학이 낭만주의적인 표현론과 고전주의적 모방론의 결합으로 되어 있음을 말한다.

趙芝薰의 시학에서도, 이미 여러 사람이 지적[137]한 대로, 모방론과 표현론이 혼재되어 나타난다. 겉으로 보기에는 이 둘이 얼핏 서로 모순되는 것 같지만 실은 그렇지가 않다. 왜냐하면 모방론과 표현론은 정경론 속에 하나로 만나고 있기 때문이다. 모방론은 景의 차원이고, 표현론은 情의 차원이다. 사실 趙芝薰은 景의 객관 묘사와 관련해서는 서구 모방론적 견해를 빌어오고, 情의 표현과 관련해서는 서구 표현론적 견해를 빌어 왔다. 따라서 정경론은 일방적으로 표현론적인 낭만주의적인 미학만으로 되어 있는 것이 아니요, 역시 일방적으로 모방론인 고전주의 미학만으로 되어 있는 것도 아니다. 고전주의 미학에서는 객관적으로 존재하는 미가 작품 속에 일방적으로 반영될 뿐이다. 그것은 고전주의 계통의 철학에서는 인식 주체의 정신을 거울에 지나지 않는 것으로 보기 때문이다. 반면 낭만주의 미학에서는 미란 주관적으로 결정된다. 외부 사물은 이때 인식 주체로부터 빛을 받는 존재에 지나지 않는다. 이렇듯 고전주의 미학이든 낭만주의 미학이든 이들은 서로 자아의 정서든 객관적 사물이든 어느 하나만 강조하는 일방성을 지닌다. 이에 비해 정경론에서는 자아의 情이든 사물의 景이든 서로 대등하게 만난다. 이것이 소위 情景交融이다.

이런 정경교융 사상 때문에 趙芝薰에게도 다음처럼 객관 경물의 묘

---

137) 김윤식, 「유기적 문학관」, 『한국근대문학사상연구 1』, 일지사, 1984.
    정효구, 「유기체 시론의 의미」, 『시와 젊음』, 문학과비평사, 1988.

사를 중시하는 모방론적 견해와 자아의 情을 중시하는 표현론적 견해가 동시에 나타나고 있다.

① 모든 예술은 플라톤이 말한 것처럼 단지 모방(mimesis)의 기술이 아니라 기술을 토대로 한 기술 이상의 것, 다시 말하면 「이데아」 또는 생명의 原像(Urbild)이 직접 표현된 것이라 하지 않을 수 없다. 차라리 아리스토텔레스가 예술을 「보편적 형상(universal forms)의 리얼라이즈」라고 본 것은 타당하다 하겠다. 감각을 통하여 초감각의 세계에 사무친다는 것은 특수적인 것이 보편화되는 길이 아니겠는가.[138]

② 자연을 정련하여 그것을 다시 자연의 혈통에 환원시킨 것, 곧 「막연한 자연」에 특수한 의미를 부여함으로써 새로운 의미를 발견한 것, (……) 시의 소재는 우주의 삼라만상과 인간 생활 일체의 내용 속에 편만함을 인정하지 않을 수 없다. 그러나 시의 소재로서의 자연은 어디까지나 소재일뿐 그대로는 아직 시라 할 수 없는 것이다. 나는 이를 「넓은 의미의 시」, 다시 말하면 「시정신」이라 부르고 이 소재가 시인의 개성 있는 가슴과 손을 통하여 창조되어 이루어진 것을 「참뜻의 시」라 부른다.[139]

위의 글 ①은 고전주의자들의 모방론을 받아들인 것이고, ②는 낭만주의자들의 표현론을 받아들인 것이다. 그런데 그의 정경론은 서구의 모방론과 표현론을 그대로 받아들이지는 않는다. 먼저 모방론의 경우를 보면 모방되는 자연이 서구와는 다르다. 그의 말대로 "자연의 개념은 서양에서 이른바 「자연」이 아니요, 동양의 그것이며 동양에서도 특히 우리의 생활화된 「자연」"이다.[140] 이 '생활화된 자연'이란 다른 말로 주체화된 자연으로 부를 수 있다. 그것은 바로 주체와 일치된 자연이다. 자연은 객관적으로 도를 지니고 있는데 , 그 자연이 도를 주체적으로 지닌 인간과 만나기 때문이다. 뒤에서 말하겠지만 동양에

---

138) 조지훈, 『시의 원리』, p.16.
139) 조지훈, 『시의 원리』, pp.12~13.
140) 조지훈, 『시의 원리』, p.43.

서는 자연이나 인간이 동일한 도를 가지고 있다고들 말한다. 즉 인간이나 자연은 동일한 도를 지니고 서로 대등하게 만나고 있다고들 한다. 이런 의미에서 그가 모방론을 받아들임에도 불구하고 서구의 것 그대로 받아들이지 않는다. 객체의 도를 받아들이는 것은 주체 속에도 동일한 종류의 도가 있기 때문이다.

한편 표현론의 경우를 보아도 그는 서구 표현론을 그대로 받아들이지 않는다. 먼저 그가 말하는 개성이란 결국 각 개인에게 나타나는 氣質之性의 차이를 두고 말하는 것이다. 남인 계통의 주리론의 철학 사상을 잇고 있는 趙芝薰에게 있어서 기질지성이란 엄밀히 氣質中本然之性을 의미[141]하므로 보편성을 전제로 한 개별성을 나타낸다. 趙芝薰이 개성을 인간 본성과 관련시키는 것은 다음과 같은 말에서도 나타난다. 즉 그는 "저 자신의 사상이란 것이 바로 우주의 생명의 직관"[142]에 통하는 길이라고 하고 있다. 이는 결국 개성이란 개인의 독특한 정신이면서도 보편자로서의 우주의 객관적 본질도 나누어 갖고 있다는 것을 의미한다. 이로써 그의 개성론이 서구 표현론과 다른 것을 알 수 있다. 서구 표현론에서 개성이란 비록 보편성을 지니더라도 선험적인 인식 카테고리에 의해 주어지지, 그것이 어떤 객관적인 자연의 본질에 의해 보장받는 그런 것은 아니다.

그리고 이 기질지성이 곧바로 性情으로 나타난다. 性情은 理氣와 본질적으로 동일한데 인간에 국한시켜 부르는 개념이다. 그런데 性은 잠재된 것이므로 실제 시적 주체가 사물과 대할 때 발동하고 작동하는 것은 情이다. 그리고 이때의 情은 서구적 의미의 감정과는 달리 지·정·의가 통합된 전인격적 정신 능력이다. 趙芝薰에게도 바로 이러한 情의 개념이 보인다.

---

141) 유인희, 「程·朱의 人性論」, 한국동양철학회 편, 『동양철학의 본체론과 인성론』, 연세대출판부, 1982, pp.265~266.
142) 조지훈, 앞의 글, p.13.

시인이 지·정·의 어느 것 하나로서 시를 논한다면 새로운 생명을 기르는 협동의 조화에 지장이 생겨 결국 불구의 시를 사산하게 되는 것이다. 그러므로 시를 향수하고 양육하는 시인의 기관과 작용은 어느 하나만이 아니요, 생명 전체가 통히 하나로 된 새로운 통일감관으로서 체득할 것이란 말이다. 이를 「宇宙官」이라 하고 그 작용을 「宇宙感能」이라 부를 수 있겠다. 宇宙官은 눈, 귀, 입, 혀, 몸, 마음 그 어느 것 하나에만이 아니요, 그것 밖에 있는 것도 아니니, 이들이 한 덩어리로 통일되어 그 본래의 분담기능이 교호작용을 낳는 것이다.[143]

그리고 趙芝薰에게는 그 나름대로의 창조 개념이 보인다. 그러나 그의 창조 개념은 동양적 의미의 전통 속에 서 있다. 즉 창조란 시인 속에 내재해 있는 도(자연)를 구현하고 확장함으로써 이루어진다는 것이다. 이는 창조란 객관적인 도(자연)를 향수하고 그것을 주체적으로 구현한다는 것이다. 여기에서는 서구적인 의미에서의 창조 개념이 없다. 왜냐하면 趙芝薰이 받아들인 전통 사상에서는 우주 창조주로서의 神人同形同性的인 신이라는 개념이 없기 때문이다. 그리고 시인은 그러한 신의 위치에 선 창조자는 아니다. 그는 무에서 유를 창조하는 것이 아니라, 어디까지나 객관적으로 존재하는 우주의 생명을 받아들이면서 간직한 자신의 주관적 생명을 확충 구현하는 의미에서 창조 기능을 수행하기 때문이다.

이렇듯 그의 시론은 정경론에서 출발하고 있음을 알 수 있다. 그가 아래와 같이 '서경시'를 특히 중시하는 것도 바로 그의 정경론 중시의 한 모습이라 보여진다.

한편으로는 서정시가 주관적 표현인데 서경시는 객관적 묘사의 면이 두드러지므로 오히려 서사시의 서술에 통하는 면이 강하기 때문에 우리는 서경시를 서정시, 서사시의 중간 위치에 두지 않을 수 없는 것이다.

---

143) 조지훈, 앞의 글, p.26.

그러나, 자유시가 정형시와 산문시의 중간자로서 뚜렷한 자립이 가능한 데 비하여 서경시는 항시 서정시와 서사시의 어느 한쪽 면에 포섭되는 오해를 낳는 경우가 많겠지만 서경시가 주관시와 객관시의 종합적인 면이 강한 점이 다른 양자보다 뛰어나는 것은 부인할 수 없을 것이다.[144]

趙芝薰은 이처럼 '서경시'를 하나의 별도의 장르로 취급하고자 하고 있는데, 그는 서경시가 바로 미의 객관성과 주관성을 다 포괄하고 있기 때문이라는 것이다. 여기서 말하는 소위 미의 객관성과 주관성의 결합이 나타난 시가 바로 동양 한시이고, 그것의 이론적 기초가 情景論이다.

그러면 趙芝薰에 있어서 정경론이 구체적으로 실현된 상태는 어떤 것인가? 결론부터 말하면 그는 그런 상태를 '感興'이라 부른다. 感興이란 원래 퇴계 등이 썼던 용어이다. 퇴계는 이를 興感이라 표현했지만 뜻은 동일하다. 興感 또는 感興이란 퇴계에 따르면 我의 情과 物의 景이 통히 하나로 된 상태이다. 이 感興은 시학 특히 정경론에서의 사물 인식 방법이지만, 그 구체적인 방법은 성리학, 곧 형이상학에서의 사물 인식 방법인 格物致知와 완전히 일치한다.[145] 그 興感은 이른바 敬이나 心齋의 상태에서 일어난다.[146] 敬이나 心齋의 상태에서 興感이 일어난다는 말은 興感 역시 직관적이란 말이 된다. 趙芝薰 역시 이 興感을 직관적인 것으로 보고 있다.[147] 興感이 직관적이라는 것은 그 속에 사물의 형이상학적 인식까지 포함된다는 말이다. 다시 말해 興感으로 표현되는 정경론 속에는 형이상학론까지 포함된다는 뜻이다. 사실 興感은 자아의 情과 사물의 景이 하나로 만나는 데서 이루어지지만,

---

144) 조지훈, 『시의 원리』, pp.77~78.
145) 퇴계의 興感論은 정운채의 논문 「퇴계 한시 연구」(서울대 대학원 석사학위 논문, 1988)를 참조할 것.
146) 敬과 心齋에 대해서는 본 질 뒷부분에서 밝히겠다.
147) 조지훈, 『시의 원리』, p.14. 이병기 역시 이 興感이란 용어를 쓰고 있다. 『가람일기』(1931. 2. 25), p.363.

앞에서 살펴본 대로 王夫之에 따르면, 그 속에는 자아의 情과 사물의 情이 만나고, 자아의 마음과 사물의 정신이 만난다는 게 내포되어 있기 때문이다.

그러면 이제 다시 형이상학론으로 돌아와 보자. 문장파의 형이상학론을 언급하기 전에 여기서 잠간 동양 문학이론에 있어서 형이상학론이 어떻게 나타났는지 간략히 언급해 볼 필요가 있다. 文 내지 文學에 있어서 형이상학론적 관점은 『주역』에 이미 보인다. 22번째 賁卦의 〈象傳〉에 다음과 같은 구절이 있다.

> 하늘의 모양(무늬)을 관찰하여서 계절의 변화를 살피고, 사람들의 모양(무늬)을 살펴서 천하의 변화를 이룩한다.[148]

여기서 天文과 人文은 각각 천체와 인간의 제도를 가리킨다. 그리고 천문과 인문 사이의 유추가 보이고 이 유추는 뒤에 도를 가지런히 현시하는 것으로서 자연현상과 문학에 적용되었다.[149] 즉, 天의 도와 人의 도 사이에 유추관계가 성립되는데, 이 도를 나타내는 것이 文이라는 것이다. 고대 중국에서 文은 다양한 의미로 사용되었는데 그 중의 하나가 무늬, 文飾 등으로 쓰였다. 그리고 이 무늬를 나타내는 文의 의미가 文章을 거쳐 文學이라는 개념으로 정착되었다.[150]

그리고 『주역』의 계사전에서 8괘의 발명에 대한 전설적인 설명을 보게 되는데, 이 8괘는 후에 사람들이 중국 한자의 원형으로 생각하였다. 여기서도 형이상학론적 관점의 원형이 보인다.

> 옛날에 포희씨가 천하를 통치했다. 고개를 들어서 하늘에 있는 모습을 관찰하고 굽혀서 땅의 법칙을 관찰하고 새와 짐승의 무늬(文)와 땅의 마땅

---

148) 『周易』, 賁卦, 觀乎天文 以察時變, 觀乎人文 以化成天下.
149) 劉若愚, 앞의 책, pp.43-44.
150) 劉若愚, 위의 책, pp.25~29.

함을 살폈다. 가까이서는 자신의 몸에서 멀리서는 사물에서 취하였다. 거기
에서 처음으로 8괘를 만들었다.[151]

중국 문자의 기원인 8괘가 인간을 포함한 천지만물의 본질을 담고
있다는 식으로 해석되는 이 구문은, 羅根澤에 의해, 문학은 자연을 모
방한다는 생각의 표현으로 해석되었다.[152] 그런데, 8괘는 분명히 추상
적인 상징이고 자연물을 모방한 그림은 아니기 때문에 그대로 모방이
라고 보기는 힘들다. 이 구문은 오히려 작품이란 자연에 게재된 원칙
들을 상징화하였다는 것을 암시하는 것으로 보는 것이 보다 참된 것
이다. 그리고 文이란 결국 우주의 원리를 구현한다는 것이다. 이렇게
하여 중국 고대에서 형이상학론적 관점의 원형이 태동된 것이다.
　중국문학에 대한 형이상학론적 견해는 劉勰의 『文心雕龍』에 가장
집약적이고 완성된 형태로 나타난다. 그는 그의 형이상학론적 관점을
그 책의 첫 장인 〈原道〉에다 비교적 자세하게 설명하고 있다. 그 중의
한 구절을 들어보면 다음과 같다.

　　人文(인간적인 文)의 기원은 태극에서 비롯되었고 신성한 빛을 그윽하게
　밝히는 데에 易의 부호들이 처음으로 있었다. 포희씨가 그것을 그림에 이것
　이 시작되었고 공자가 翼을 그림으로써 그것을 끝냈다. 그리고 乾과 坤, 이
　두 괘에 대해서는 홀로 〈文言〉을 지었다. 말의 文이란 것은 천지의 마음이
　다.[153]

　이는 文이 우주의 발생과 더불어 시작되었고, 그 文은 바로 우주의
본질 곧, 도를 구현하는 것이란 말이다. 劉勰의 이러한 문학관은 그의

---

151) 『周易』, 계사下 제2장, 古者포儀氏王天下也. 仰則觀象於天, 俯則觀法於地, 觀鳥
　　獸之文, 與地之宜, 近取諸身, 遠取諸物.
152) 羅根澤, 『중국문학비평사』(1958), p.53. 劉若愚, 앞의 책, p.44에서 인용.
153) 劉勰, 『文心雕龍』, 「原道」, 人文之元 肇自太極, 幽贊神明 易象惟先. 庖犧畵其始,
　　仲尼翼其終, 而乾坤雨位 獨制文言. 言之文也, 天地之心哉.

저서 속에서 가장 기본적인 견해로서 효용론, 기교론 등 다른 견해들을 이론적으로 뒷받침하고 있다. 그리고 劉勰 등에 의해 지속적으로 개진되어온 이러한 문학관은 줄곧 중국 문학 이론의 기본적인 것으로 자리 잡아 왔고, 우리나라에도 큰 영향을 끼쳤다.

詩에서 形而上의 구현을 최고의 이상으로 생각하는 문학론은 우리나라에서도 조선시대까지 전통적으로 많이 있어왔으나 여기서는 생략하고 문장파에 국한시켜 살펴보고자 한다. 문장파 시인 중에서도 가장 그 이론이 두드러지게 나타나는 것은 趙芝薰에게서이다. 趙芝薰은 문장파뿐만 아니라 소위 문협정통파의 실세로서 가장 뛰어난 시론가이다. 우선 지훈에 앞서 가람과 지용에게서 그러한 형이상학론적 견해의 편린들을 살펴보겠다.

李秉岐는 자신의 전체 시 중에서 전통지향적 자연시를 가장 많이 쓴 시인답게 전통지향적 자연시의 이념인 形而上의 구현을 이상시하는 말을 간접적으로 내뱉곤 하였다. 그것이 이른바 '神韻'이다. 가람은 일기나 시론 곳곳에서 詩에서나 다른 예술에서나 신운이 나타나야 하고, 신운이 나타난 예술이 최고의 경지인 것으로 보고 있다.154) 원래 신운이란 용어가 함의하는 바는 그 범위가 매우 크다. 즉 王士禎(1634~1711)이 이 말을 사용할 때에는 일반적으로 말로 표현하기 어려운 개인적인 격조나 혹자의 시에 있어서의 풍미를 뜻한다.155) 그런데 이미 이 속에는 실재의 직관적 포착이나 직관적 예술 재능, 개인적 품격 등과 같은 개념들이 저변에 깔려 있는 것이다.156) 즉, 神韻生動하다 할 땐 작품 속에 形而上의 표현이 매우 훌륭하게 나타나 있다는 말이 된다. 이때 形而上은 물론 문면에 직접적으로 드러나지 않고 경물 묘사

---

154) 이병기, 『가람일기』(1923. 5. 12).
　　　이병기, 『가람일기』(1923. 5. 21).
　　　이병기, 『가람일기』(1943. 12. 7).
155) 劉若愚, 앞의 책, p.94.
156) 劉若愚, 앞의 책, p.92.

와 정서 표현 속에 용해되어 있는 것이 바람직한 것이다. 물론 李秉岐에게서도 이 '신운'이란 용어는 형이상의 의미와는 별 상관없이 쓸 때가 종종 있었다. 그러나 그가 지향한 이상적인 시의 경지가 전통지향적 자연시란 점을 감안할 때, 그 속엔 이미 형이상적인 의미가 게재되어 있으리라 본다.

다음 鄭芝溶에게서는 이러한 형이상학론적 관점이 어떻게 나타나는가. 그도 물론 形而上學論이란 용어를 직접 쓰지는 않았으나, 그의 시론 곳곳에 이미 이러한 요소가 산재해 있음을 볼 수 있다. 그리고 그가 이런 시론을 쓸 당시 바로 전통지향적 자연시를 썼다는 점으로 미루어 보아, 그는 이런 시론을 이미 마음속에 깊이 간직하고 있었던 것으로 보인다. 지용은 1939년 『문장』지 시절에 「시의 옹호」라는 시론 속에서 3가지 부류의 시를 말하고 있는데, 그것이 단순한 풍경시, 정취의 시, 정신의 시이다. 이중 단순한 서경시가 제일 낮은 차원이고, 그 다음이 정서의 표현인 정취의 시이고, 가장 높은 경지의 시는 바로 정신의 시라는 뜻으로 말하고 있다.[157] 그가 말하는 정신적인 시란 다음과 같은 바로 우주의 본질, 곧바로 形而上을 탐구한 시임을 가리키는 것이다.

> 가장 타당한 詩作이란 구족된 조건 혹은 난숙한 상태에서 불가피의 시적 회임 내지 출산인 것이니, 시작이 완료한 후에 다시 시를 위한 휴양기가 길어도 좋다. (……) 그보다 더 좋은 것을 얻을 수 있는 것은 바다와 구름의 동태를 살핀다든지 절정에 올라 고산식물이 어떠한 몸짓과 호흡을 가지는 것을 본다든지 들에 나려가 一草一葉이, 벌레 울음과 물소리가, 진실히도 시적 운율에서 떠는 것을 나도 따라 같이 떨 수 있는 시간을 가질 수 있음이다. 시인이 더욱이 이 시간에서 인간에 집착하지 않을 수 없다. 사람이 어떻게 괴롭게 삶을 보며 무엇을 위하여 살며 어떻게 살 것이다는 것에 주력하며, 신과 인간과 영혼과 신앙과 愛에 대한 항시 투철하고 열렬한 정신

---

157) 정지용, 「시의 옹호」, 『정지용전집 2』, 민음사, 1988, pp.241~246.

과 심리를 고수한다. 이리하여 살음과 죽음에 대하여 점점 段이 승진되는
일개 표일한 생명의 劍士로서 영원에 서게 된다.[158]

인간 자신을 포함한 우주만물의 생명의 원리와 본질 탐구, 그것의
시화가 곧 시의 가장 궁극적 이상이라는 이러한 시론은 바로 形而上學
論임에 틀림없다. 이러한 形而上이 가장 잘 나타난 시는 바로 문인화
정신으로 쓰는 시인데, 鄭芝溶은 이런 문인화정신의 요체를 다음과 같
이 말하고 있다.

> 시학과 시론에 자주 관심할 것이다. 시의 자매 일반 예술론에서 더욱 이
> 동양화론에서 시의 향방을 찾는 이는 비뚫은 길에 들지 않는다.
> 경서 성전류를 심독하여 시의 원천에 침윤하는 시인은 불멸한다.
>
> (……)
>
> 시의 기법은 시학 시론 혹은 시법에 의탁하기에는 그들은 의외에 무능한
> 것을 알리라. 기법은 차라리 연습 熟通에서 얻는다.
> 기법을 파악하되 체구에 올리라. 기억력이란 박약한 것이요, 손끝이란 수
> 공업자에게 필요한 것이다.
> 구극에서는 기법을 망각하라. 탄회에서 優遊하라. 도장에 서는 劍士는
> 움직이기만 하는 것이 혹은 거저 섰는 것이 절로 기법이 되고 만다. 일일이
> 기법대로 움직이는 것은 초보다.[159]

기법보다 먼저 정신의 표현이 중요하다는 것, 그리고 그 정신은 바
로 전통화론에서 찾아진다는 것은 곧 시에는 形而上의 구현이 가장 긴
요하다고 말하는 것으로 볼 수 있다.

趙芝薰은 문장파의 어떤 선배보다 유학에 정통한 시인답게 형이상
학론적 시론을 체계적으로 나타내고 있다. 그리고 그 자신 앞에서 말

---

158) 정지용, 「시와 발표」, 『정지용전집 2』, p.249.
159) 정지용, 「시의 옹호」, 『정지용전집 2』, p.255.

했듯이 다음과 같이 形而上이란 용어를 직접 쓰고 있다.

> 시인으로서 일가를 이루면 자기로서의 세계가 있고 그 세계는 세속적인
> 평평범범한 것이어서는 못쓴다. 미에 대한 존숭의 念은 미를 수호하는 신으
> 로 우리를 이끌어 간다. 예술은 종교와 철학과 풍속으로 돌아가서 우리 생
> 활에 깃든 形而上의 나라를 살찌게 해야 할 것이다.[160]

그리고 이때 그가 말하는 形而上이란 용어가 유가에서의 陰陽理氣와
관련된다는 것은 아래와 같이 明若觀火하다.

> 萬象이 이 陰陽의 변에 의하여 생긴다. 物과 心, 이도 陰陽之變의 하나
> 이다.
> 그러나 陰陽之變이 원인으로 만물이 생하니 만물은 음양의 果가 되는 것
> 이다. 因이 어디 비롯되는가. 果 있기 때문에 因이 있으니 만물로 볼 때 만
> 물이 因이요, 그 만물이 변하는 곳에 음양의 교변이 있으니 이는 果다. 어
> 느 것이 먼저며 어느 것이 나중인가.[161]

지금까지 문장파에서 전통지향적 자연시를 쓴 세 사람의 시인 李秉
岐, 鄭芝溶, 趙芝薰의 시론을 形而上學論과 관련해서 살펴보았다. 이상
에서 살펴본 바와 같이 문장파에서 형이상학론적 관점을 가장 확실히
하고 있는 이는 趙芝薰인데, 지금부터는 趙芝薰에 초점을 맞추어, 그가
어떻게 이 형이상학론을 구체화하고 있는지 살펴보자. 그렇게 하기
위해서 여기서는 우선 趙芝薰에게서 시학과 철학이 어떻게 관계 맺는
지부터 알아보기로 하겠다.

趙芝薰은 "시 생명의 본질은 시를 사랑하고 인생 속에 내재하여 생
성하는 자연"[162]이라 말하고 있는데, 이는 시학과 철학과의 관계에

---

160) 조지훈, 「유미주의예술 소고」, 『조지훈전집 3』, p.324.
161) 조지훈, 「大道無門」, 『조지훈접전집 4』, p.127.
162) 조지훈, 「시의 원리」, 『조지훈전집 3』, 일지사, 1973, p.12.

대한 지훈 자신의 단적인 견해이다. 그의 말대로,[163] 시란 세계관 곧 우주관에서 비롯된다. 따라서 그의 시론을 알려면 먼저 그의 세계관부터 살펴볼 필요가 있다.

> 대자연은 사물의 근본적인 原型으로서 여러 가지 의미를 실현하고 있다. 대자연의 일부인 사람은 그 자신 자연의 실현물로서만 존재하는 것이 아니라 창조적 자연을 저 안에 간직함으로써 다시 자연을 만들 수 있는 기능을 가지는 것이다.[164]

이는 인간을 자연의 일부로 보는 유가적 세계관을 드러내고 있다. 즉 우주는 一氣의 연속체로 되어 있고, 인간은 그 一氣의 부분으로 되어 있다는 유가적인 형이상학을 근본으로 깔고 있는 사상인 것이다. 지훈 자신도 物과 心이 모두 陰陽之變으로 되어 있다고 보고 있는 데서[165] 그것이 단적으로 드러난다. 유가들은 物, 즉 육체는 質이라 하고 心, 즉 정신은 氣라 하는데 이는 육체와 정신이 다 氣로 되었다는 말이다. 왜냐하면 氣 중에서 탁한 기를 質이라 하기 때문이다.[166] 이는 결국 인간은 자연과 본질적으로 동일한 질료로 이루어져 있다는 말이다. 만물이 一氣로 되었다는 말은 만물 속에 태극이 있다는 말로 이어진다. 즉 만물 속에 理가 있다는 말이다. 이는 결국 자연의 본질인 理(道)는 인간에게도 있고 사물에게도 있다는 뜻으로 된다. 그런데 사물 쪽에서 바라보면 그 도는 객관성의 원칙에 따라 운동하지만, 인간 쪽에서 보면 그것은 또한 주관성의 원칙에 따라 움직인다. 다시 말하면 도의 주체적인 측면은 인간이 자신 속에 있는 도를 실현시켜 나가는 것이고, 도의 객체적인 측면은 도가 만물 속에 구현되어 있다는 것이다.

---

163) 조지훈, 위의 글, p.11.
164) 조지훈, 위의 글, p.12.
165) 조지훈, 「대도무문」, 『조지훈전집 4』, p.127.
166) 山田慶兒, 『주자의 자연학』, 김석근 역, 통나무, 1991, pp.117~119.

그렇다면 도의 주체적인 측면은 어떻게 이루어지는가? 그것의 구체적인 방법은 仁과 誠을 실천하는 것이다. 仁을 실천한다는 것은 도를 실천하는 것이다. 왜냐하면 인간의 본질로서의 仁은 자연으로부터 부여받은 것이기 때문이다. 즉 仁이란 인간의 본성 그 자체이기 때문이다.[167] 그리고 본성 그 자체가 도이기 때문이다. 즉 이 仁은 단지 내심적 도덕적 활동으로서의 개념만을 포함하고 있는 것이 아니라 그 속에 理의 관념을 포함하고 있는 것이다. 그리고 誠을 이룩하는 것 또한 도를 주체적으로 실현하는 방법이다. 『중용』에 인간의 본성을 誠이라 하였는데, 이 誠은 인간의 본질일 뿐만 아니라 천지만물의 공통된 근원이다. 그래서 "誠者天之道"라 하고 "誠은 모든 사물 사건의 始終本末이니 誠하지 않으면 사물이 없어진 것이다"[168]고까지 하였다. 그런데 仁이니 誠이니 하는 것은 결국 우주의 본질로서 생명 있는 것에 대한 사랑과 성실함의 실천이다. 우주의 본질 그것을 생명적인 것으로 보는 것, 즉 모든 존재는 氣의 운동으로 되어 있고, 그 氣는 生意를 가지고 있다는 사상은 바로 생명사상이다. 趙芝薰의 말대로 유가들에 있어서 詩란 우주의 생명의 표현이다.[169] 시적 창조란 우주 생명의 구현이고 그 확충인 것이다. 이것이 도(생명의 본질)를 주체적으로 실천하는 방법이다.

한편 도 자체는 객관적인 것, 현상적으로 천지간에 벌어지고 있는 것이다. 즉 도는 자존 상태에 처해 있다.[170] 이 객관적인 도는 오직 자기 속에 스스로 자존해 있는 것이기 때문에 스스로 인간을 宏大시킬 수는 없다. 그것은 마치 하나의 사물과 같아 천지간에 있는 객관적 존재로서 존재한다. 그것이 바로 도의 객관성이다. 그런데 도는 오로지

---

167) 中庸表記, 仁者人也
168) 『中庸』, 誠者 物之始終 不誠無物.
169) 조지훈, 「시의 원리」, p.11.
170) 牟宗三, 『중국철학의 특질』, 송항룡 譯, 동화출판공사, 1983, p.70.

스스로 자존하는 것이기 때문에 그것은 인간의 확충을 기다리며 그것에 의존하고 있는 것이다. 그것은 곧 도란 모름지기 인간이 주체적인 도(仁)를 실천하는 데서만 확충되고 宏大해진다는 것이다. 인간에 의한 굉대 확충의 노력에 의지하고 있다는 점에서 도는 주관성을 띤다는 것이다. 이러한 사상은 『논어』에 나오는 다음과 같은 공자의 말 속에 단적으로 집약되어 있다.

> 인간이 도를 크게 할 수 있는 것이지, 도가 인간을 크게 하는 것이 아니다.[171]

이상은 결국 도의 주관성과 객관성을 말한 것으로 유교적 형이상학에 다름 아니다. 인용된 趙芝薰의 윗글을 보면 그가 바로 도의 주관성과 객관성을 동시에 언급하고 있다는 것을 알 수 있다. 즉 도는 자연의 본질로서 객관적인 것이지만 주체 속에도 구현되어 있다는 것이다. 그리고 주체 속에 구현되어 있는 도를 실천함으로써 도를 확충 굉대해 나간다는 것이다. 지훈 자신의 표현대로 다시 말하면 창조적 자연을 저 안에 간직함으로써 다시 자연을 만들 수 있는 기능을 가진다는 것이다. 이때 결국 주체 속에 있는 창조력의 근원은 만물과 같이 하고 있는 도이다. 이는 도(우주의 본질)를 仁으로 볼 때, 그리고 仁이란 것이 생명적인 것에 대한 사랑이라 볼 때, 우주의 생명을 저 안에 간직함으로써, 그리고 그것을 창조력의 근원으로 삼으로써[172] 仁의 실천과 확충이 일어난다는 것이다. 趙芝薰이 시정신, 곧 포에지를 바로 우주의 생명에 대한 직관적 포착이라 할 때, 그에 있어서 시적 창조 행위는 바로 우주 생명과 시인의 생명의 만남에서 이루어지는 것이라는 결론에 이르게 된다.[173] 다시 말하면 주관적 도와 객관적 도의 대등한

---

171) 『論語』, 「위령공」, 人能弘道 非道弘人.
172) 조지훈, 앞의 글, p.12.

만남, 즉 물아일체, 이것이 趙芝薫의 詩作에서 형이상이 구현되는 방식이다. 부연하면, 理란 것은 진·선·미의 통합적 근거로 미의 원천인 셈이다. 그리고 미란 주관적이면서도 객관적인 것으로서 하나로 합치될 때 미의 실현이 일어나는 것이다. 따라서 이것은 모방론처럼 객관적인 美만을 반영하는 것도 아니고 표현론처럼 주관적인 美만을 표현한 것도 아니다. 이런 이유로 형이상학론은 모방론이나 표현론과 다르다. 다시한번 반복하면 모방론은 객관적인 美만을 일방적으로 반영한다. 이때 인식 주체의 정신은 거울에 지나지 않는다. 반면 표현론은 주관적인 美만 표현한다. 이때 외부 대상은 그 자체 미적 가치를 띠지 못한다. 표현론에서 미적 가치란 오로지 인식 주체의 선험적인 미적 인식 카테고리에 의해 결정된다. 따라서 이때 외부 대상은 주체의 등불과 같은 정신으로부터 빛을 받는 존재에 머문다. 이와는 달리 형이상학론에서는 주관적인 미(理)와 객관적인 미(理)가 대등하게 만나서 통히 하나로 되는 데서 완전한 미가 실현된다.

그러면 趙芝薫에 있어서 형이상학론은 구체적으로 어떻게 실현되는가? 어떻게 형이상학적인 미가 실현되는가는 곧 철학에서의 문제와 일치한다. 그것은 이른바 격물치지의 방법이라 이를 수 있다. 趙芝薫에 있어서 격물치지가 일어나는 모습은 이른바 그가 말하는 '半無意識'을 통해 알 수 있다. 그가 말하는 바의 반무의식이란 일종의 직관적 인식을 위한 마음의 상태를 의미한다.[174] 이 직관은 莊子식으로 말하면 心齋[175]에서, 즉 마음을 텅 비우고 가지런히 한 상태에서 일어나고, 유가적으로 말하면 敬의 상태에서 일어난다고 할 수 있다. 敬이란『주역』두번째 坤卦의 "군자는 敬으로써 안을 고르게 하고, 義로써 밖을

---

173) 조지훈, 위의 글, p.15.
174) 조지훈, 「시의 원리」, p.57.
175)『莊子』,〈人間世〉, 仲尼曰, 若一志, 無聽之以耳 而聽之以心, 無聽之以心 而聽之
以氣, 聽止於耳, 心止於符, 眞也者, 虛而待物者也. 唯道集虛, 虛者, 心齋也.

바르게 한다"[176]는 구절에서 나온 말이다. 즉 군자는 敬으로써 마음을 곧게 하여 외부 사물을 인식할 준비를 갖춘다는 말이다. 居敬의 강조는 모든 유가들이 공통적으로 지니고 있는 항목이다. 유가들에게 敬이란 사물 인식의 시작과 끝이 되는 공부 방법이다. 敬이 학문의 시작임을 밝히는 것으로는 朱子의 "敬을 지님은 궁리의 근본이니 아직 알지 못한 사람으로서는 敬이 아니면 알 수가 없다"와 程子의 "道에 들어가는 데는 敬만한 것이 없으니 능히 致知함이 敬에 있지 않음이 없다"는 등의 말이 있다. 그리고 敬이 학문의 마무리가 된다는 것 역시 주자의 "이미 알은 것은 敬이 아니면 지킬 수가 없다"와 정자의 "敬과 義가 서면 德이 외롭지 않다"는 등의 말에서 읽을 수 있다.[177] 이상에서 본 유가들의 '敬', 이것이 이른바 趙芝薰이 말하는 반무의식 상태이다.

그런데 趙芝薰은 영남 사림파의 후예로서 주리론적 입장에 서 있기 때문에 대체로 퇴계의 학설을 이어받아 퇴계적인 인식론을 지니고 있다. 퇴계적인 격물치지론에 따르면, 사람과 사물 사이에는 원래 간격이 없는데, 현실적으로 사람의 마음이 氣蔽의 상태에 놓여 있어 사물과의 사이에 간격이 생긴다는 것이다. 즉 사람의 마음속에 있는 性으로서의 理가 혼탁해진 氣에 가려져 제대로 발현되지 않는다는 것이다. 그리하여 마음속의 혼탁해진 氣를 바르게 하여 바깥 사물과 일치될 필요가 있는데, 이때 요구되는 것이 심신 수양인 것이다.[178] 敬이란 이때 요구되는 심신 수양의 방법이다. 趙芝薰이 말한 '생명이 특수하게 고조된 상태'[179]란 바로 이런 경지, 곧 我의 마음이 氣蔽에서 벗어나 理純不雜이 실현된 경지를 일컬음이다. 즉 我의 理가 物의 理와 하나된 경지이다. 이를 성리학에서는 格物致知라 부른다.

---

176) 『周易』, 〈坤卦〉, 君子 敬以直內 義以方外.
177) 곽신환, 「한국 유교 철학의 원류와 전개 – 성리학파의 致知說을 중심으로」, 『철학사상의 제 문제 Ⅳ』, 한국정신문화연구원, 1986, p.39.
178) 鄭雲采, 「퇴계 한시 연구」, 서울대 대학원 석사논문, 1988, pp.6~19.
179) 조지훈, 「시의 원리」, p.37.

지금까지 우리는 情景論과 形而上學論을 살펴보았다. 정경론이란 시가 자아의 情과 사물의 景의 교융으로 이루어진다는 견해이다. 그리고 그런 정경교융 속에 形而上이 용해되어 있음을 살펴보았다. 이로써 우리는 정경론과 형이상학론에서 전통지향적 자연시의 중요한 세 가지 개념, 즉 자아의 정서, 객관 경물의 경치, 그리고 자아와 경물을 꿰뚫는 形而上을 도출해 낼 수 있게 되었다.

그런데 이 形而上과 관련해서 조금 더 언급할 것이 있다. 문장파 시인들이 특히 어떤 의미에서의 形而上에 관심을 집중시키고 있는지, 즉 어떤 형태로 구현된 형이상에 관심이 집중되어 있는지를 살펴보는 것이다. 한마디로 그들은 생명적인 면에서 구현된 이치에 관심을 주로 보이고 있다. 즉 그들은 生理, 곧 생명의 본질에 관심을 집중하고 있다. 예컨대, 李秉岐는 항상 도락적인 삶을 살려고 했다. 즉 도를 즐기는 삶을 살려고 했다. 그런데 李秉岐가 말하는 도락이란, 주로 생명적인 의미에서의 도, 즉 사물의 생리를 인식하고 그것을 즐기는 행위였다. 그가 주로 언급하고 있는 소위 '悟道'는 바로 사물들의 생리를 깨달음이란 뜻으로 볼 수 있다. 그가 난을 기르는 데서 '오도'를 한다고 말한 것은 바로 난의 생리, 난의 생명적 본질을 깨닫는다는 데서 시작된다. 난을 기르는 최고의 목적을 바로 난의 생리를 깨닫고, 그 생리(도)를 즐긴다는 데 두는 것이다. 李秉岐가 悟道를 생리 면에서 치중하고 있다는 것은 다음과 같은 말에서도 확인된다.

　　봄의 느낌은 자연이나 인생이 같을 것이다.
　　나는 매양 봄을 촉진하고 있다. 年中에도 봄이 가장 그립기 때문이다. 더구나 육순을 지난 나로는 그렇잖을 수 없다. 그리고 나는 화초를 사랑하는 한 사람으로서 화초와 함께 누구보다도 봄을 먼저 기다리고 있다.
　　그래서 九·十月부터 工作하여 **野梅** 한 주를 분재하여 방에 들여 놓아 동지 무렵에 그 만발한 꽃을 보았다.

芒鞋踏破東頭雲
盡日尋春不見春
歸來笑撚梅花醉
春在枝頭已十分[180]

　이란 건 이걸 보고 悟道까지 하였다는 名詩였으나 그런 자연 상태에만
맡겨두고 그걸 보고 悟道하였다는 그런 것보다도 지금 우리로는 그런 오도
보다도 매화 피기를 촉진하여야 겠다. 아닌게 아니라 이미 내 손으로 가꾸
어 春在枝頭已十分 전에 매화를 보았다. 이리하여 나는 나의 悟道를 따로
그 매화보다도 먼저 하였다고 하고 싶었다.[181]

　매화를 보고 그 생리를 통해 오도를 즐기는 것은 일반적인 행위이
다. 그런데 李秉岐는 방에서 매화를 철 이르게 피게 하여 그 매화의
생리, 즉 따뜻해지면 꽃이 피는 생리, 즉 이치를 남보다 먼저 겨울에
즐겼다는 것이다. 이로써 그가 말하는 오도가 현저히 생리적인 것임
을 알 수 있다. 그리고 李秉岐가 생리나 생명 문제에 매우 집착하고
있는 것은, 김윤식 교수의 지적[182]처럼　그가 빛이 아닌 '볕'에 몰두하
고 있음을 통해서도 볼 수 있다. 볕이란 바로 빛과 달리 밝음에다 온
도(따뜻함)를 내포한다. 바로 이 볕이 쬐는 장소가 생명의 서식지이
다. 李秉岐는 시, 산문 도처에 빛으로 나타내야 할 단어도 볕이란 말로
대체해서 사용하고 있는 것을 볼 수 있는데, 이로 보아 그가 얼마나
생명 문제, 생명의 존재 방식, 즉 生理問題에 집착했는가를 볼 수 있다.
　한편 鄭芝溶 역시 생명 문제에 관심이 매우 컸음을 알 수 있다. 그것
은 먼저 생명체가 지닌 생리적 현상에 대한 관심에서 보인다.

　　꾀꼬리 우는 제철이 왔다.
　　이제 계절이 아조 바뀌고 보니 꾀꼬리는 커니와 며누리새도 울지 않고

---

180)　戴益의 「探春詩」, 1행과 2행이 서로 바뀌었다.
181)　이병기, 「매화」, 『가람문선』, p.189.
182)　김윤식, 「문장지의 세계관」, 『한국근대문학사상비판』, 일지사, 1978, p.167.

산비둘기만 극성스러워진다.

꽃도 닢도 이울고 지고 산국화도 마지막 슬어지니 솔소리가 억세여간다.

꾀꼬리가 우는 철이 다시 오고 보면 장성 벗을 다시 부르겠거니와 아조 이우러진 이 계절을 무엇으로 기울 것인가.

동저고리바람에 마고자를 포기어 입고 은단초를 달리라.

꽃도 조선 황국은 그것이 꽃 중에는 새 틈에 꾀꼬리와 같은 것이다. 내가 이제 황국을 보고 취하리로다.[183]

이 글은 꾀꼬리가 우는 것을 듣고 즐기는 내용의 에세이이다. 서울 서도 새문 밖 감영 앞에서 전차를 내려 한 십분 쯤 걷는 터에 꾀꼬리가 우는 동네에 살게 된 것을 다행스럽고 자랑스럽게 생각한다는 것으로 시작되어 있다. 鄭芝溶은 그 꾀꼬리 소리를 자랑하고 싶어 장성에 사는 벗을 오라 했는데, 그 벗이 왔을 땐 이미 꾀꼬리 우는 제철이 아니어서 서운했다는 것으로 되어 있다. 꾀꼬리의 소리를 즐긴다는 것은 꾀꼬리의 생명을 즐긴다는 것이다. 그리고 그것은 꾀꼬리의 생리(우는 철이 따로 있다는 생리)에 민감하게 반응하게 된다. 꽃도 잎도 지고 산국화도 마지막 슬어지고 솔 소리가 억세어가고 꾀꼬리 소리가 사라진 아주 이우러진 계절에 동저고리 바람에 마고자를 포기어 입고 은단초를 달겠다는 것은 자신의 생리에 민감하게 반응한다는 증좌이다. 그렇게 자신의 생리 문제에 민감하게 대처하고 난 다음, 황국을 보고 즐긴다. 단순히 즐기는 정도가 아니라 그것에 취한다. 향기에 취한다는 말도 된다. 향기란 생명의 강한 움직임이기 때문이다. 이처럼 鄭芝溶은 황국을 통해 생명의 이치, 즉 생리를 즐기는 것이다. 이는 자잘한 주위의 감각적인 삶 일체를 즐기는 태도이다.

이런 감각적인 즐거움이 생리 문제와 연결되어 있다는 것은 앞에서 인용한 〈난초〉에도 보인다. 〈난초〉에서 鄭芝溶은 난과 물아일체 된

---

183) 정지용, 「꾀꼬리와 국화」, 『정지용전집 2』, p.154.

모습을 보이지 못한다. 그러나 난에 대한 세밀한 감각적 묘사에서 그가 얼마나 난의 생리를 깊게 탐구하려고 애쓰고 있는가를 역력히 볼 수 있다. 그리고 이런 생리 문제는 바로 생명사상으로 연결된다. 그는 시를 쓰려면 무엇보다 먼저 "바다와 구름의 동태를 살핀다든지 절정에 올라 고산식물이 어떠한 몸짓과 호흡을 가지는 것을 본다든지 들에 나가 一草一葉이, 벌레울음과 물소리가 진실히도 시적 운율에서 떠는 것을 나도 따라 같이 떨 수 있는 시간을" [184]가지기를 권고하고 있다. 이것은 바로 자연의 생명적 본질을 인식하는 데서 포에지가 나온다는 미학사상에 다름 아니다. 그가 시의 방향을 동양화론에서 찾는다는 것 역시 생명사상에 닿아 있다고 볼 수 있다. 문인화정신이란 곧 사물의 생명적 본질을 추상화시킨 것이기 때문이다.

그러면 趙芝薰에 있어서 생명사상은 어떻게 나타나는가? 그 역시 생리 문제를 형이상의 구체적 한 양상으로 파악하고 있다. 그는 먼저 자연 자체를 살아 있는 생명체로 파악한다.[185] 바로 살아 있는 생명체로서의 자연과 자아의 생명적 합일 속에 시정신이 구현된다는 것이다. 즉 시정신은 바로 우주의 생명을 직관하는 데서 나온다는 것이다. 그러한 우주의 생명적 본질을 인식하는 것은 바로 자아 속에 동질의 생명적 본질이 있기 때문으로 보고 있다.

> 생명은 자라려고 하는 힘이다. 생명은 지금에 있을 뿐만 아니라 장차 있어야 할 것에 대한 꿈이다. 이 힘과 꿈이 하나의 사랑으로 통일되어 우주에 가득 차 있는 것이 우주의 생명이 아니겠는가. 우주의 생명이 분화된 것이 개개의 생명이요, 이 개개의 생명의 총체가 우주의 생명이라고 볼 것이다. 그러므로, 나는 시는 「자기 이외에서 찾은 저의 생명이요, 자기에게서 찾은 저 아닌 것의 혼」이라고 한다. 다시 말하면 「대상을 자기화하고 자기를 대상화하는 곳에 생기는 통일체 정신」이 시의 본질이라고 나는 믿는

---

184) 정지용, 「시와 발표」, 『정지용전집 2』, p.249.
185) 조지훈, 「자연과 문학」, 『조지훈전집 3』, p.313.

다. 「인간의식과 우주의식의 완전일치의 체험」이 시의 究竟이라고 믿어진다는 것이다. 이런 뜻에서 우주의 생명적 진실을 受精함으로써 시를 생탄시키는 것은 시인의 보편한 지향이라 할 것이다.[186]

이처럼 자연과 자아 사이의 생명적 교감에서 포에지를 찾으려 하는 데서 그의 미학사상이 얼마나 확실하게 생명사상에 뿌리를 내리고 있는가를 알 수 있다. 그에 있어서 포에지란 우주의 생명과 시인의 생명의 합일에서 나온다. 뒤에서 살펴보겠지만, 方東美 식으로 말하면,[187] 보편생명과 개체생명의 일치 체험에서 시정신이 나온다. 따라서 그는 자연에서 바로 생명의 미를 집요하게 추구하고 있는데 우리는 그것을 아래의 인용문에서 확인할 수 있다.

　　돌의 멋 – 그것도 낙목한천의 이끼 마른 瘦石의 묘경을 모르고서는 동양의 진수를 얻었달 수가 없다. 옛 사람들이 마당귀에 작은 바위를 옮겨다 놓고 물을 주어 이끼를 앉히는 거라든가, 흰 화선지 위에 붓을 들어 아주 생략되고 추상된 기골이 凜然한 한 덩어리의 물체를 그려놓고 이름 하여 石壽圖라고 바라보고 좋아하던 일을 생각하면 가슴이 흐뭇해진다. 무미한 속에 최상의 미를 맛보고, 寂然不動한 가운데서 뇌성벽력을 듣기도 하고 눈 감고 줄 없는 거문고를 타는 마음이 모두 이 돌의 미학에 통해 있기 때문이다.
　　동양화, 더구나 수묵화의 정신은 애초에 寫實이 아니었다. 파초 잎새 위에 백운을 듬뿍 실어 놓기도 하고 십리 둘레의 산수풍경을 작은 화폭에 다 거두기도 하고 소쇄한 산봉우리 끝, 물을 따라 감도는 오솔길에다 나뭇군이나 山僧이나 隱者를 그리되 개미 한 마리만큼 작게 그려놓고 미소하는 그 화경은 寫實이라기보다는 꿈을 그린 것이었다. 이 정신이 사군자, 석수도, 서예로 추상의 길을 달린 것이 아니던가.
　　괴석이나 마른 나무뿌리는 요즘의 추상파 화가들의 훌륭한 오브제가 되

---

186) 조지훈, 「시의 원리」, 『조지훈전집 3』, p.15.
187) 方東美, 『중국인의 인생철학』, 정인재 譯, 형설출판사, 1983, p.23.

는 모양이다. 추상의 길을 통하여 동양화와 서양화가 융합의 손길을 잡은
것은 본질적으로 당연한 추세라 할 수 있다. 「살아 있다」는 한 마디는 동양
미의 가치기준이거니와 생명감의 무한한 파동이 바위보다 더한 것이 없다
면 웃을런지 모른다. 그러나, 돌의 미는 영원한 생명의 미다. 바로 그것의
추상이다.[188]

　　돌에게도 생명이 있다는 것, 그 돌이 지닌 생명 현상이나 본질을 형
상화한 것, 그것이 추상화로서의 문인화이다. 이처럼 趙芝薰의 시정신
은 바로 자아와 자연과의 생명적 교감에 뿌리를 두고 있다. 여기서 지
훈의 미의식이 빚어지는 것이다.
　　지금까지 살펴본 대로 문장파의 주체 세력으로서의 李秉岐, 鄭芝溶,
趙芝薰의 시학은 바로 자아와 자연간의 생명적 교감에서 빚어지는 미
의식에 근거하고 있음을 볼 수 있다. 즉 형이상(이치)의 구현이 생명
문제와 직결하여 나타난 데에 그들은 관심을 집중시키고 있는 것이다.
자아와 자연의 생명의 존재 방식과 그 교감이 이들 시학에 있어서 형
이상이 구현되는 구체적 방식인 것이다.
　　생명의 존재 방식에서 형이상(도)를 보려는 철학은 동양에서는 오
래전부터 있어 왔다. 方東美에 따르면, 道란 보편생명의 흐름이다.[189]
온 우주에는 일종의 생명의 기운(生氣)이 일관되게 흐르고 있으며, 만
물이 모두 살아 있다는 소위 萬物有生論(Organicism as applied to the
world at large)의 입장, 즉 우주를 유기체로 보는 입장이 유가들의 기
본적인 사상이라는 게 方東美 등 현대유가들의 새로운 해석 방법이
다.[190] 그러면 方東美 등의 생명철학 - 이것을 정인재는 형이상학적 생
철학으로 부르고 있다[191] - 에서 파생된 미학사상은 어떤 것인가? 方

---

188) 조지훈, 「돌의 미학」, 『조지훈전집 4』, p.19.
189) 方東美, 위의 책, p.23.
190) 方東美, 위의 책, p.48.
191) 方東美, 위의 책, p.214.

東美는 천지의 위대한 미는 끊임없는 창조 과정에 있는 보편생명의 유행 변화에 있다고 간단히 요약한다.[192] 그리고 인간이 천지의 美에 투입해 가는 길은 바로 우주와 협력·화합하여 화육에 참여함으로써 天人合一의 道를 깊이 체득하고, 서로 화합하여 함께 변화하여서 똑같은 창조를 드러내고 다 같은 생기 넘치는 뜻을 드러내는 것이라고 말한다. 바꿔 말하면 천지의 미는 생명 내부에 깃든 풍부한 생명력과 빛나는 활력에 있다는 것이다.[193] 따라서 그는 공자와 유가들의 심미의 주된 의도는 우주에 있어서 창조적인 생명을 깊이 살피려는 것이고, 그와 합류하여 함께 변화하고, 이것에 의거하여 그 大和를 맛보고 그와 같은 정감을 깃들게 하는 것이라고 한다.[194]

方東美에게 있는 사상은 이미 청나라 王夫之에게도 보인다. 王夫之는 『詩廣傳』에서 다음과 같이 시인과 천지와의 생명적 교감을 시정신의 본질로 설명하고 있다.

> 君子의 마음은 天地와 같은 정감을 가질 때가 있으며, 女子와 어린이들과 같은 정감을 가질 때가 있으며, 道와 같은 감정을 가질 때가 있어 모두 공통적 정감을 얻는다. 그리고 이 모두를 잘 말라 내어 그것을 사용한다. 크게는 천지의 변화를 체득하고, 미세하게는 물고기와 새들, 풀과 나무들의 기틀을 갖추고 있다.[195]

미란 바로 우주생명과 개체생명의 조화로운 교감에서 나온다는 方東美 등의 사상은 앞의 王夫之 뿐만 아니라 중국의 많은 고전 철학에서 보이는데, 여기서는 음악과 관련된 『예기』의 「악기」 편을 인용해

---

192) 方東美, 위의 책, p.156.
193) 方東美, 위의 책, p.156.
194) 方東美, 위의 책, p.163.
195) 王夫之, 『詩廣傳』, 君子之心, 有與大地同情者, 有與禽獸草木同情者, 有與女子小人同情者, 有與道同情者, 悉得共情, 而皆有以裁用之, 大以體天地之化, 微以備禽魚草木之幾.

보는 것으로 간단히 줄이겠다.

> 위에는 하늘이 있고 밑에는 땅이 있다. 그리고 그들 사이에는 상이한 본
> 성을 가진 만물이 흩어져 살고 있다. 삶의 흐름은 끊임없이 계속된다. 이것
> 과 함께 합하고 변화하여 음악이 생긴다. 땅의 기운은 위로 올라가고 하늘
> 의 기운은 밑으로 내려간다. 음양의 기운이 서로 비벼대고, 하늘과 땅의 기
> 운이 서로 뒤흔든다. 그리하여 대자연의 교감적인 상호작용은 천둥으로 울
> 리고, 바람과 비로 북돋우고, 사계절의 변화로 움직이게 하고, 해와 달의 빛
> 으로 따뜻하게 한다. 이리하여 변화의 성장이 활발하게 진행한다. 이와 같
> 이 음악은 하늘과 땅의 조화된 상호 관계를 나타내기 위하여 구성되어지는
> 것이다. 대음악 속에는 천지의 충만한 조화가 있다. 이런 까닭으로 大人이
> 음악을 거행할 때 천지는 밝게 빛날 것이다. 천지는 기꺼이 화합하여 음양
> 의 기운이 소장하여, 만물을 따뜻이 덮어주고 길러준다. 그런 뒤에 나무와
> 풀은 무성히 자랄 것이고 작은 싹은 움틀 것이다. 날짐승은 떨쳐 날고, 뿔
> 달린 짐승은 자라나고, 틀어박혀 있던 벌레들은 활발히 소생한다. 새들은
> 알을 품어 새끼를 깐다. 짐승은 새끼를 배어 낳아 기른다. 그리하여 태생의
> 것은 유산을 하지 않을 것이고, 난생의 것은 어떠한 알도 깨뜨리지 않는다.
> 이 모든 것은 음악의 도로 돌려야 할 것이다.[196]

이는 예술적인 미란 바로 인간의 생명과 우주의 생명의 조화로운
교감 속에 있다는 것이다. 그리고 우주와 인간은 끊임없는 생명적 창
조과정에 동참하고 있다는 것이다. 이로 보아 유가들을 비롯한 전통
동양사상가들에게 미란 바로 생명의 미이고, 기운이 생동하여 흘러넘
치는 활력에서 솟아오르는 것이다. 바로 이러한 생명력의 표현이 문
장파 시인들의 미학사상의 핵심인 것이다. 그런 미학사상은 앞서도

---

196) 『禮記』, 「樂記」, 天高地下, 萬物散殊, ……流而不息, 合同而化, 而樂興焉, 地氣
上齊, 天氣下降, 陰陽相摩, 天地相蕩, 鼓之以雷霆, 奮之以風雨, 動之以四時, 煖之
以日月, 而百化興焉, 如此則樂者, 天地之和也. 是故大人擧禮樂, 則天地將爲昭焉,
天地訴合, 陰陽相得, 照嫗覆育萬物, 然後草木茂, 逼萌達, 羽翼奮, 角觡生, 蟄蟲昭
蘇, 羽者嫗伏, 毛者孕鬻, 胎生者不殰, 而卵生者不殈, 則樂之道歸焉耳.

살펴본 바와 같이 趙芝薰에게는 강력하고도 직접적으로, 李秉岐와 鄭芝溶에게는 간접적이고도 변형되어 시론으로도 나타나고 있는 것이다. 그리고 이런 생명사상에 근거를 둔 미학사상은 그들이 창작한 전통지향적 자연시에 그대로 드러나고 있는 것이다.

Ⅲ. 문장파 자연시의 미의식

 ## 전통지향적 자연시 취향

'문장파'의 핵심 멤버들은 실제 창작에 있어서 전통지향적 자연시를 많이 썼고, 또 그들이 쓴 전통지향적 자연시들이 그들의 대표적인 작품들이다. 한마디로 말하면 그들이 쓴 전통지향적 자연시가 바로 그들의 문학적 경향을 성격지우는 주된 것임을 알 수 있다. 그들이 전통지향적 자연시를 주로 쓰게 된 동기는 앞에서도 말했듯이, 선비문화의 핵심 중의 하나인 문인화정신 때문이다. 작품 속에 어떠한 사상성, 추상성의 표현, 말하자면 어떤 정신적 세계의 표현이 강하게 강조되었는데, 그 정신이란 것이 유학사상을 포함한 광범위한 동양적 인문주의와 관련되는 것이다. 그들은 시론에서도 직접으로나 간접으로 그러한 전통지향적 자연시 취향을 드러낸다. 李秉岐는 寫生을 무엇보다 중시하였는데,[197] 이는 바로 객관경물의 묘사를 강조하는 것이다. 객관경물의 묘사란 바로 전통지향적 자연시의 한 중요 영역인 경치를 묘사하는 것이다. 그런데 전통지향적 자연시에는 객관경물의 묘사뿐만 아니라 그 경물과 관련된 주관정서도 표현되는데, 李秉岐는 바로 그것을 지적하고 있다. 시조 속에 '山海風景과 山水情懷'[198]를 담는다는 것이나 '情景'[199] 을 나타낸다고 하는 것 따위가 바로 그것이다. 다시 말하면 이는 바로 전통지향적 자연시의 두 요소, 객관경물 묘사와 주관정서 표현이다. 앞서도 말했듯이, 그런 전통지향적 자연시 속에 '신운'이

---

197) 이병기, 「시조감상과 작법」, 『가람문선』, p.309.
198) 이병기, 『가람일기』(1931. 9. 18.), p.384.
199) 이병기, 「시조와 그 연구」, 『가람문선』, p.242.

나타나는 것을 이상으로 삼은 것으로 봐서 이병기는 전통지향적 자연시의 형이상학적 의의까지도 지향하고 있었다고 볼 수 있다. 즉 전통지향적 자연시 속에 객관경물 묘사, 주관정서 표현과 아울러 그것을 뛰어넘은 道(이치)의 표현까지 꾀했다고 보여진다. 그것은 다음과 같은 구절에서도 확인이 된다.

> 오후 7시에 집을 나서 연지동 한글 강습소를 찾아가다. 으스름달이 비치고 희미한 煙靄가 가려 있다. 좋은 詩境이다. 일종 기이한 興感을 자아낸다.[200]

興感이란 앞에서도 말했듯이 객관경물과 주관정서의 일치 체험이다. 그리고 그는 그러한 흥감이 바로 意境과 관련되어 있다는 견해를 보이고 있다. 意境이란 일종의 詩的 境界로서 李秉岐 자신의 표현대로 詩境이라 해도 좋을 것이다. 그리고 意境이란 바로 주관정서와 객관경물이 만나서 이루어진 하나의 시적 정신적 세계이다.[201] 바로 여기에서 보듯 李秉岐는 자연시의 중요한 개념들 객관경물, 주관정서, 意境, 興感 등을 사용하고 있는 것을 볼 수 있다.

鄭芝溶은 문장파 시인 중에서 누구보다 객관경물 묘사에 능한 사람이다. 그러나 그는 단지 "花朝月夕과 乍風細雨에서 끝나고 만" 시, 즉 단순한 경물묘사만의 시를 가장 낮게 평가하고, 정취의 시를 그보다 조금 더 높게 보았다. 이는 전통지향적 자연시의 요체를 어느 정도 잘 드러낸 것이다. 동양의 자연시는 단순한 풍경시가 아니라 그 속에 '정취' 곧, '흥취'가 담겨 있어야 한다는 것이다. 그러나 鄭芝溶은 그 차원에 머무르지 않고 정신주의의 길을 택했다. 이 정신주의란 것은 곧 정

---

200) 이병기, 『가람일기』(1931. 2. 25), p.363.
201) 意境에 대해서는 다음 두 글을 참조할 것. 袁行霈, 『중국시가예술연구』, 강영순 外 6인 共譯(아세아문화사, 1990). 류창교, 「王國維의 문예미학 이론 연구 - 境界觀을 중심으로 -」, 서울대 대학원 석사논문, 1991.

신적인 것의 표현이다. 그리고 그가 시의 길을 "동양화론에서 찾아야 한다"고 말하는 것을 보면, 그 정신적이란 것은 동양사상에 근거를 둔 인문주의와 관계가 아주 깊다는 것을 알 수 있다. 이처럼 그도 시에서 객관경물, 주관정서, 형이상(이치)의 표현을 이상으로 하는 전통지향적 자연시의 이념을 추구하고 있음을 볼 수 있다.

한편 趙芝薰은 그의 순수시의 핵심적인 것을 바로 전통지향적 자연시에 두고 있음을 알 수 있다. 그가 시란 우주 생명의 직관적 포착이고 그 표현이라고 말했을 때, 그 우주는 곧바로 자연을 가리킨다. 그리고 이 자연은 서구적 의미의 자연이 아니라 동양적 의미의 자연, 곧 형이상이 구현된 자연이다. 또한 바로 이 자연과 시인의 일치체험, 곧 우주의식과 시인의식의 완전한 만남에서 포에지가 탄생된다는 사상, 이는 바로 전통지향적 자연시의 주요 개념인 객관경물, 주관정서, 형이상(이치)이 한데 어우러져 있는 문맥인 셈이다. 그리고 지훈 자신이 다음과 같이 전통지향적 자연시를 매우 중요한 장르로 부각시키고 있음을 볼 수 있다.

> 서정시가 주관적 표현인데 서경시는 객관적인 면이 두드러지므로 오히려 서사시의 서술에 통하는 면이 강하기 때문에 우리는 서경시를 서정시, 서사시의 중간에 두지 않을 수 없는 것이다. (……) 서경시는 항시 서정시와 서사시의 어느 한 쪽에 포섭되는 오해를 낳는 경우가 많겠지만 서경시가 주관시와 객관시의 종합적인 면이 강한 점이 다른 양자보다 뛰어나다는 것은 부인할 수 없는 것이다.[202]

이처럼 서정시와 서사시의 중간에 '서경시'라는 다른 장르를 부각하려는 점, 즉 새로운 장르를 세우고자 하는 점에서 그 나름대로 독특한 시론을 볼 수 있다. 이런 서경시는 주관적 미를 담당하는 서정시와 다

---

202) 조지훈, 앞의 글, pp.77~78.

르고 객관적인 미를 담당하는 서사시와도 다르며, 그 중간에 위치하여 주관적 미와 객관적 미를 통합하는 제3의 장르임을 의미한다. 이는 결국 주관적 도와 객관적 도의 일치에서 형이상의 구현을 주장하는 지훈의 형이상학론의 표현이다. 그리고 여기서 그가 말하는 서경시는 바로 당·송대 이후의 전통적인 동양 자연시임에 틀림없다. 그만큼 그는 전통지향적 자연시를 중요한 장르로 인식하고 그것을 실천하려고 했었다.

그러면 이 논문에서 사용하는 '전통지향적 자연시'란 용어의 개념은 무엇인가 살펴볼 차례다. 현재 자연을 대상으로 하는 시를 두고 자연시, 전원시, 산수시 등 다양한 용어가 약간씩 함의상의 차이를 두고 혼동되어 쓰이고 있는 것은 사실이다. 산수시란 산수화에 대응되는 개념으로 산수경물을 노래한 시이다.[203] 조동일 교수는 조선조 사대부들의 그러한 시를 '자연시'라 하지 않고 '산수시'라고 불러야 할 이유를 다음과 같이 대고 있다. 즉 '自然'이란 말은 '저절로 그렇게 되는 것'을 뜻하는 것으로 산수와 같은 개별적인 대상을 가리키는 말이 아니었다는 것이다. 오히려 그 당시는 오늘날의 '자연물'에 해당하는 용어가 '산수'였다는 것이다. 그래서 '자연시'란 용어보다 '산수시'란 용어가 더 합당하다는 것이라고 하였다. 이는 매우 타당한 것으로 보인다. 왜냐하면 조선조 때까지는 '산수'란 말은 오늘날 말하는 '자연'을 뜻했고, 그리고 그 '산수'는 물질적인 사물만을 뜻했던 것이 아니라 그 물질적 상태에 내재해 있는 '자연의 이치'까지 포함하고 있었기 때문이었다. 따라서 유학 내지 동양사상이 들어가 있다는 의미에서 '산수시'라는 용어가 매우 타당해 보인다. 그러나 이 '산수시'는 조선조 때까지의 문학의 연구에는 사용함이 조금도 어색함이 없겠으나, 오늘날의 문학 연구에는 썩 합당하지 않다고 생각한다. 이미 20C 이후에 와서는 '산수'란

---

203) 조동일, 「산수시의 경치, 흥취, 주제」, 『국어국문학』 98호, 국어국문학회, 1987, p.10.

말은 시의적절한 것으로 보이지 않으며, 그 대신 '자연'이란 용어가 더 합당한 것 같다. 오늘날 사용하는 '자연'이란 용어는 이미 명사로서 조선시대의 산수경물을 의미한다. 같은 대상을 지칭하는 용어 가운데 오늘날의 언어체계에 더 합당한 '자연'이란 용어가 더 타당하다고 보여진다. 그래서 필자는 이 논문에서 산수시란 말 대신 자연시란 용어를 쓰고자 한다. 그리고 '산수시'보다 '자연시'가 더 타당하다고 하는 이유는 더 있다. '산수' 하면 그야말로 〈산과 물〉에 국한되지만, '자연'이라 하면 〈산과 물〉을 포함한 그 이상의 모든 자연적 사물들을 다 포함하는 넓은 개념이다. 사실 조선조 사대부나 그들의 정신적 후예인 문장파 같은 오늘날 시인들은 단지 〈산과 물〉뿐만 아니라 논밭과 같은 전원과 꽃, 새, 나무 등 다른 자연물들도 그들의 동일한 예술적 이념으로 다루었던 것이다. 본고에서의 '자연시'란 용어는 바로 〈산과 물〉을 넘어선 다른 자연물도 포함하는 것으로 사용된다.[204] 또하나의 이유는 오늘날 전통지향적 자연시를 쓰는 시인들은 모두 '자연' 이란 용어를 자신들이 직접 쓰고 있다는 점이다. 예컨대, 李秉岐, 鄭芝溶, 趙芝薰 자신이 '산수'란 말 대신 '자연'이란 용어를 쓰고 있으며, 그 '자연'이란 용어가 단지 '산수경물'에 국한되는 것이 아니라 매우 넓은 개념이라는 것이다.[205]

다음 '전원시'란 용어는 원래 서구적인 문맥에서 온 것인데, 그것의 유래는 서양의 특정한 서정양식의 하나인 'Pastoral'이다.[206] Pastoral은 전원의 풍물을 묘사하거나 목부의 생활을 이상화한 문학작품을 가리

---

204) 여운필, 「이색의 시문학 연구」, 서울대 대학원 박사논문, 1993, p.111에서
   도 이러한 개념으로 자연시란 용어를 정의하고 있다.
205) 조지훈은 직접 자신의 시를 자연시라 부르고 있다. 조지훈, 「나의 역정」,
   『조지훈전집 4』, p.163.
206) 전원시란 용어를 폭넓게 사용하는 예로는 다음과 같은 논문들이 있다. 김
   병국, 「한국 전원문학의 전통과 그 현대적 변이양상」, 『한국문화』 7호, 서울
   대 한국문화연구소, 1986. 이건청, 『한국 전원시 연구』, 문학세계사, 1986.

키는 매우 포괄적인 개념이다. 그리고 거기에는 일종의 인생태도 내지 정신이 나타나는데, 그러한 인생태도 내지 정신을 목가적 이념 내지 목가적 생활태도라 부를 수 있다. 따라서 거기에는 항상 牧夫(Shepherd)가 등장한다. 이 목부는 애초부터 단순한 민중과는 다르고 행복한 순간을 즐기는 평화로운 인물이다.207) 그런데 전원시는 자연시의 일부이다. 자연시에는 조선조의 시가양식이던 산수시도 있고, 전원시도 있다. 전원시는 자연 중에서 산수를 대상으로 한 것이 아니라 그야말로 전원, 〈논밭과 과수원〉에서의 생활을 대상으로 하고 있다. 거기에는 '노동'이란 개념이 들어가 있다. 실제 전원시를 쓴 시인들이 노동을 했건 아니했건 간에 그들은 '노동'하는 목가적 인물을 이상적으로 제시하고 있다. 따라서 이는 '산수' 속에서 자연을 완상하는 '遊人'과는 다른 것이다. 이러한 전원시는 중국을 비롯한 동양에도 있었다. 예컨대 陶淵明의 〈귀거래사〉는 바로 논밭에서 목가적으로 노동하는 인물을 제시하고 있다. 김학주는 도연명의 이러한 시를 전원시라 부르고, 그에 대응해서 謝靈運의 시는 산수시라 부른다. 그리고 그는 이 두 경향이 겸하여 나타나는 王維와 孟浩然의 시를 자연시라 부르는 것이다.208) 필자도 전원시와 산수시를 합해서 자연시라 부른다. 비록 전원, 산수, 사군자 등으로 대상 상의 차이는 있어도 그 대상을 바라보는 태도, 세계관에 있어서는 유가적인 형이상학과 인식론을 고수하는 공통점이 있다. 따라서 자연시란 용어는 하나의 양식적 개념이 된다.

그런데 현대문학에 있어서 자연시에는 반드시 동양적인 의미의 자연시만이 있는 것은 아니다. 서구적인 사상으로 쓴 자연시도 많이 있다. 예컨대 낭만적 자연서정시가 그러하다. 필자는 따라서 전통 동양 사상을 가지고 쓴 자연시만을 따로 구별 지어 '전통지향적 자연시'라 부르고자 한다.

---

207) 김병국, 위의 논문, pp.19∼20.
208) 김학주, 『중국문학사』, 신아사, 1989, p.255.

부연하면 전통지향적 자연시란 자연을 대상으로 한 시 중에서도 동양사상이 게재되어 있는 시이다. 그리고 그 속에는 자연경물과 같은 물질적 상태에의 묘사뿐만 아니라 어떤 정신적인 것이 들어가 있는데, 곧 전통 동양적인 의미의 자연의 이법이 들어가 있는 것이다. 동양 사람들은 자연 그 자체를 이치가 구현된 것으로 보았다. 다시 말해 전통지향적 자연시란 자연 그 자체의 표현에 머무르지 않고 인간이 자연에 대해 느낀 감정과 사상 및 태도를 표현한 것이다. 자연이란 하늘, 땅, 산, 바위, 언덕, 구름, 안개, 강, 바다, 나무, 풀, 동물, 새 등 우주만물 일체의 존재를 지칭하는 개념이다. 그리고 동양사상에는 인간도 자연의 일부로 존재한다. 그리고 유가와 같은 동양인들은 그러한 자연을 우주의 근본으로 생각했을 뿐만 아니라 인체처럼 살아 움직이는 생명체, 유기체로 생각했던 것이다. 즉 우주는 그 전체가 一氣로 되어 있고, 그 一氣는 끊임없는 회전운동을 하는데, 우주 속의 만물은 바로 그 一氣의 부분으로 되어 있다는 것이다. 그리고 이때 氣 자체는 生意를 지니고 있고, 생명현상은 바로 기의 운동에서 비롯된다는 것이다. 즉 우주 자체는 끊임없는 생명운동을 하고 있다는 것이다.[209]

우주 자연 자체가 바로 생명체로서 운동을 하고 있다는 것, 그리고 이 생명운동의 방식(way), 다시 말해 기의 운동방식이 바로 천지만물의 이치요 우주적 질서인데, 그것이 바로 도요, 형이상이다. 자연 속에 바로 그런 형이상이 구현되어 있다는 사상, 다시 말해 道法自然(도는 자연을 법한다)이라는 사상, 즉 자연 = 道라는 사상[210]이 인간으로 하여금 자연을 숭상하고 그에 조화, 일치되려는 노력을 갖게 만든 것이다.[211]

---

209) 山田慶兒, 앞의 책, pp.91~196.
210) Chang, Chung Yuan, Creativity and Taoism, The Julian Press Inc., 1963, p.109.
211) 智順任, 『산수화의 이해』, 일지사, 1991, pp.30~31.

자연과 합일되려는 사상, 즉 자신의 인격수양의 방법으로 자연을 본받으려는 사상은 자연을 지고지순하고 완전한 것으로 보는 데서 나온다. 자연을 그러한 완전한 善의 것으로 보는 견해는 方東美의 다음 글에서 일목요연하게 요약되어 있다.

중국철학에 의하면, 우주 도처에는 어디에나 스며 있는 생명의 흐름이 있다. 어디에서 생명이 왔으며, 또 어디로 가는 것인가는 인간의식에서 영원히 숨겨진 일종의 신비한 영역이다. 생명 그 자체는 어떤 의미에 있어서 무한한 연속이다. 그래서 무한의 저편으로부터 무한한 생명이 오고, 또 무한으로 유한한 생명이 연속되어 나간다. 모든 생명은 커다란 변화의 흐름 중에서 變遷하고 발전하며, 쉬지 않고 낳고 또 낳으며 끊임없이 운전하고 있다. 그것은 길(道)이요 행로로서, 착(善)한 발걸음으로 따라간 훌륭(善)한 발자취이다. 이 끊임없는 진행의 과정이 바로 道이다. 그것(道)은 善의 본질인 비롯된(始原의) 自然의 모습 속(原其始)에서 용솟음치고 流出되어 나온다. 이와 같이 源頭에서 흘러나온 모든 생명의 원동력은 모든 가치를 뛰어넘기 때문에 그것은 超越的(transcendental)이지 결코 超絕的(transcendent)인 것이 아니다. 善의 완성인 끝마친(歸終) 자연의 모습 속(要其終)에서 道는 무한으로, 그 자체가 끝없이 연속되는 無限이다. 이와 같은 무한한 과정 가운데서 道는 모든 것(萬物)이 잘 이루어지도록 모든 창조력을 마음껏 발휘하므로 반드시 內在的(immanent)일 수밖에 없다. 즉 만물 속에서 창조주는 그의 창조성을 드러내고 있다. 그러므로 비롯된(始原) 자연과 끝마친(歸終) 자연(原始要終) 사이에는 쉬지 않고 낳고 또 낳는(生生不息) 창조적 전진의 과정과 우주적인 큰 조화의 질서가 있다.212)

이 보편생명의 흐름, 즉 끊임없는 창조적 진보의 과정이 바로 도이다. 도는 따지고 보면 선의 본질인데, 모든 원초적 자연과 생명이란 여기에서 유출되어 나온다. 이와 같이 원초에서 흘러나온 모든 생명의 원동력은 모든 가치를 뛰어넘기 때문에 선험적이다. 아니 초월적

---

212) 方東美, 앞의 책, pp.24~25.

이요 나아가 선의 완성된 모습이다. 도의 최종 산물인 자연이란 형상 속에 도는 무한으로, 그 스스로가 끝없이 뻗어가는 무한이다. 도가 무한히 뻗어가는 길은 본래 선한 자취이므로, 그 길가에 널려 있는 온갖 창조적 힘을 끌어들인다. 곧 만물 중에 조물자의 창조성을 나타내고 있다는 뜻에서 도는 만물 내재적이라 할 수 있다. 그러므로 원초적 자연과 완성된 자연 사이는 분명 하나의 고리로 연결되어 있다. 곧, 도는 창조의 연쇄라는 우주적 질서를 말한다. 우주 자체는 生生不息하면서 그 운전에 있어서 어긋남이 없다는 것, 그 흐름의 방식 자체가 도라는 것, 그리고 그 도란 것 자체가 따지고 보면 선 그 자체라는 사상이다. 이는 『周易』의 〈계사전〉에 보이는 "한 번 음이 되고 한 번 양이 되는 것을 도라 한다. 이은 것을 善이라 하고 이룬 것을 性이라 한다"[213]를 생명철학적으로 풀이한 것이다. 즉 우주만물은 음양의 생명운동을 한다는 것, 그 음양의 생명운동을 이은 것 그 자체가 선이라는 것이다. 이는 우주 그 자체가 선이라는 결론으로 이끈다. 바로 이러한 자연관에서 전통지향적 자연시가 비롯되는 것이다. 선한 자연을 이어받고자 하는 관념에서 심성수양론이 빚어지고, 그 심성수양의 실천 방안의 하나로 전통지향적 자연시 제작이 있는 것이다. 이처럼 전통지향적 자연시에는 인간이 자연과 하나로 회복되어 선을 이어받고 인간 스스로 자연을 닮아 완전해지는 것을 꿈으로 하는 이념이 담겨 있는 것이다. 이것이 이른바 동양적 인문주의인 것이다. 이러한 동양적 인문주의에서는 자연, 인간, 역사가 혼연일체가 되어 함께 운행된다고 보고 있다.[214]

그리고 창조적인 자연, 곧 창조적 도를 이어받아 스스로 자연과 인간 자신을 완성해 간다는 사상이 곧 동양인들의 문화관이다. 문화란 3才의 하나로서의 인간이 천·지의 화육운동에 동참하여 자연에 노동

---

213) 『周易』, 계사전 上, 第 五章, 一陰一陽之謂道, 繼之者善也, 成之者性也.
214) 何懷碩, 『中國之自然觀與山水傳統』(大陸雜誌社, 第三十一卷, 第 1期), p.6.

을 가함으로써 자연 및 인간을 완성시켜 나간다는 의미인 것이다. 문화란 인간만의 고유한 몫이다. 인간은 비록 천지에 의해 만들어졌으나, 천지와 동격으로 삼라만상의 화육에 동참한다는 것이다.[215] 그것이 곧『주역』에서 말하는 財成과 輔相이다.[216] 인간이 이렇게 문화의 주역으로 등장할 수 있는 것은 그가 바로 창조적인 자연의 도를 이어받았기 때문이다.

결국 문화의 한 양상인 전통지향적 자연시의 창작도 바로 인간 자신의 완성을 위한 것이다. 그리고 전통지향적 자연시의 창작도 바로 인간 자신이 순수한 창조적 생명인 도, 바로 주관적인 도를 실현, 확충한 문화 분야인 것이다. 그런데 그러한 도의 실현은 주관적인 도로서만 되는 것이 아니라 객관적인 도와의 일치 속에서 일어난다. 이는 바로 我의 性情과 사물의 이치를 품고 있는 객관 경물과의 만남에서 이루어진다. 여기에서 바로 전통지향적 자연시가 객관경물, 주관정서, 이치(형이상)를 기본개념으로 갖는 이유가 드러난다. 그리고 서론에서 논증한 대로 이 기본개념을 객관대상과 그것의 분위기, 자아의 주관정서, 그리고 자아와 대상 사이의 생명력의 존재방식으로 바꾸어 부르고, 이를 중심으로 전통지향적 자연시를 분석할 것이다.

 李秉岐의 자연시 : 생명력의 확산적 교감

(1) 완상에서 오는 도락

李秉岐의 시조 중 제일 많은 분량을 차지하는 것은 일상적 거주 공

---

215) 유가들의 문화관, 특히 주역의 문화관에 대해서는 곽신환, 앞의 책, pp.294~296을 참조.
216) 財成과 輔相은 천지 운행에 성인이 참여하는 공적이다. 財成으로 지나친 것을 제어하고, 輔相으로 모자라는 것을 보탠다. 조동일,『문학사와 철학사의 관련 양상』, 한샘, 1992, pp.286~287.

간의 자연물을 다루는 자연시, 즉 영물시이다. 李秉岐의 이 일상적 거주 공간의 자연물을 다룬 시조에서 나타나는 미의식은 어떤 것인가 살펴보는 것이 본 소절의 목적이다. 李秉岐의 시조는, 현재 필자가 조사한 바로는,『가람시조집』및『가람문선』에 실린 175수에다『가람일기』에 실린 70여수가 있다. 그러니까 발표되지 않은 시조까지 합하면 245수 정도 된다. 이 중에서 일상적 거주 공간의 자연물을 다룬 시는 88수 정도 되는데, 그 중 80수는 발표되었고 나머지 8수는 미발표작이다. 李秉岐의 자연시 중 영물시는 대체로 작품 수준이 고른 편이어서 거의 대부분을 발표하고 있는 셈이다. 거기에 비해 두 번 째로 많은 여행적 산수시는 71수 정도 되나 발표된 것은 불과 12수에 지나지 않는다. 이로 보아 李秉岐는 평소 영물시에 관심을 많이 기울였고 또 그쪽 작품을 쓸 때는 상당한 심혈을 기울인 것으로 보인다. 그것은 한편 李秉岐가 풍류 생활을 즐길 때 집을 떠난 여행 공간의 자연물을 마주하기를 좋아하면서도 그 밖에 주위 일상적 사물에 매우 관심이 많았음을 드러낸다. 이는 가람이 지닌 철학사상과 무관하지 않다고 본다.217)

---

217) 이병기는 박지원, 홍대용, 박제가, 김정희 등 북학파 계통의 실학사상으로부터 영향을 많이 받았었다. 그 중에서도 특히 노론 계통인 김정희의 영향은 다대한 것이어서 가람과 추사 사이에는 상호텍스트성이 고려되어져야 할 정도이다. 김정희는 일상적인 사물에 대해 많은 시를 남겼는데, 그가 일상사적 사물들에 관심을 많이 품은 것은 바로 그의 실학사상 때문이다. 추사가 주로 대상으로 하고 있는 일상적 사물은 사군자를 포함한 식물, 집 주위에서 언제나 접할 수 있는 동물, 문방제구, 비, 바람 등이다. 추사는 바로 그러한 일상적 사물 속에서 그들의 본질을 탐구하고 있다. 그때 추사가 추구하고 있는 사물의 본질은 '생명적'인 것이다. 추사가 추구하고 있는 문인화정신에서 소위 寫意라고 불리는 정신적인 것은, 즉 추상성의 핵심은 바로 생명 내지 생명력의 본질적 탐구인 것이다. 이러한 예술사상이 같은 노론 계통인 이병기에게로 이어졌다고 보여진다. 이병기에 대한 실학파의 영향에 대해서는 필자의 논문「가람 이병기의 시와 시학에 있어서의 유가적인 미적 형상방식」,『아주어문연구』제1집(1994)을 참조. 이병기는, 앞에서 살펴본 바와 같이, 그의 전체 시조 245수 중 88수를 영물시에다 할애했다. 전체 245수 중 신변잡기나 사회, 정치, 역사, 인물 등에 관해 쓴 시조

한편 일상적 거주 공간 속의 자연물에 대한 시도 몇 개로 분류해 볼 수 있다. 첫째 사군자 등을 포함한 식물을 대상으로 한 시, 둘째 집 주위의 동물을 대상으로 한 시, 셋째 돌, 비, 바람, 하늘, 별 등 기타 자연물을 소재로 한 시로 대별할 수 있다. 그런데 이 중에서도 첫째 식물을 대상으로 한 시조가 가장 많다. 따라서 여기서는 식물을 대상으로 한 시조만 살펴보기로 하겠다.

李秉岐의 시조 중에서 식물을 대상으로 한 시는 매우 많다. 일상적 거주 공간의 자연물을 다룬 시조 88수 중에서 식물적 이미지가 직접 표면상으로 나타난 것만 해도 50여수가 넘는다. 그리고 일상적 거주 공간뿐만 아니라 일상적 노동 공간의 자연물을 다룬 시와 비일상적 여행 공간에서의 자연물을 다룬 시 등에서도 거의 빠짐없이 식물적 이미지들이 나오고 있다.218)

여기서는 李秉岐의 시조 중 일상적 거주 공간의 자연물을 다룬 시조만 언급하기로 했으므로, 그의 시조에서 보이는 식물적 이미지 중에서도 영물시에 국한시키기로 했다. 그러면 李秉岐의 영물적 자연시 중에 식물적 이미지가 많이 나타난다고 했는데, 그 중에서도 지배적으로 나타나는 식물은 어떤 것인가? 그것은 대체로 난, 매화, 국화 등 사군자류와 수선화, 파초, 서향, 인동꽃, 함박꽃, 포도, 옥잠화, 수송, 백송 등 화려하지 않고 溫柔敦厚한 선비적 품격을 표상하는 것들이 많이 나온다. 그 외에도 봉숭아, 나팔꽃, 여지, 해바라기, 분꽃, 밥풀꽃, 맨드라미, 도라지꽃, 백련, 시루꽃너물, 냉이꽃, 공손수, 백화근, 열무 등 다

60여수를 제외한 180여수 중 88수는 거의 절반에 가깝다. 그만큼 가람 이병기도 일상적 거주 공간 속의 사물들에 관심이 많았다고 볼 수 있다. 실제 이병기가 일상적 사물에 대해서 쓴 시는 자연물 이외에도 더 있다. 즉 문방제구 등에 대한 시도 더러 있다.

218) 이로 보아 이병기에게서 식물적 이미지는 매우 중요한 것으로 따로 주제를 설정하여 연구할 필요가 있다고 보여진다. 어쨌든 이병기가 식물적 이미지를 많이 보이고 있다는 것은 조선조 사대부들의 시의 영향 때문으로 보이고, 그것은 또한 그들이 지닌 유가적 사상 때문으로 보인다.

채롭게 나타나고 있다. 이들은 대체로 전통적인 것들로 사대부들이 일상생활에서 언제나 접할 수 있는 평범한 식물들이다. 바로 이러한 일상적 사물 속에서 그것들이 지닌 어떤 생명적 본질을 미학적으로 탐구하는 것이 그의 시학의 출발점인 셈이다.

앞에서도 말했듯이 일상적 거주 공간의 자연물을 다룬 영물시에서도 식물적 대상을 선택한 시가 50여수 된다. 그런데 그 중에서도 난과 매화에 대한 작품이 가장 많이 나타나는데, 난을 제재로 한 작품이 무려 12수나 되고, 매화를 제재로 한 시도 10수나 된다. 이는 바로 李秉岐가 그만큼 관심을 많이 가진 것이 난과 매화란 것을 단적으로 나타낸다. 이로 보아 李秉岐 시조의 핵심적인 미학은 바로 난과 매화에서 출발한다고 해도 과언이 아닌 셈이다. 그 중에서도 난과 관련해서 李秉岐의 영물시를 중점적으로 살펴보고자 한다.[219] 그리고 그것을 식물적 이미지라는 관점에서 살펴보려 한다. 물론 식물적 이미지라는 것은 식물적 대상인 객체와 그것을 바라보고 인식하고 관계 맺는 인식 주체와의 상상력의 형태에서 구체화되는 것이다.[220] 따라서 그 식물을 대상으로 한 시의 미의식을 자연물인 대상과 인식 주체의 정서 그리고 그 둘 간의 상호 교감, 특히 생명적인 교감이란 측면에서 분석해 볼 것이다.

> 한 손에 册을 들고 조오다 선뜻 깨니
> 드는 별 비껴 가고 서늘바람 일어오고
> 蘭草는 두어 봉오리 바야흐로 벌어라
>
> 〈蘭草 一〉

---

219) 난과 관련해서 이병기 시를 연구한 것 중 참고할 만한 것은 다음과 같은 것들이 있다. 김윤식, 『문장지의 세계관』, 『한국근대문학사상비판』, 일지사, 1978, pp.163~168. 최승범, 「가람 이병기론 서설」, 『시조문학연구』, 정음사, 1980, pp.430~432.
220) 이숭원, 「한국 현대시에 나타난 식물적 상상력에 대한 연구」, 서울대 사대 국어교육과 편, 『宜民 이두현 교수 정년퇴임기념논문집』, 1989.

이 작품에서 보이는 대상으로서 자연물인 난초는 고요한 방 안에 위치해 있다. 드는 볕도 비껴가고 서늘한 바람도 간간이 불어 들어오는 정적한 공간이다. 그 속에서 서정적 자아인 주체도 한 손에 책을 들고 읽다가 졸다가 선뜻 깨기도 하는 그런 여유 있는 공간이다. 그 방은 책(古書)을 가지고 서권기를 길러 자신의 정신적 교양을 기르는 동시에 군자로서의 품격을 표상하는 난을 완상하는 공간이다. 그 방이 고요하다는 것은 서정적 자아가 책을 들고 졸다가 깨다가 하는 데서만 나타나는 것이 아니라, 제 2행의 '드는 볕 비껴가고 서늘바람 일어오고'에서 확연히 드러난다. 드는 볕이 비껴간다는 것이 지각될 만큼 그 방안은 고요하고, 서늘한 바람이 일렁이는 것이 감지될 만큼 그곳이 정적하다는 것이다. 결국 드는 볕이 비껴간다거나 서늘바람이 일어 온다든가의 사물의 움직임은 그 방 전체의 움직이지 않음을 더 강조하고 있는 셈이다. 이는 바로 선비들의 이상적인 마음가짐을 寂然不動한 상태에 두고자 하는 하나의 심리적·미학적 의식과 관련된 것이다.221) 고요하게 정지된 듯한 가운데서 활발하게 움직이는 마음의 상태에서 완상자인 선비는 자신이 대하는 사물의 본질을 직관적으로 포착할 수 있는 것이다. 직관적 인식이란 순간적인 통찰인데, 그것은 마음이 고요한 상태에 있을 때 효과적으로 이루어질 수 있기 때문이다. 이처럼 난초가 위치한 공간이 정적의 상태라는 것은 제3행에서도 강조되어 나타난다. 즉 꽃봉오리가 단순히 '번다'하지 않고 '벌어라'라는 감탄형을 쓴 데서 난초의 그런 동작에 대한 서정적 자아의 강조된 인식을 엿볼 수 있다. '벌어라'란 표현에는 '지금 난초가 막 벌어지고 있다'란 뜻이 함축되어 있다. 자아는 어쩌면 이 고요한 공간에서 난초꽃이 벌어지고 있는 모습과 함께 그 소리마저 듣고 있는지도 모른다. '벌어라'라는 감탄형에는 그만큼 자아의 강조된 감각적 인식이 담겨

---

221) 송욱, 『시학평전』, 일조각, 1970, pp.18~21.

있다. 다시 말해 벌어지고 있는 동작 - 이 동작은 자아에게는 엄청나게 큰 것으로 보일 수도 있다 - 에 의해 그 방안의 고요함이 한껏 강조되는 셈이다.

이처럼 이 시조의 공간적 분위기는 靜寂이다. 그런데 그 정적이 閑暇함이나 寂寞함 또는 孤寂함이 아니고 고요함이다. 李秉岐는 확실히 '고요함'을 사랑한다.

> 명랑하다. 심신이 상쾌하다. 槪說을 艸하다. 鄕歌다. 簡明直切한 설명을 힘쓴다. 잔설은 산기슭에 남고 석양은 앞 산에 잦고 산새는 뜰에 지절거린다. 한가함보다도 고요함이 더욱 사랑스럽다. 도시도 榮華도 名譽도 업적도 계획도 다 잊는다. 이런 순간만이 나는 기쁘다.[222]

뒤에서 살펴보겠지만 같은 정적함 가운데서도 趙芝薰이 한가함을 보인다면 李秉岐는 고요함을 선택한다. 그런 고요함 가운데서 명랑하고 상쾌한 심신의 상태를 지속하고자 한다. 즉 명랑하고 상쾌한 심신의 상태에서 고서를 즐겨 읽고, 학문을 하고, 자연물을 완상한다. 그런 일상 중에 자기마저 잊어버린다. 자기를 잊는다 함은 주체로서의 자기를 부정하는 것이 아니라 세속적인 일로 번잡해진 자신을 잊고 원래의 참된 자신으로 돌아온다는 말이다. 도시도 영화도 명예도 업적도 다 잊는다는 말은 그런 뜻이다. 그럴 때 원래의 자기로 돌아오는데, 그 순간만이 가장 기쁘다는 것이다. 즉 고요한 가운데 자연과 자기를 다시 발견하여 그 본모습을 보고 즐기는 데서 즐거움을 갖는다는 것이다. 이로 보면 그때의 고요함, 즉 정적의 공간은 흥겨움의 공간으로 전이된다. 다시 말해 李秉岐에게서 정적의 공간은 곧바로 기쁨, 곧 흥겨움의 공간이 되는 셈이다. 뒤에서 살펴보겠지만 그 정적이 鄭芝溶에게서처럼 시름겹거나 孤寂한 것은 아니고, 趙芝薰에게서처럼 閑寂함도

---

222) 이병기, 『가람일기』(1950. 12. 28), p.634.

아니다.

　그런데 李秉岐에게서 고요함이 '흥겨움'으로 되는 것은, 고요함 가운데 활발한 움직임이 있기 때문이다.

　　　오늘도 온종일 두고 비는 줄줄 내린다
　　　꽃이 지던 蘭草 다시 한대 피어나며
　　　孤寂한 나의 마음을 적이 위로하여라

　　　나도 저를 못 잊거니 저도 나를 따르는지
　　　외로 돌아 앉아 冊을 앞에 놓아 두고
　　　張張이 넘길 때마다 향을 또한 일어라

　　　　　　　　　　　　　　　　　　　　　〈蘭草 三〉

　이 시조 속의 대상과 자아는 고요함, 즉 정적의 공간에 놓여 있다. 아침부터 온종일 두고 줄줄 내리는 빗소리가 크게 들릴 정도로 주위는 정적하다. 혼자 앉아 있는 방 안에서 자아는 고요함만이 아니라 오히려 고적한 지경에 젖어들고 있다. 그 빗소리조차도 외로움을 달래기는커녕 더하고 있다. '줄줄'이라는 부사어가 어떤 '지겨움'과 '고독'을 더하는 것으로 되어 있다. 그러나 그런 고적한 공간이 어느 순간 흥겨운 공간으로 전이된다. 그것은 꽃이 지던 난초가 다시 한 대 피어나며 자아의 고적한 마음을 저어기 위로하기 때문이다. 그 흥겨움의 정도는 상당하여 자아도 난초를 못 잊는 만큼 난초도 자아를 따른다는 데와서 더 강조된다. 그리고 난초를 등 뒤로 두고 돌아 앉아 책을 앞에 놓아두고 장장이 넘길 때마다 향이 강하게 일어난다는 것은 그만큼 자아가 난초와 더불어 어떤 흥겨움의 상태에 젖어 있다는 것을 드러내는 셈이다.

　이 시에서 보듯 흥겨움은 자아만의 것이 아니라 난초, 즉 대상의 것이기도 하다. 난초를 제재로 한 李秉岐의 영물시는 이렇듯 확연한 흥겨움을 보이고 있다. 다시 말해 주체, 즉 자아는 흥겨운 정서에 빠져 있고 객체, 즉 대상도 흥겨운 분위기를 풍기고 있다. 대상과 자아가 서로 동시에 흥겨움의 상태에서 만나고 있는 것이다. 앞에서도 말했 듯이 대상과 자아가 서로 동시에 흥겨움의 상태에 있다는 것은 위의 시조 제2연에서 확연히 보인다. "나도 저를 못 잊거니 저도 나를 따르 는지 / 외로 돌아 앉아 册을 앞에 놓아 두고 / 장장이 넘길 때마다 향을 또한 일어라"라는 데서 자아와 대상이 어떤 동일한 종류의 정서와 분 위기에서 일치되고 있다는 것을 볼 수 있다.

일상적 거주 공간의 자연물을 다룬 李秉岐의 영물시에서 자아와 대 상은 거의 대체로 '흥겨움'의 상태에 놓여 있다. 그것은 다음의 산문을 통해서도 검증될 수 있다.

> 나는 교편생활 40 여년에 친구도 좋아하고, 화초도 좋아하며, 나의 방, 나의 창을 대하여는 항상 법열을 느끼고 있다. 또는 매화나 난의 그리매가 창에 어른할 적이고 보면 나는 절로 춤추고 싶었다. 그러나 나는 술보다도 참선보다도 서권기나 기르고 창 앞에서 고요히 살아가자는 것이다.[223]

이 글은 李秉岐가 교편을 잡은 지 40여년을 보내고 자신의 인생을 조용히 정리하면서 쓴 글이다. 사실 李秉岐의 일기를 읽어보면 그는 일생동안 친구를 좋아하고, 화초를 좋아하고, 술을 좋아하고, 책을 좋 아한 것을 도처에서 볼 수 있다. 한마디로 그의 삶은 도락적인 것이었 다고 할 수 있다. 도락이라는 것은 삶 자체를 즐기는 것이다. 또한 그 것은 일차적으로 세계에 대한 감각적 향수에서 출발한다.[224] 그러나 그것이 단순히 감각적인 것에 떨어지지 않는 것은 그들의 심미안이 윤리적이고 도덕적인 그리고 나아가 형이상학적인 자질 위에 구축되

---

223) 이병기, 「시조창작론」, 『일석선생송수기념논총』, 일조각, 1975, p.463. 황종 연, 「한국문학의 근대와 반근대」, p.117에서 재인용.
224) 황종연, 앞의 논문, p.119.

어 있음을 의미한다. 이것이 앞 장에서 살펴 본 '서권기' 때문이다. 결코 만만치 않은 사상이 그 속에 깔려 있는 것이다. 이 만만찮은 사상 때문에 '나의 방, 나의 창'을 대하여서는 항상 '법열'을 느낄 수 있고, 매화와 난의 그리매가 창에 어른거릴 적이고 보면 '절로 춤추고 싶은' 지경에 도달할 수 있는 것이다. 동일한 종류의 대상을 보고도 자아가 어떤 사상을 가졌느냐에 따라 그 반응은 사뭇 다르다. 세계관이란 대상에 대한 태도와 정서까지도 지배하는 것이다.

물론 李秉岐도 일상생활에서 늘 난초와 매화 및 그것들이 놓여 있는 방과 그 방의 창에 대해 법열을 느끼고 절로 춤추고 싶지는 않았을 것이다. 사실, 그는 다분히 그런 상태에 몰입하고자 했을 것이다. 그것이 "술보다도 참선보다도 서권기나 기르고 창 앞에서 고요히 살아가자는 것이다"에서 보이듯 뚜렷한 지향점을 지닌 노력의 산물이기도 하다는 것을 알 수 있다. 요약하면 서권기 때문이다. 즉 유교적인 인문적 교양 때문이다. 서권기는 그냥 주어지는 것이 아니라 노력에 따라 얻어지는 것이다. 앞장에서도 말했듯이 李秉岐가 頓悟 못지않게 아니 오히려 그 이상으로 漸修를 강조한 것은 같은 맥락이다.[225]

이와 같이 그의 심미적 태도, 즉 미학사상이 결국은 유교적인 인문적 교양과 그것을 위한 꾸준하고 지속적인 자기 노력에 의존하고 있다는 것은 그의 시조나 한시의 대부분이 바로 '법열'의 자아나 '흥겨움'의 공간을 보이고 있다는 데서도 나타난다. 앞장에서도 말했듯이, 유가들의 미학사상은 자연 속의 생명력을 즐기는 데서 출발하기 때문이다. 그리고 사실 李秉岐의 자연시는 대부분 흥겨움을 내포한다. 흥겹지 않은 대상은 아예 선택을 하지 않으려는 경향을 보인다. 그와 맞추어 자아도 그러하다. 이것은 李秉岐 시조 특히 전통지향적 자연시에서 하나의 양식으로 나타난다.

---

225) 이병기, 『가람문선』, pp.199~200.

깨운 적이 없이 자다 일어 앉았다
다시 누우면 잠도 그저 아니오고
싸늘한 실바람이 이마 위로 회돈다

몇 盆 蘭과 함께 梅花를 방에 두고
옆에 솟은 壁이 처마보다 더 높아라
비끼는 볕이나 보려 窓을 새로 갈았다

흥도 시름처럼 때로 잊을 수 없다
술과 벗에 팔려 이리저리 헤메는 이밤
휑그렁 비인 그 방을 달이 와서 지킨다

〈그 방〉

　'그 방'은 자아가 일상적으로 거주하는 공간이다. 이 속에는 몇 분의 난과 매화가 놓여 있다. 그리고 자아는 그 방에서 이 몇 분의 난과 매화를 즐기고 있다. 즐기고 있다는 것은, 처마에 가려진 벽의 창으로부터 빛이 잘 안 들어오자 벽을 헐어 창을 다시 만드는 것에서 볼 수 있다. 난과 매화가 빛을 충분히 받아 잘 자라게끔 창문을 새로 낸다는 것은 난과 매화를 여간 즐기지 않고는 안 되는 행위이다. 그리고 창을 새로 내고 이제 보다 나은 생육 조건에 놓인 난과 매화를 보고 자아는 상당히 오랜 '흥겨움'의 상태에 빠진다. 보통 '興'은 '시름'과 달라 쉽게 잊혀 지는 것이다. 그런데 지금 자아에게는 시름처럼 이 '흥'이 잊혀지지 않고 따라 다닌다. 그것은 술과 벗에 팔려 이리저리 헤매는 이밤에 휑그렁 비인 그 방을 달이 와서 지킨다는 데서 암시되어 있다. 자아가 지금 외출 중이라서 텅 빈 그 방이 그저 외롭거나 쓸쓸하지 않고 여전히 어떤 흥겨움의 상태에 놓여 있는 것이다. 그것은 '달'이 와서 지킨다는 데서 알 수 있다. 그런데 그 '달'이 흥겨움을 지켜주는 달이 되는 것도 결국은 그 방 속의 난과 매화 때문이고, 또 난과 매화가 잘 생육되게 창을 새롭게 낸 흥겨운 자아 때문이다. 이처럼 이 시조에서도 대상과 자아는 똑같이 흥겨움에 놓여 있다.

그리고 이 흥겨움은 바로 서권기와 관련 있다.

> 우리 방으로는 窓으로 눈을 삼았다
> 종이 한 장으로 宇宙를 가렸지만
> 永遠히 太陽과 함께 밝을대로 밝는다
>
> 너의 앞에서는 술 먹기도 두렵다
> 너의 앞에서는 參禪키도 어렵다
> 珍貴한 古書를 펴어 書卷氣나 기를까
>
> 나의 醜와 美도 네가 가장 잘 알리라
> 나의 苦와 樂도 네가 가장 잘 알리라
> 그러나 나의 臨終도 네 앞에서 하려 한다
>
> 〈窓〉

이때 '창'은 자아와 바깥 세계, 즉 우주를 연결시켜주는 매개체이다. 다시 말해 자아가 우주에 대해 심오한 법열을 느끼게 해주는 통로이다. 자아는 이 창을 통해 바깥 세계에 대해 직관적 통찰을 한다. 그런 창에 가려진 방 안은 이때 절대적으로 정적한 공간이다. 창 앞에서는 술 먹기도 두렵고 참선하기도 어렵다고 실토한다. 참선도 지나치게 고요하고 엄숙한 공간에서는 오히려 하기 힘든 것이다. 그런 정적한 방 안은 또한 밝고 흥겨운 공간이다. 창은 그러니까 그 방의 '눈'인데, 그 '눈'으로 인하여 방 안은 영원히 태양과 함께 밝을 대로 밝는다. 비록 종이 한 겹으로 우주와 단절되었지만 바깥의 무한정의 우주가 내는 생명의 힘에 의해 방안도 밝아지고 흥겨워지게 되는 것이다. 그런 흥겨워진 상태에서 자아는 진귀한 고서를 펴서 서권기를 기르고자 한다. 이때 이 서권기 때문에 자아는 더욱 흥겨워질 수 있고 방 안은 그 밝음을 더할 수 있는 것이다. 이처럼 李秉岐의 영물시가 흥겨움의 대상과 '법열'의 자아로 구성되어 있음을 볼 수 있다. 그리고 그의 흥겨움이 서권기와 관련 있다는 것을 살펴보았다.[226]

그런데 서권기와 관련 있는 이 흥겨움은 도대체 어디서 연유하는가? 다시 말하면 李秉岐의 영물시가 흥겨움, 즉 도락에 미학적 기초를 두고 있다면, 그 미학사상의 철학적 근거는 무엇인가? 그럼 지금부터 '난'을 제재로 한 영물시에서 그런 미학사상의 근거를 파헤쳐 보자.

새로 난 蘭草 잎을 바람이 휘젓는다
깊이 잠이나 들어 모르면 모르려니와
눈뜨고 꺾이는 양을 차마 어찌 보리아

산듯한 아침 볕이 발틈에 비쳐 들고
蘭草 향기는 물밀듯 밀어 오다
잠신들 이 곁에 두고 차마 어찌 뜨리아

〈蘭草 二〉

이 시의 제1연에서는 어떤 흥겨움이 보이지 않는다. 아니 흥겨움보다는 초조와 불안 또는 시름 따위가 보일 뿐이다. 李秉岐는 봄부터 초가을까지는 난을 밖에 내어 놓고 길렀는데, 때에 따라 비바람이 심하게 몰아칠 때도 있었다. 이 시를 쓸 당시는 아마 바로 조금 전까지만 하더라도 밖에 내어다 둔 난에 바람이 몹시 불어 닥쳤던 것으로 보인다. 난이 바람에 꺾이는 모습은 흥겹지 않고 불안하고 초조한 상태다. 다시 말해 제1연에서의 대상인 난이 자아내는 분위기는 불안과 초조다. 그리고 그 대상을 바라보는 자아의 정서도 동일하다. 잠이나 깊이 들었으면 모르려니와 차마 눈뜨고 꺾이는 모습을 볼 수 없다. 이처럼 불안과 초조한 상태에서 자아와 대상이 만나고 있다. 그런데 여기서 초조하고 불안한 정서의 근거는 바로 난의 생명이 위협받고 있기 때

226) 황종연, 앞의 논문, p.119.

문이다. 난을 둘러싼 기상 조건이 불리하여 생명력이 위축되거나 위협받고 있기 때문이다. 이처럼 대상인 난의 생명이 존재하는 상태가 자아의 정서를 지배하고 있다. 그런데 제1연에서 보이던 그런 초조 불안감은 제2연에 오면 말끔히 사라지고 전혀 다른 흥겨움이 일어난다. 바람 불던 밤이 지나고 잔잔한 미풍이나 건듯 부는 아침으로 상황이 바뀐 것이다. 산뜻한 아침! 李秉岐 시조나 일기 곳곳에 '산뜻함', '상쾌함', '시원함' 등이 많이 나타나는데 이는 그가 얼마나 이런 컨디션에 집착하고 있는가를 나타내는 것이다. '산뜻한 아침 볕'은 생물들의 생육 조건에 아주 중요한 요소이다. 김윤식 교수의 지적처럼 볕이 드는 공간은 생명의 서식지이다.[227] 그러한 산뜻한 아침 볕이 발 틈으로 비쳐 들어오자 그 볕을 받아 난초는 향기를 강하게 내뿜는다. 향기가 물밀듯 밀려온다는 것은 난의 생명력이 아주 고조되었다는 것이다. 즉 난의 생명력이 충일되고 약동적이어서 주위로 강력하게 확산되고 있다는 것이다. 그런 난초의 생명력의 확산에 힘입어 자아도 동시에 생명력이 고양되어졌다. 따라서 잠신들 난초를 두고 뜰 수가 없다. 이는 바로 자아와 난초가 각기 생명력이 아주 고양되어서 서로 교감을 하고 있기 때문이다. 이때 상호 교감은 확산적이다. 난은 난대로 자아는 자아대로 생명력이 약동하여 서로에게 긍정적인 영향력을 미치고 있는 것이다. 난도 자아에게 강력하게 영향을 미치고 자아도 난에게 강한 생명적 영향력을 미치는 것이다. 이것이 이른바 物我一體된 모습이다. 李秉岐의 영물시에서 자연물과 자아의 하나 된 모습은 바로 이와 같은 약동하는 생명 또는 생명력의 상호 확산적 교감의 양태로 나타난다. 이런 상태에서 흥겨움이 유발된다. 즉, 난과 자아가 생명력이 최

---

227) 볕에 대한 이병기의 집착을 생명의식과 관련해서 해석해 낸 논문으로 김윤식 교수의 것이 있다. 김윤식, 「문장지의 세계관」, 『한국근대문학사상비판』, pp.163~168. 김윤식, 「자생적 사상의 미학」, 『한국근대문학사상』, 서문당, 1974, pp.45~47.

고로 고조되어 하나가 되었는데 어찌 이 즐거움을 버리고 이 장소를 떠나겠는가라고 끝마무리를 하고 있다. 다시 말하면 이 작품에서의 흥겨움은 생명력의 약동에 있다.

　지금까지의 분석을 정리하면, 제1연에서의 불안 초조감이 제2연에서 흥겨움으로 전이되는 것은 생명력이 위축되었다가 약동적인 확산으로 바뀌었기 때문이다. 이로 보아 李秉岐의 이 시조에서의 미학의 핵심은 바로 난과 그것을 바라보는 자아의 생명 내지 생명력의 존재조건 및 존재방식에 달린 것으로 보인다. 李秉岐의 영물시에 있어서 생명력의 확산적 교감은 형이상이 구현된 구체적 모습이다. 이것이 바로 그의 시에 구현된 문인화정신의 구체적 내용이다.

　자연물이 지닌 생명 및 생명력의 존재방식에 대한 철학적 탐구는 바로 李秉岐가 말하는 '悟道'의 핵심이다.[228] 이로 보아 李秉岐 시조학의 뿌리는 生命思想에 있음을 알 수 있다. 그러면 李秉岐의 생명사상은 어떠한 철학적 토대 위에 세워져 있는가?

　　빼어난 가는 잎새 굳은듯 보드랍고
　　자주빛 굵은 대공 하얀한 꽃이 벌고
　　이슬은 구슬이 되어 마디마디 달렸다

　　본래 그 마음은 깨끗함을 즐겨하여
　　정한 모래틈에 뿌리를 서려두고
　　微塵도 가까이 않고 雨露받아 사느니라

〈蘭草 四〉

　이 시조에서 보이는 것은 선비적인 미의식이다. 이 시가 선비적인 미의식을 가졌다는 것은 두 가지 관점에서 확인될 수 있다.

　첫째, 溫柔敦厚한 품격이 이 시의 전반을 지배하고 있다는 데서 선

---

228) 황종연, 앞의 논문, pp.126~127.

비적 미의식의 일단을 볼 수 있다. 빼어난 가는 잎새가 굳은 듯 보드랍다는 데서 선비적인 고결함과 온유돈후함을 읽을 수 있다. 그리고 자주빛 굵은 대공 끝에 하얀 꽃이 벌고 이슬이 구슬로 되어 마디마디 달렸다는 데서 선비적인 정결성을 읽을 수가 있다. 그리고 제2연에 오면 그런 선비적인 미의식은 더욱 확연해진다. 난초가 원래 깨끗함을 좋아하여 정한 모래 틈에 뿌리를 서려두고 미진도 가까이 않고 비와 이슬을 받아 산다는 것이 바로 선비의 정결성을 두고 말하는 것이다. 이것만으로도 이 작품이 바로 유교적인 사상에 뿌리내리고 있음을 알 수 있다.

둘째, 이 작품에는 李秉岐 특유의 색채의식이 나타나고 있다. 李秉岐가 기른 난 중에 서양란은 없었다. 동양란이 전부였는데 그 중에는 일본란과 중국란도 있었으나 한국란이 대부분이었다. 그런데 필자가 조사한 바로는 동양란 중에 잎새가 길게 빼어나게 자란 난초치고 흰 꽃이 피는 것은 없다. 李秉岐가 기른 동양란 중에 흰 꽃이 피는 난은 대엽풍란과 소엽풍란 그리고 석곡229) 뿐이다. 그런데, 이 대엽·소엽풍란과 석곡은 잎이 길게 자라지 않는다. 그러니까 잎새가 길게 자라는 난으로 자주빛 굵은 대공 끝에 '하얀한' 꽃이 핀다는 것은 과학적으로는 정확하지 않은 표현이다. 필자가 조사한 바로는 간혹 아주 드물게 覆輪230)상태에서 흰색에 가까운 꽃이 피는 난이 있기도 하지만 그것은 돌연변이에 의한 예외현상이고, 또 그것이 완전히 흰색은 아니다. 그리고 『가람일기』(1936년 11월 27일)에 "百花寒蘭이 一莖四朶로 芳香馥郁하게 피었다"는 기록이 있다.231) 그런데 이 백화한란의 꽃은 실제 완전한 흰 꽃은 아니다. 蘭界에서는 흰색 비슷한 것은 모두 다 백화란이라 부르는 경향이 있다. 예컨대, 소심란은 그 색깔이 자연 상태에서

---

229) 이병기는 석곡을 난으로 보고 있지 않다.
230) 覆輪 : 난초 잎의 양쪽 가에 줄무늬가 나타나는 것을 총칭한다.
231) 이병기, 『가람일기』, p.471.

연한 연두색인데 그것을 통상 백화란이라고 부른다. 이는 바로 난계에서 난을 기르는 사람들이 그냥 흰색의 蘭花를 보고 싶어 하는 열망을 가졌기 때문이다. 어떻게 해서든지 흰 꽃을 만들어내려고 빛 처리를 하기 위해 이리저리 궁리하는 것을 보면 난을 키우는 사람들이 그만큼 흰 꽃을 선호하고 있다는 것을 알 수 있다. 이는 오늘만의 일이 아니라 옛날부터 난계에서 하나의 이상이었다. 옛날에는 난을 기른 사람들이 대부분 사대부 선비들이었는데, 그들 때부터 바로 이 백색의 난화를 보고자 하는 강한 열망이 있었던 것이다. 이는 그들이 그만큼 흰색을 선호하였다는 것을 반증한다. 흰색이 아니면서도 흰색에 가까우면 그냥 흰색이라고 불러버리는 데서 바로 그들의 색채관념 및 색채의식의 일단을 엿볼 수 있다. 李秉岐도 그들과 마찬가지로 흰색에 대한 집착이 대단한 것으로 보인다.232)

五行說에 의하면, 흰색은 '義'를 상징한다. 그것은 난으로 표상되는 군자의 지조를 상징하기도 한다. 난의 생명적 본질 중 하나에 바로 지조(義)가 들어있다는 것이다. 물론 난에 있어서 가장 중요한 것이 반드시 蘭花만은 아니다. 고도의 경지에 이른 난 애호가는 난잎을 더 즐긴다. 그럼에도 불구하고 난이 지닌 생명 또는 생명력의 한 강력한 표출은 꽃으로 드러나는 셈이다. 바로 그 꽃, 즉 생명력이 가장 고조되

---

232) 이병기에게는 이 흰색(白) 외에 주로 많이 나타나는 색깔이 있는데 그것은 붉은색(赤), 검은색(黑), 푸른색(靑), 누런색(黃)이다. 이병기에겐 이른바 五正色이 지배적으로 나타난다. 그는 사이색, 즉 間色은 거의 사용하지 않는다. 그는 전통 유가들처럼 다섯 가지 정색으로 거의 모든 사물의 색깔을 묘사하고 있다. 예외가 있다면 앞의 시조 〈蘭草 四〉에서처럼 자주빛 정도이다. 그런데 이 자주빛은 앞의 다섯 가지 정색과 더불어 유가들이 가장 숭상하거나 선호한 색깔이다. 유가들은 이 다섯 가지 색깔로 하나의 세계관을 드러내었다. 즉 그들의 五正色思想은 이른바 陰陽五行思想과 결합되어 있다. 음양오행사상과 결합되어 있다는 것은 오정색이 생명사상과도 관련이 된다는 말이다. 유가들의 생명사상의 가장 현저한 특징은 바로 음양오행설로 나타나기 때문이다. 참고로 유가들의 五正色 사상을 도표로 나타내면 다음과 같다.

었을 때 피는 난화에서 흰색(義)을 보려는 것이 李秉岐를 비롯하여 대부분의 선비들이 지닌 열망인 것이다. 이로 보아, 李秉岐 시조의 미학적 사상의 핵심인 생명사상이 바로 유가적인 형이상학에 뿌리를 두고 있음을 알 수 있다. 그리고 그 구체적인 면은 오행설에 기초한 색채의식에서 확인할 수 있다.[233)]

李秉岐가 유교적인 형이상학을 지니고 있음은 다음과 같은 사실에서 확인할 수 있다. 그는 하늘을 현현묘묘하다 하였고,[234)] 또 하늘을 이치의 덩어리라고 말하였다.[235)] 또 한편 그는 그 하늘이 氣로 이루어졌다는 天氣 사상을 말한 적이 있는데,[236)] 이는 결국 그가 理氣 철학을 포지하고 있다는 것을 의미한다. 또한 하늘을 인간사의 主宰者[237)]라고 보는 데서 바로 하늘이 만물을 낳고 주재한다는 사상을 가지고 있음을 보여준다.[238)]

五行說에 의한 五元素의 상호관계

五行	木	火	土	金	水
五星	木星	火星	土星	金星	水星
五時	春	夏	土用	秋	冬
五方	東	南	中央	西	北
五色	青	赤	黄	白	黑
五聲	角	徵	宮	商	羽
五常	仁	禮	信	義	智
五數	八	七	五	九	六
五味	酸	苦	甘	辛	鹹
五帝	青帝	赤帝	黃帝	白帝	黑帝
五情	喜	樂	慾	怒	哀
五臟	肝	心	脾	肺	腎

〈諸橋轍次, 大漢和辭典, 大修館書店, 1968, p.465〉

233) 이병기의 색채의식에 대해서는 필자의 다음 논문을 참조. 최승호, 「가람 이병기의 시와 시학에 있어서 유가적인 미적 형상방식」, 『아주어문연구』 제1집, 1994.
234) 이병기, 『가람일기』(1919. 8. 27), p.28.
235) 이병기, 『가람일기』(1919. 11. 1), p.95.
236) 이병기, 『가람일기』(1919. 8. 29), p.30.
237) 이병기, 『가람일기』(1919. 8. 29), p.31.

이상에서 살펴본 바에 의하면, 李秉岐의 시조 중 난을 소재로 한 영물시는 고요함 가운데 흥겨움이 일어나는 공간을 배경으로 하고 있음을 볼 수 있었다. 그리고 대상만이 흥겨움의 분위기를 풍기는 것이 아니라 자아도 흥겨운 자아, 즉 '법열'의 자아임을 알 수 있었다. 그리고 대상과 자아가 다 같이 흥겨움 또는 법열의 상태에 있을 수 있는 것은 그들이 각기 생명력이 충일한 상태에서 상호 확산적으로 교감을 보이고 있기 때문임을 볼 수 있었다. 또한 그것이, 즉 생명적 교감 방식이 난을 소재로 한 영물시의 미학적 기초임을 보았다. 동시에 그의 생명사상이 유교적인 형이상학에 뿌리를 두고 있음도 살펴보았다.

(2) 노동에서 오는 목가적 즐거움

여기서는 일상적 노동 공간[239]의 자연물을 다룬 시를 중심으로 그 속에 나타난 미의식을 고찰하고자 한다. 일상적 노동 공간 속의 자연물을 다룬 田園詩는 22수 정도 된다. 같은 일상적 노동 공간의 자연물을 다루었더라도 전원시는 社會詩와 구별된다. 사회시는 비록 일상적 노동 공간의 자연물을 대상으로 하더라도 그 속엔 사회적·정치적·역사적 의식이 개입되기 마련이다. 그에 비해 전원시에는 그러한 사회 비판적 의식이 보이지 않고 이른바 온유돈후한 분위기와 목가적 이념만 보인다.[240]

李秉岐는 서울에서 살다가 두 번 낙향을 하였는데, 첫 번째는 1944년 3월이고, 두 번째는 1951년 6·25 전쟁 중이다. 첫 번째 낙향은 조선어학회 사건으로 구속되었다가 풀려나 요양차 고향 익산군 여산으

---

238) 이로 보아 이병기는 理氣二元論 중 주기론자로서 기호·호남 사림의 맥인 노론계통을 잇고 있음으로 짐작된다.

239) 李建淸은 전원을 '삶의 터전'이라 하여 일상적 생활 또는 노동 공간으로 보고 있다. 李建淸, 『한국 전원시 연구』, 문학세계사, 1986, p.11.

240) 김병국, 「한국 전원문학의 전통과 그 현대적 변이 양상」, 『한국문화』 제7호, 1986, p.20.

로 내려온 것이고, 두 번째 낙향은 李秉岐가 서울대 문리대 교수로 재직시 인민군에게 부역했다는 혐의로 고초를 받다가 모든 것을 훌훌 벗어버리고 歸去來한 것이다. 李秉岐는 낙향하여 직접 농사도 짓고 시도 짓고 글도 읽으며 자신의 심신을 가다듬었다.

李秉岐의 전원시에는 자아가 직접 노동하는 경우가 많은데 그 이유는 역시 그 자신이 직접 실제로 논밭에서 노동을 했다는 사실과 관련되는 듯하다. 『가람일기』에 나오는 다음의 기록들을 보면 확실히 알 수 있다.

집을 고쳐 土役, 南瓜를 심다. 우물을 치다. 앞 보리논 풀을 맸다.(1944. 4. 13)
앞 산 밭 제초. 杜詩를 읽다.(1944. 6. 6)
12인을 얻어 보리를 다 베어 타작. 탁주 1두, 2원 50전에 사다 먹였다.(1944. 6. 17)
『동의보감』『향약집성』『제중신편』등을 조사하여 약초의 명칭, 형상, 성질, 효용, 소재지, 채취기 등을 적다. 처와 일환이가 여산의원 가서 경희 늑막염 수술을 보았는데 고름이 두 종지가 났다.(1944. 8. 2)
앞산밭에 가 바람에 쓰러진 가지, 참깨, 옥수수 등을 일으키고 북돋아 주었다. 오후엔 태락군과 상진곡 저수지에서 붕어를 10여 마리 낚았다.(1945. 8. 4)

이상에서 보듯 李秉岐는 직접 영농을 하며 그 사이 음주와 가무를 즐겼고 시도 읽으면서 짓기도 하고 독서를 즐겼다. 당시 李秉岐는 조선어학회 사건으로 보호관찰대상이었다시피 정신적으로 고통스러울 수 있는 상황이었는데도,[241] 그의 전원시에는 그러한 고달픔이 잘 나타나지 않는다. 이것은 李秉岐 집안이 상당히 부유해서 경제적으로 여유가 있어서이기도 했겠지만, 그 자신이 삶 자체를 즐기는 여유 있는

---

241) 이병기, 『가람일기』(1945. 6. 27), p.553.

태도를 일관하여 지니고 있었기 때문으로 보인다. 비록 현실적으로는 곤궁하고 피폐하다 할지라도 일단 전원으로 돌아오면 平安과 安分知足을 이상으로 삼는 '處'의 생활로 몰입하는 그의 태도에서 조선조 사대부들의 생활철학을 재삼 확인하는 셈이다.[242]

그러면 그의 전원시에서 대상의 분위기, 자아의 정서는 어떠한가?

> 가을은 明朗하다 이 갈도 또한 明朗하다
> 피땀에 젖은 곡식 다 톡톡히 여물었다
> 흐뭇한 農村의 마음은 해보다도 明朗하다
>
> 오려를 서리하고 무우배추 절이하고
> 살진 게 찜을 하고 밤대추 군것하고
> 밤이면 한방에 모여 春香 沈淸 들을까
>
> 가시 사립문을 아예 닫을 것 없다
> 달은 비껴가고 밤은 더욱 고요하다
> 낮에도 서울에서는 强盜 자주 난다 한다
>
> 〈농촌의 명랑〉

이 시조에 나타난 공간적 분위기는 평화로움이다. 그리고 그 평화로움은 고요함, 즉 정적함 속에서 지켜지고 있다. 제1연에 가을이 명랑하다 또한 이 가을도 명랑하다는 데서 계절적인 평화로움을 볼 수 있다. 그것은 피땀에 젖은 곡식들이 모두 다 톡톡히 여물은 수확의 계절이기 때문이다. 즉 수확의 즐거움과 풍요로움에서 오는 화평함이다. 그러한 농촌의 흐뭇하고 느긋한 마음은 해보다도 더 명랑하다는 데서 그 평화스러움이 최고조에 이르고 있다.

---

242) 유가적 出處觀에 대해서는 신영명의 다음 논문을 참조. 신영명, 「16세기 강호시조의 연구」, 고려대 대학원 박사논문, pp.18∼21.

그런데 이러한 고요함 속의 평화로움은 그렇게 잔잔하고 한가롭게 늘어진다기보다는 다소 흥겨움의 상태로 전이됨을 볼 수 있다. 즉 제1연에서 보듯 '가을의 명랑함'이 그것을 증명한다. 가을의 흐뭇한 농촌의 마음이 해보다도 더 명랑하다는 것은 어떤 목가적 즐거움의 공간임을 예시한다. 자아는 노동을 하면서도 고통에 시달리는 시름겨운 모습을 보이는 것이 아니라, 오려를 서리하고 무우, 배추 절이하고 난 다음 살진 게찜을 하고 밤, 대추로 군것질하는 식도락을 보인다. 그런 다음 흥겹게 밤을 밝혀가며 춘향, 심청을 듣는다. 이는 당시 일제강점기 농촌이 수탈의 대상으로 피폐해 있는 현실 상황과는 상당히 거리가 있는 정서 상태이다. 현실적으로 아무리 어렵더라도 삶 자체를 즐기려는 의지가 엿보인다. 그것은 바로 주위의 자연물과 일상적인 노동 자체를 즐기는 데서 비롯된다. 물론 이때 자아의 노동 행위는 어떤 정치 경제학적인 상황에서 고려되지는 않는다. 다만 자연 속에서 한 실존적 개인의 노동 행위로 묘사될 뿐이다. 이것이 가람의 후기 시조 중 사회시와는 다른 점이다. 전기의 전원시에서는 어디까지나 귀거래의 안분지족이라는 전통 사대부의 자족적인 삶의 미학,[243] 즉 '處'에서의 생활이 보일 뿐이다.

이러한 흥겨움은 다음과 같은 시조에서도 잘 보인다.

밀보리 새잎 나고 갈도 거의 되었다
벼 빈 배미마다 이삭을 뉘 주우리
밭머리 나는 메추리 살이 절로 지겠다

살포시 지나는 비를 숲속에 보내노니
솔잎 모아 불을 피어 남은 잔을 다시 데고
들어도 허물이 없는 말이 서로 잦았다

---

243) 이건청, 앞의 책, pp.18~21.

| 한국현대시와 동양적 생명사상

익은 이 메로되 오고도 오고파라
비도 내리고 약이야 캐든말든
바쁘던 그 틈을 타서 이 하루를 얻었다

〈하루〉

　제1연에서는 농촌에서의 풍요와 여유를 볼 수 있다. 풍년이 들어 벼
벤 논배미마다 이삭이 많이 떨어져도 누구 하나 주울 사람이 없을 정
도이다. 농사가 풍년인 만큼 그런 곡물을 먹고 사는 메추리도 살이 절
로 질 수 밖에! 이런 가운데 밀, 보리도 새 잎이 나고 하는 데서 자아
는 어떤 물질적 정신적 풍요로움 때문에 바쁜 가운데도 하루의 휴가
를 내었다. 그것은 가을도 거의 다 되었다는 데서 더욱 여유 있는 휴
가임을 알 수 있다. 휴가는 흥겨움과 관련된다. 농사는 풍년이겠다 밭
머리 나는 메추리는 살져 있겠다 흥겨웁지 않을 수 없는 휴가가 될 것
이다.
　제2연에서 그런 흥겨움의 유락 공간이 제시된다. 살포시 지나는 비
를 숲 속에 보내 놓고 드디어 농사일에 손을 떼고 숲 속으로 들어왔
다. 이때 살포시 지나는 비가 일을 그만두게 할 수 있는 핑계거리이기
도 하다. 따라서 그 비는 고마울 수밖에 없다. 그래서 그 비를 손님처
럼 맞고 숲 속으로 '보낸다'. '보낸다'는 말에는 자아의 정서가 담겨 있
다. 비가 주체가 되어 숲 속으로 가는 게 아니라, 자아가 주체가 되어
'보낸다'. 이 속에는 자아의 어떤 고마움이 담겨있다. 그 숲 속에서 자
아는 솔잎을 모아 불을 피워 술잔을 데워서 친구들과 주연을 베풀었
다. 술이 거나하게 오르자 들어도 허물이 없는 말이 서로 잦았다. 이
처럼 자아는 하루의 휴가를 숲 속에서 살진 메추리를 안주 삼아 친구
들과 여유를 즐기고 있다.
　이런 흥겨움의 정서와 분위기는 제3연에서 다시 한번 극적으로 제
시된다. 시적 자아가 친구들과 술병을 들고 들어온 이 산은 눈에 익고

도 익은 것인데도 불구하고 여전히 오고도 오고 싶은 곳이다. 오고도 오고 싶다는 말에 자아의 정서가 확연히 드러난다. 그 흥겨움이 얼마나 크면, 집에서 기르던 약초의 수확 시기에 그 약초를 캐든 말든 바쁜 틈을 타서 이 하루 휴가를 내어 이 산으로 들어 왔을까. 어쨌거나 이 시에서의 정서나 분위기는 매우 실감나게 묘사되고 있다.

그런데 李秉岐에게는 어째서 그런 힘든 노동과 농촌의 전원생활이 흥겨운 것으로 보일 수 있었던가. 그것은 다음의 시조에서 보듯 자아가 자연과 함께 생명력이 충일한 상태에 있기 때문이다.

웅덩마다 물 괴이고 밤에는 개구리 소리
동산에 숲이 짙어 낮이면 꾀꼬리 소리
그 바쁜 마을 집들은 더욱 寂寂하여라

앞뒤 넓은 들이 어느덧 검어졌다
모기와 벼룩 거머리 뜯기다가
겉절인 글무 김치에 보리밥이 살지운다

일 심은 오려논에 기심이 길어 있다
헌 삿갓 베잠방이 호미 메고 삽들고
내 일은 내가 서둘러 새벽부터 나간다

울마다 호박넌출 그 밑에 가지 고추
비는 오려 하는 무더운 저녁 날에
똥오줌 걸찍한 냄새 왼 마을을 적신다

몇 萬年 걸고 걸은 기름진 메와 들을
갈고 고르고 심고 거두고 하여
일찌기 우리 조상도 이 흙에서 살았다

〈農村畵帖 一〉

이 시조 제1연에서 우리는 어떤 흥겨움을 엿볼 수 있다. 웅덩이마다 물이 괴여 밤에는 개구리 소리가 들리고, 동산에는 숲이 짙어 낮이면 꾀꼬리 소리가 들린다. 개구리 소리나 꾀꼬리 소리는 흥겨움의 표상이다. 그리고 개구리나 꾀꼬리가 즐겁게 소리 내는 것은 그들의 생명력이 충일하기 때문이다. 그들의 울음소리는 결국 그들 생명력의 확산적 표현인 셈이다. 이런 생명력의 왕성함이 제2연에서도 계속 이어진다. 모내기 한 앞 뒤 넓은 들이 어느덧 검어졌다는 것은 그만큼 모들이 왕성하게 자란다는 것을 의미한다. 동시에 모기와 벼룩, 거머리도 생명력이 왕성하여 사람들의 피를 맹렬히 빨아들인다.[244] 비록 모기, 빈대, 거머리에 물어뜯기더라도 괴롭다기보다 오히려 흥겨울 수 있는 것은 겉절인 열무김치에 보리밥으로 즐거이 먹을 수 있기 때문이다. 그리고 보리밥으로도 행복할 수 있는 것은 노동의 즐거움이 밑을 받쳐주기 때문이다. 헌 삿갓, 베잠방이에 호미 메고 삽 들고 나의 일은 내가 서둘러 새벽부터 일 나간다는 데서 노동의 즐거움을 볼 수 있다. 그런데 그러한 노동의 즐거움 역시 자아 자신이 지닌 생명력의 왕성함 때문이다. 자아가 생명력이 위축되어 있다면 그의 노동은 괴로울 수밖에 없다. 자아의 생명력이 충일되어 있다는 것은 제4연에서도 간접적으로 암시되어져 있다. 똥, 오줌 등의 걸쭉한 냄새가 온 마을을 적시는데도 자아는 조금도 기분이 나쁘지 않다. 오히려 거름으로 쓰이는 똥, 오줌 냄새에서 생명력의 어떤 가능성을 보기 때문이다. 똥, 오줌의 냄새조차도 생명력을 위한 거름으로 보는 이 대목에서 우리는 자아가 노동과 생명 그 자체를 얼마나 즐거이 받아들이고 있는지 알 수 있다. 그리고 그러한 인식, 즉 생명력과 노동의 귀중함에 대

---

244) 이병기의 영물시 중에도 동물을 제재로 한 것이 더러 있다. 이때 동물들은 대체로 파리, 모기, 빈대, 매미 등 미물들이다. 그리고 이 미물들은 모두 생명력이 충일한 상태에 있는 것으로 묘사되고 있다. 그것들은 인간들에게 혐오스러운 존재로 그려지고 있지 않다.

한 자각은 제5연에서 보듯 역사적 감각 위에 서 있음을 볼 수 있다. 지금 이 몇 만 년을 걸고 걸은 기름진 메와 들에서 조상대대로 이어져 온 인간의 생명력과 노동의 역사를 소중히 깨닫는 것이다. 이처럼 이 시에서의 흥겨움은 바로 노동하는 자아와 대상으로서의 자연이 다 같이 생명력이 충일한 상태에 있기 때문이다. 그리고 그런 생명력의 충일함이 생동감 있게 묘사되고 있음을 볼 수 있다.

요약하면 李秉岐의 전원시 중 자아가 직접 노동하는 사람으로 등장하는 경우, 그 시의 공간은 대체로 정적의 공간이면서도 평화롭고 여유 있는 곳임을 볼 수 있었다. 그리고 그 정적의 공간이 곧바로 흥겨움의 공간임을 보았다. 한편 자아도 흥겨운 자아임을 보았다. 그러나 앞의 영물시에서 보듯 자연물을 그 본질적인 면에서 인식하려는 태도는 보이지 않았다. 즉 어떤 형이상학적 인식까지는 보이지 않았다. 다만 자연물을 대하면서 그 속에서 노동하는 즐거움을 보였을 따름이었다. 그리고 그 노동하는 즐거움의 근거는 자아도 자연도 생명력이 충일한 상태에 있기 때문이었다. 그리고 방금 앞에서도 말했듯이 자아와 자연 사이에 어떤 형이상학적 인식은 직접 나타나지 않는다. 이는 전원시가 영물시처럼 사물의 본질을 탐구하는 시가 아니라, 자연 속에서 노동의 즐거움을 드러내는 데 본질적 미학을 삼고 있기 때문으로 보인다.

(3) 여행에서 오는 풍류

앞에서도 언급했듯이 李秉岐의 자연시 중 두 번 째로 많은 것이 바로 여행 공간의 자연물을 다룬 산수시이다. 이 여행적 산수시에 나타난 미의식을 살펴보자. 그의 여행적 산수시에는 여행 중에 즉흥적으로 만들어진 情況詩(vers de circomstance)가 많다.[245] 이는 그의 시가

---

245) 김윤식 · 김현, 『한국문학사』, 민음사, 1973, p.213.

그 자신의 일기나 에세이에서 보듯 기행문으로부터 완전히 분화되지 않았음을 의미한다.[246] 실제 많은 여행시의 경우 그 배후에는 여행기가 따로 있으며, 일기나 기행문 중에 삽입된 것이 매우 많다. 그의 여행적 산수시는 크게는 금강산과 같은 산이나 계곡을 여행한 것과 바다를 대상으로 한 것으로 나눌 수 있는데, 전자의 것이 대부분이다. 이 여행적 산수시는 푸른 산과 계곡을 주된 대상 및 배경으로 하였기 때문에 그 속의 물, 나무, 새 등이 포함될 것이다. 물론 여기서의 주된 이미지는 산과 물의 이미지인 셈이다. 본 소절에서는 주로 물과 산의 이미지와 관련하여 李秉岐의 여행적 산수시를 분석할 것이다. 그러면 李秉岐의 여행적 산수시에서 대상과 자아 및 그들의 관련 양상은 어떠한가?

> 고개 고개 넘어 호젓은 하다마는
> 풀섶 바위서리 발간 딸기 패랭이꽃
> 가다가 다가도 보며 휘휘한 줄 모르겠다
>
> 묵은 기와목이 발끝에 부딪치고
> 城을 고인 돌은 검은 버섯 돋아나고
> 성긋이 벌어진 틈엔 다람쥐나 넘나든다
>
> 그리운 옛날 자취 물어도 알 이 없고
> 벌건 뫼 검은 바위 파란 물 하얀 모래
> 맑고도 고운 그 모양 눈에 모여 어린다
>
> 깊은 바위굴에 솟아나는 맑은 샘을
> 위로 뚫린 구멍 내려오던 공양미를
> 이제도 義湘을 더불어 신라시절 말한다

---

246) 황종연, 「한국문학의 근대와 반근대」, p.124.

볕이 쨍쨍하고 하늘도 말갛더니
설레는 바람끝에 구름은 서들대고
거뭇한 먼산 머리에 비가 몰아 들온다

〈大聖庵〉

　이 시조는 경기도 양주군 구리면 아차리에 있는 아차산의 한 古刹인 대성암을 찾아가는 장면을 묘사하고 있다. 그리고 이 시에는 李秉岐 자신의 시론인 '寫生'이 잘 나타나 있다.[247] 實感實情의 표현,[248] 이른 바 자기 나름대로 '寫實主義'라 부른[249] 예술정신이 잘 나타나 있는 셈이다. 그는 전통시가가 주로 서경묘사보다 정서표현에 치중해 있음을 비판하고,[250] 새로운 감각의 시조는 대상의 감각적 묘사를 위주로 할 것을 천명한 바 있다. 그의 시가 대부분 끝에 가서는 감정 표현으로 귀결되어 버리는 경향이 있음에도 불구하고,[251] 그 이전의 어떤 시조보다도 감각성에 충실하고 있음을 볼 수 있다. 특히 그의 자연시 가운데서도 대상 묘사에 충실한 것이 여기서 다루는 여행적 산수시이다. 즉 여행적 산수시에는 대상으로서의 자연이 지니는 객관미가 크게 고

---

247) 이병기, 「시조감상과 작법」, 『가람문선』, p.309. 한편 杉澤 いすみ는 이병기의 사생론이 일본시론과 관련 가능성이 있음을 밝혔다. 杉澤 いすみ, 李秉岐の 時調創作論に於ける 連作と寫生 - 北原白秋と正岡子規との 比較を通して -『日本學』第12輯, 동국대학교 일본학연구소, 1993.8, pp.265～270.

248) 이병기, 위의 글, 같은 면.

249) 이병기, 『가람일기』(1928. 12. 18), p.331.

250) 이병기, 『가람문선』, p.320.

251) 황종연은 그것을 다음과 같이 지적하고 있다. "『가람시조집』에 수록된 작품들 가운데서 사물의 객관적인 묘사로 채워진 것은 몇 편 되지 않는다. 그 밖의 작품들에서도 묘사적인 언어는 사용되고 있지만, 그것은 항상 화자가 주관적인 상태의 표현에 종속되어 있다."(황종연, 앞의 논문, p.123) 사실 이병기는 시의 앞부분에서는 서경 묘사에 충실하나 마지막 행에 가서는 정서 표현으로 넘어간다. 이때 마지막의 정서 표현이 이 시 전체의 분위기를 지배하는 키워드가 된다. 이 키워드에 의해 앞의 서경 묘사마저도 결국은 정서를 표현하는 구실로 전환하게 된다. 그러나 여기서 객관 대상 묘사와 주관 정서 표현은 확연히 구분되지 않고 서로 융해되어 있다고 보아야 할 것이다.

려되어 있다.

그러면 이 작품 〈大聖庵〉에서 묘사되어 있는 대상은 어떠한 상태에 있는가? 그리고 그런 대상을 대하는 자아는 어떤 정서 속에 있는가?

제1연에서 보듯 이 시의 대상은 정적함 속에 놓여 있다. 자아가 찾아가는 대성암은 고개고개 넘어 호젓한 곳에 있다. 즉 정적한 곳에 있다. 그러나 그 정적함은 휘휘한 분위기는 아니다. 풀섶 바위 서리 빨간 딸기, 패랭이꽃은 그런 음산한 곳에 놓여 있는 것이 아니라 오히려 아늑하고 흥겨운 분위기에 젖어 있다. 그것은 자아가 신이 나서 '가다가 다가도 보는' 행위에서 보인다.

그런 정적함이 제3연에서는 시각적 이미지로 인하여 더욱 인상적으로 강화된다. 그리운 옛날 자취 물어도 알 이 없는 정적함 속에서 뫼는 더욱 붉게 보이고, 바위는 검게 보이고, 물은 더욱 푸르며, 모래는 하얗게 보이는 것이다. 시각적 이미지가 뚜렷하다는 것은 자아의 심리 상태가 매우 강렬하다는 것인데, 이는 자아가 아주 절대적인 정적의 분위기에 싸여 있다는 것을 의미한다. '맑고도 고운 그 모양 눈에 모여 어린다'에서 그것을 확인할 수 있다. 그런데 이때의 정적함이 결코 음산하거나 적막 또는 쓸쓸함이 아니다. '벌건 뫼 검은 바위 파란 물 하얀 모래'에서 받는 인상은 결코 음산한 것이 아니라 오히려 아늑하고 평안하고 심지어는 흥겹기까지 한 것이다. 이 구절에 나오는 색채어는 유가들이 사용하는 다섯 가지 정색 가운데 네 가지이다. 정색이란 吉한 색깔이다. 한 행에서 네 가지의 길한 색깔을 사용했다는 것은 그만큼 그 분위기가 좋다는 것을 의미한다.

제3연의 그러한 길하고 흥겨운 분위기는 제4연에서도 이어진다. 깊은 바위굴에서 솟아나는 맑은 샘물을 마시는 장면에서 정적함과 흥겨움을 느낄 수 있다. 그리고 위로 뚫린 구멍에서 내려오는 공양미를 보고 의상과 함께 신라 시절을 떠올리는 데서도 그런 흥겨움을 볼 수 있다. 왜냐하면 李秉岐에게 있어서 '신라시절'은 흥겨움, 곧 풍류의 대명

사이기 때문이다. 그는 나중에 서울에서 완전히 내려가 낙향하여 살면서 '國風會'를 조직한 적이 있는데, 그때 말하는 신라정신의 핵심이 풍류사상인 것이다. 이처럼 그는 신라인의 풍류 생활에 관심이 많았다.[252)]

이로 보아 이 시의 지배적인 분위기인 정적함이 결코 음울함이 아니라 오히려 흥겨움에 연해 있다는 것을 알 수 있다.

산수를 여행하면서 이런 풍류적 태도에 접어들고 있는 모습은 다음 시조에서도 잘 보인다.

비로 젖은 옷을 바람에 말리도다
한고개 넘어드니 숲속에 절이 뵈고
그 앞에 바위 엉서리 물은 불어 흐른다

돌고 도는 빙애 덤불과 바위서리
푸른 잎 우거지고 희고 붉은 꽃도 피어
옮기는 발자욱마다 향기 절로 일어라

또 한골 찾아드니 더우기 아늑하다
조그만 들건너 에두른 뫼와 뫼히
나붓이 그 등을 숙이고 강이 또한 보인다

萬丈峯 萬丈바위 天뜰의 여러 폭포
이돌 이물이냐 또 어데 없으리요
내마음 이곳에 드니 내 못잊어 하여라

〈道峯〉

---

252) 참고로 1951. 7. 28일자 『가람일기』를 옮기면 다음과 같다. "회명은 國風會, 즉 우리나라의 풍류, 風月道라는 의미다. 그리고 회의 강령은 화랑도의 道義相磨, 歌樂相悅, 遊娛山水 그대로 하라고 하였다." 그때 회원은 이병기, 박희선, 정봉모, 임택룡 등 7인이다.

제1연에서 자아는 비에 젖은 옷을 벗어 바람에 말리고 있다. 그러면서도 을씨년스럽다거나 괴롭다거나 하는 표정은 없다. 오히려 기분좋게 말리고 있다. 제1행에서의 정서는 제3행에서 확인이 된다. 숲속절 앞에 있는 바위 엉서리에 물이 '불어 흐른다'에서 우리는 어떤 흥겨움을 볼 수 있다. 계곡의 물이 메마르지 않고 콸콸 흘러가는 데서 우리는 어떤 흥겨움을 맛볼 수 있기 때문이다. 바로 제3행에서의 흥겨움이 제1행의 흥겨움을 확인해준다. 왜냐하면 李秉岐 자신의 연작론에 따르면,[253] 한 수의 짧은 시조에서 정서는 통일될 수밖에 없기 때문이다.

제2연에서는 산 전체가 어떤 흥겨운 분위기에 싸여 있음을 볼 수 있다. 돌고 도는 벼랑과 덤불 및 바위 서리를 지나면서도 자아는 오히려 흥겹다. 왜냐하면 푸른 잎 우거지고 희고 붉은 꽃은 피어 옮기는 발자국마다 향기가 절로 일기 때문이다. 제1연에서는 자아의 흥겨움이 흐르는 물의 흥겨움과 대응된다면, 제2연에서는 자아의 흥겨움이 산 전체의 흥겨움과 대응되고 있다.

제3연에서는 그런 흥겨움이 부연 반복된다. '또 한골 찾아드니 더우기 아늑하다'에서 산의 흥겨움이 보인다. 또한 산의 흥겨움은 '조그만 들 건너 에두른 뫼와 뫼히 나붓이 그 등을 숙이고' 있다는 데서도 확인된다. 그리고 산의 흥겨움은 강의 흥겨움을 유발한다. 강은 계곡과 달리 물이 많은 곳이다. 그리고 그 강이 바로 옆의 흥겨운 산으로 인해 같이 흥겨워 보이는 것이다.

이런 산과 물의 흥겨움은 제4연에서 극적으로 강조된다. 만장봉 만장바위라는 매우 큰 산과 天쓴의 여러 폭포라는 큰 물이 자아와 함께 흥겹게 어우러져 있다. 자아의 흥겨운 정서와 산과 물의 흥겨운 분위기가 한데 엉긴 것이다. 이처럼 정적한 공간이 흥겨운 공간으로 전이됨을 볼 수가 있다.

---

253) 이병기, 『가람문선』, pp.327~328.

李秉岐의 여행시에서 이런 흥겨움이 많이 나타나는 것은 역시 그의 풍류사상 때문이다. 삶 자체를 즐기는 귀족취미의 한 양상인 이 풍류적 태도는 李秉岐의 다음과 같은 산문에서도 확인된다.[254]

> 그리고 어느해 여름 어느 친구들에게 끌리어 西湖(西江:필자 주)의 밤놀이도 하였다. 몹시 더위에 볶이다가 이곳에 다다르고 보니, 벌써 상쾌한 느낌이 났다. 이게 강이러니 함으로도 그러겠지마는 사실 그때의 광경이 다르던 것이다. 어슬어슬 저무는 저녁, 미미히 이는 바람, 산듯한 초생달, 한들한들하는 갈잎, 반짝반짝하는 물결, 그리고 이따금 뛰노는 고기, …… 하나도 서늘한 맛을 주지 않는 건 없었다. 우리는 배를 설렁설렁 저어, 위아래 강으로 오르고 내리고 하였다. 마침 단소를 부는 이, 노래를 부르는 이도 있었다. 단조하고도 서글픈 그 소리, 그 비껴가는 달을 멈추지는 못하더라도 갈섶에 졸고 있던 갈매기들쯤이야 능히 놀랄만 하였다.

> 待月月未出 望江江自流 焂忽城西郭 靑天有玉鉤 素華雖可攬 淸景不同遊 耿耿金波裏 空瞻鳷鵲樓

> 李白의 이런 밤도 생각을 하며, 그보다 우리는 오늘 밤이 더 다행스럽지 않은가 하고, 단소와 노래를 그치고는 淸談과 歡飮을 하였다.

> 달은 지고 바람은 더 서늘하고 밤은 깊었다. 소란하던 거리거리도 고요하여지고 총총한 등들은 별처럼 반짝인다. 어둡기는 할망정 서늘하고도 고요하므로 또는 온천지도 우리의 차지인 것 같으므로 우리는 흥을 겨워 얼른 이곳을 떠나지를 못하였다.[255]

위 에세이는 『문장』제1권 7호(1939년 8월)에 발표된 글이다. 이 글에서 볼 수 있듯 李秉岐는 이 몇 해 전 친구 몇 명과 서울 근교의 서강

---

254) 이병기와 풍류에 대해서는 황종연의 다음 논문이 돋보인다. 황종연, 「이병기와 풍류의 시학」, 『한국문학연구』제8집, pp.261~267.
255) 이병기, 「서호의 밤」, 『가람문선』, p.198.

에서 밤놀이를 하였는데, 그때 그가 빠져든 감각적 즐거움을 구체적으로 묘사하고 있다.[256) 李秉岐가 그의 일기나 에세이 도처에서 보여주듯 '서늘하고 상쾌한 기분'이 여기서도 뚜렷이 부각되고 있다. 李秉岐는 일생을 통해 '명랑한', '고아한', '상쾌한', '우아한', '고요한' 맛과 멋을 찾고 즐기고 있음을 볼 수 있는데, 이 중에서 상쾌한 맛이란 바로 자연 대상으로부터 유래된 감각적 즐거움의 한 단면이다. 이는 또한 바로 윗글에서 보여지듯 '흥'의 한 단면이다. 여기서의 흥이란 번잡한 생활로부터 벗어나 일상사를 잊고 자신의 살아있음과 자신의 삶을 가능케 해주는 주위 자연 사물과의 감각적 교감을 중시하는 데서 빚어지는 정서이다. 이런 흥은 단소를 불고, 노래를 하고, 淸談과 歡飮을 하는 데서 확연히 드러난다. 그리하여 그런 공간은 온 천지가 우리의 차지인 것 같게 보이게 된다.

李秉岐의 이러한 풍류사상은 물론 조선조 선비들의 심미적 태도와 완전히 일치한다.[257) 그런데 조선조 선비들의 심미적 태도에 가장 영향을 많이 준 것은 역시 유가들의 미학사상이다. 자연과 관련된 유가들의 심미성에 대한 언급은 曾點의 다음과 같은 風詠 故事에서 찾아볼 수 있다.

늦은 봄에 봄옷을 지어서 관을 쓴 친구 대여섯 사람과 동자 육·칠 명과 沂水에서 목욕하고 舞雩에서 바람 쐬고 읊조리며 돌아오겠다.[258)

曾點의 이러한 포부는, 즉 자연을 벗 삼아 감각적이고 심미적인 즐

---

256) 이병기는 1924. 10. 16 일자 일기에서 서호에 구경 간 일이 있다고 기록하고 있다.
257) 丁益燮은 선비들의 풍류 내용을 '自然歡美', '醉興自得', '彈絃逸樂' 세 가지로 요약한 바 있는데, 가람의 위 글에서는 이 세 가지가 다 갖추어져 있다. 정익섭, 「가사와 풍류고」, 『동악어문논집』제17집, 1983, pp.264~274.
258) 『論語』〈先進篇〉暮春者 春服旣成, 冠者五六人 童者六七人 浴於沂 風乎舞雩 詠於歸.

거움을 누리겠다는 희망은 공자로부터 칭찬 받은 바 있다시피, 삶 자체를 긍정하고 향유하겠다는 의지의 표명이다. 이런 풍영 고사는 조선조 사대부들에게 하나의 심미적인 삶의 紀律로 작용했으며, 그러한 사대부들에게 친화하고자 했던 李秉岐에게도 그대로 맥이 이어져오고 있음을 볼 수 있다.[259] 그의 「서호의 밤」은 바로 그런 미학 사상의 핵심을 보이고 있는 것이다.

그런데 여행 공간의 자연물을 다룬 李秉岐의 이런 자연시에 있어서의 풍류의 시학은 어떤 철학사상에 근거를 두고 있는가?

> 맑은 시내 따라 그늘 짙은 소나무 숲
> 높은 가지들은 비껴드는 볕을 받아
> 가는 잎 은바늘처럼 어지러이 반짝인다
>
> 靑기와 두어 장을 법당에 이어두고
> 앞뒤 비인 뜰엔 새도 날아 아니오고
> 홈으로 나리는 물이 저나 저를 울린다
>
> 헝기고 또 헝기어 알알이 닦인 모래
> 고운 玉과 같이 갈리고 갈린 바위
> 그래도 더러일까봐 물이 씻어 흐른다
>
> 폭포소리 듣다 귀를 막아도 보다
> 돌을 배개삼아 모래에 누워도 보고
> 한손에 해를 가리고 푸른 허공 바라본다
>
> 바위 바위 우로 바위를 업고 안고
> 또는 넓다 좁다 이리저리 도는 골을
> 시름도 피로도 모르고 물을 밟아 오른다

---

259) 황종연, 「한국문학의 근대와 반근대」, p.117.

얼마나 험하다 하리 오르면 오르는 이길
물소리 끊어지고 흰구름 일어나고
우러러 보이던 봉우리 발아래로 놓인다

〈溪谷〉

이 시에서도 자아와 대상을 둘러싼 지배적인 정서와 분위기는 흥겨움이다. 그 흥겨움의 단적인 표현은 제5연에 나타나 있다. 바위 바위 위로 바위를 업고 안고 또는 넓다 좁다 이리저리 도는 골을 시름도 피로도 모르고 물을 밟아 오르는 데서 그런 흥겨움을 볼 수 있다. 이런 흥겨움은 자아의 정서에서만 아니라, 계곡 전체가 지니는 분위기에서도 풍겨진다. 즉 제1연에서 계곡은 흥겨움의 분위기에 젖어 있다. 맑은 시내 따라 그늘 짙은 소나무 숲이 쭉 이어진 것이 흥겨운 분위기를 자아낸다. 게다가 높은 가지들이 비껴드는 볕을 받아 가는 잎이 은바늘처럼 어지러이 반짝인다는 데서는 그런 분위기가 더욱 강조된다. '비껴드는 볕'이 그런 흥겨움을 내포한다. '볕'은 빛보다 더 흥겹다. 빛은 중립적이라면 볕은 어떤 정서를 동반한다. 그 속엔 '따뜻함'이 내포되어 있기 때문이다. 그리고 그 볕이 '비껴드는'것이기에 더욱 흥겹다. 비껴든다는 것은 곧바로 내리쬐는 것보다 어떤 여유와 흥성거림을 동반한다.

그런데 이런 흥겨움의 근원에는 자연과 자아가 지닌 왕성한 생명력이 숨 쉬고 있다. 제1연에서도 그런 생명력이 보인다. '볕'이란 앞서 지적했듯이 생명의 조건에 필수적인 것이다. 그리고 그 생명 조건에 잘 부응되는 곳이 이 계곡이다. 맑은 시내가 있고 볕이 잘 내리쬐는 곳에 그늘 짙은 소나무 숲이 있다. 따라서 그 소나무 숲은 잘 생육하여 가는 잎이 윤기가 나서 은바늘처럼 반짝이고 있다. 결국 소나무가 지닌 강한 생명력이 확산되는 데서 그런 흥겨움이 보인다. 이는 결국 계곡 전체의 생명력에서 비롯된다.

이런 생명력은 제4연에서도 보인다. 폭포 소리를 듣다 귀를 막아도 보고 돌을 베개 삼아 모래에 누워도 보고 하는 행위에서 자아가 생명력의 충일 상태에 있음을 알 수 있다. 한 손에 해를 가리고 푸른 허공을 바라본다는 행위에서는 자아가 자신의 왕성한 생명 그 자체를 즐기고 있음을 볼 수 있다.

자아의 왕성한 생명력이 제5연에 와서는 계곡 전체의 왕성한 생명력과 하나로 합치된다. 험한 계곡을, 그것도 물을 밟아 오르면서도 시름도 피곤도 모른다는 것은 계곡과 자아가 서로 생명력이 충일해서 하나로 합치된 상태를 말한다. 物我一體된 경우이다. 이때 생명력의 교감은 상호 확산적이다. 계곡의 생명력이 자아의 생명력을 강화시키고 그 역도 성립된다. 이때 이런 物我一體가 성립되자면 생명의 본질이라는 측면에서 자아와 계곡(自然)은 대등한 위치에 있어야 한다. 즉 자아가 계곡과 똑같은 조건에서 서로 만나고 있는 것이다. 이른바 邵康節이 말하는 '以物觀物'이 형성되는 것이다.[260] 자아는 자연물의 하나로 자연과 대등하게 객관화되어 있다. 이때 자연물은 자아가 자신을 비쳐보는 거울이다. 자아는 자연물에서 格物致知하여 자신의 심성을 수양하고 있다. 이처럼 여행적 산수시에서 자연물은 利用厚生의 도구가 아니라 心性修養의 수단으로 되고 있음을 알 수 있다. 그리고 그렇게 될 수 있는 것은 자아도 자연물도 대등한 조건에 놓여 있다는 것, 다시 말해 자아도 자연물도 동일한 氣로 되어 있다는 유가적 형이상학에서 비롯되는 것이다.

한편, 우리는 위의 시조 〈계곡〉에서 어떤 수직적 상승의 이미지를 볼 수 있다. 자아는 계곡에 머물러 있거나 칩거하지 않고 힘차고 신나게 밟아 오르고 있다. 그것은 마지막 연에서 잘 보인다. '얼마나 험하다 하리 오르면 오르는 이길'에서 우리는 자아가 강력한 생명력을 지닌 채 산 꼭대기를 향해 올라가고 있음을 알 수 있다. 그리하여 드디

---

260) 以物觀物에 대해서는 다음 논문을 참조할 것. 李敏弘, 「성리학적 외물인식과 형상사유」, 『국어국문학』 105집, 1991.

어는 물소리도 끊어지고 흰 구름 일어나는 정상에 올라서서 아래를 내려다보니, 처음에는 우러러 보이던 봉우리들이 발 아래로 놓이게 되었다. 여기서 자아는 정상에서 갖는 어떤 浩然之氣를 즐기고 있다. 이처럼 李秉岐의 여행적 산수시에는 산꼭대기를 향해 오르는 수직적 상승의 이미지가 보인다. 그것은 결국 자아도 산수도 생명력이 왕성한 상태에 있음을 나타내는 것이다.

산에서 자아가 취하는 행위가 수직적 상승이라면, 물은 수직적 하강을 보인다. 그리고 그 물은 매우 기세 좋게 콸콸 흘러내리는 모습으로 보인다. 제4연에서 '폭포'소리가 나타나거나, 앞의 작품 〈도봉〉에서 강이 보이거나 하는 데서 알 수 있다. 이처럼 가람의 여행적 산수시에서는 산도 물도 자아와 더불어 강한 생명력의 충일 상태에서 서로 상호 확산적으로 교감하고 있음을 볼 수 있다. 이 생명력의 상호 확산적 교감이 바로 그의 시에 구현된 형이상의 구체적 모습이고, 문인화정신의 구체적 내용이다.

지금까지의 논의를 요약하면, 李秉岐의 자연시에는 일상적 거주 공간의 자연물을 다룬 영물시와 일상적 노동 공간을 다룬 전원시 및 비일상적 여행 공간을 다룬 여행적 산수시가 있음을 알 수 있었다. 그리고 이 셋은 대부분 靜寂의 공간임을 알 수 있었다. 그리고 이 정적의 공간이 곧바로 흥겨운 공간이면서도 생명력이 충일한 공간임을 알 수 있었다. 자아도 대상도 생명력이 충일한 상태에서 서로 만나고 있음을 볼 수 있는데, 전원시를 제외하고는 자아와 자연 사이에 생명력의 확산적 교감에 의한 물아일체 현상을 볼 수 있었다. 그리고 거기에는 유가적인 형이상학적 인식론이 저변에 깔려 있음을 알 수 있었다. 이로 보아 李秉岐의 자연시는 유가적인 형이상학적 생명사상에 근거를 둔 선비적인 미의식으로 이루어져 있음을 알 수 있었다. 그리고 李秉岐에게는 그때 자아도 자연도 생명력이 충일한 상태에 있음을 알 수 있었다. 이 생명력의 충일과 상호 확산적 교감은 李秉岐 시에 구현된 형이상의 구체적 모습이다. 그리고 그것은 그의 시에 구현된 문인화 정신의 구체적 내용이다. 한편 거기서 빚어지는 시학은 전체적으로 풍류와 도락이다.

 ### 鄭芝溶의 자연시: 생명력의 축소적 교감

　김용직 교수의 지적[261]대로　鄭芝溶은 초기에는 주로 이미지즘계의 사물시를 썼다. 그리고 중기에는 관념시인 신앙시를 썼다. 그러다가 그는 이 양자의 편향성을 지양하고 사물성과 관념성이 통합된 이른바 전통지향적 자연시를 썼다.[262] 본고에서 언급되는 鄭芝溶의 자연시는 그의 후기 시편들을 모아 놓은 시집『백록담』중에서 자연을 대상으로 하여 쓴 작품에 한정시킨 것이다. 따라서 전기 모더니즘시와 중기 신앙시를 모아 놓은 제1시집『鄭芝溶詩集』속에 있는 것으로서 자연을 대상으로 한 시는 제외하였다.[263] 전기 모더니즘시에서는 주로 바다나 해협 같은 넓은 물이 자연물로 들어와 있다. 그에 비해 중기 신앙시에는 나무, 해, 하늘 같은 자연물이 각기 들어와 있다. 한편 후기 자연시에는 동양적인 산수가 지배적인 대상으로 자리잡고 있다.[264] 뒤에서 살펴보겠지만 동양사상 또는 동양정신이 스며들어 있는 자연물을 대상으로 한 시만을 전통지향적 자연시라 부른 셈이다.

　鄭芝溶의 후기 자연시는 세 가지 유형으로 나뉜다. 일상적 거주 공

261) 김용직, 「정지용론」, 『한국 현대시 해석·비판』, 시와시학사, 1993, pp.70~99.
262) 최동호도 정지용이 산수시가 사물시와 관념시의 경계선에 놓여 있다고 한 바 있다. 최동호, 「지용의 〈비〉에 대한 해석」, 『정지용연구』, 새문사, 1988, p.74.
263) 정지용의 신앙시에 대해서는 다음 두 논문을 참조. 이승훈, 「람프의 시학」, 『정지용연구』, pp.123~128. 金埈五, 「지용의 종교시」, 『정지용연구』, 새문사, 1988.
264) 이숭원, 「『백록담』에 담긴 지용의 미학」, 『정지용연구』, 새문사, 1988, p.132.

간의 자연물을 대상으로 한 영물시, 비일상적 여행 공간의 자연물을
다룬 여행적 산수시, 그리고 비일상적 은거 공간의 자연물을 다룬 은
거적 산수시이다. 이 중 양적으로 가장 많은 것은 은거적 산수시이다.
이로 보아 은거적 산수시가 鄭芝溶의 자연시를 대표한다고 볼 수 있
다. 본고에서도 은거적 산수시에다 비중을 많이 둘 것이다. 그리고 鄭
芝溶에게는 일상적 노동 공간에서의 자연물을 다룬 전원시가 없다.

(1) 완상과 약동하는 생명력의 즐김

여기서는 일상적 거주 공간의 자연물을 다룬 시의 미의식을 살펴보
기로 한다. 鄭芝溶의 자연시 중 영물시로 대표적인 것은 〈春雪〉이다.
鄭芝溶 자신은 정작 시집 『백록담』을 편집할 당시 〈春雪〉을 자신이 생
각하는 '전통지향적 자연시'에서 제외시켜 버렸다. 시집 『백록담』은
전부 5부로 나뉘어져 있는데, 鄭芝溶 자신은 전통지향적 자연시라고
생각한 것을 제1부에다 실었다. 그리고 그것은 전부 은거시 아니면 여
행시였다. 그에 비해 제3부에 낭만적인 〈소곡〉과 함께 실린 〈春雪〉은
여행시도 은거시도 아닌 영물시이다. 이 영물시를 그는 따로 낭만적
소곡으로 분류한 것이다. 실제 〈春雪〉은 순전히 주관적 서정미만 나
타내고 있지 않고 자연물의 객관미도 관조적으로 드러내고 있다. 즉
〈春雪〉역시 객관미와 주관미가 잘 조화된 전형적인 전통지향적 자연
시의 하나인 것이다. 따라서 필자는 〈春雪〉을 鄭芝溶의 의도와는 상관
없이 〈소곡〉에서 분리하여 전통지향적 자연시로 취급하기로 한다.

문 열자 선뜻 !
먼 산이 이마에 차라.

雨水節 들어
바로 초하로 아츰,

새삼스레 눈이 덮힌 뫼뿌리와
서늘옵고 빛난 이마받이 하다.

어름 금가고 바람 새로 따르거니
흰 옷고름 절로 향긔롭어라.

웅숭거리고 살아난 양이
아아 꿈 같기에 설어라.

미나리 파릇한 새순 돋고
옴짓 아니긔던 고기입이 오믈거리는,

꽃 피기전 철아닌 눈에
핫옷 벗고 도로 칩고 싶어라.

〈春雪〉

　이 시에서의 대상은 자아가 일상적으로 거주하는 공간 속에 위치하는 자연물들이다. 봄눈, 먼 산, 얼음, 바람, 미나리, 물고기 등은 자아의 집 주위에서 일상적으로 대하는 사물들이다. 그리고 그것이 자아에게는 노동의 대상이지도 않다. 자아는 이러한 일상적 거주 공간 속의 자연물을 완상하며 즐기고 있다.

　먼저 제1연에서는 어떤 '상쾌함'이 확 들어온다. 문을 열자 선뜻 먼산이 이마에 차다는 표현에는 바로 그러한 상쾌함이 엿보인다. 이때문을 가만히 조금 연 것이 아니라 힘껏 끝까지 확 열어 제친 것으로 느껴진다. 왜냐하면 '선뜻!'이란 부사어가 그것도 느낌표로 강조되어 쓰여지고 있기 때문이다. '선뜻!'이란 말 속엔 먼 산이 확연히 그 전체로 들어온다는 뜻도 포함되어 있고 찬바람이 한꺼번에 몰려 들어온다는 뜻도 포함되어 있다. 그런데 자아는 그 찬바람이 조금도 싫지가 않다. 그것은 '먼 산이 이마에 차라'라고 감탄형으로 표현한 데서 볼 수 있다. 결국 이 제1연에서 우리는 어떤 상쾌함과 아울러 '흥겨움'을 맛볼 수 있다. 그리고 그것은 자아가 지닌 강력한 생명력 때문임을 알 수 있다. 제2연에서 보듯 '우수절 들어/ 바로 초하로 아츰'이란 것을 보면 아직 꽃샘추위가 기승을 부릴 수 있는 계절이다. 그럼에도 불구하고 추위에 물러서지 않고, 겨울 내내 굳게 닫았던 문을 활짝 열어 제치고 찬바람을 맞으면서도 먼 산과 기꺼운 마음으로 이마받이 할 수 있는 데서 강력한 생명력을 볼 수 있다.

그러한 생명력은 제3연에서도 부연된다. '새삼스레' 눈에 덮인 산뿌리와 '서늘옵고 빛난' 이마받이 한다는 데서 그러한 것이 보인다. '새삼스레'라는 말은 겨울 동안의 동면을 연상시킨다. 즉 기나긴 동면의 계절 동안 생명력이 위축되어 있다가 생명력이 약동하는 계절로 넘어와 '새삼스레' 창을 열고 밖을 보게 되었다는 말이다. 그리고 '서늘옵고 빛난'이란 어구 속에서도 그러한 것이 암시되어 있다. 찬바람이 오히려 서늘옵게 느껴지고, 서늘옵게 느껴지는 것을 넘어 '빛난' 이마받이로 느껴지는 것에서 자아의 강렬한 생명력의 약동함을 볼 수 있다.

자아의 그런 상쾌한 흥겨움이 단지 자아 자신의 내면적인 생명력 때문만이 아니라 대상인 자연물에게서도 기인한다는 것이 제4연에 언급되어 있다. 그것은 얼음에 금이 가고 바람이 '새로' 따른다는 데에서 보인다. 얼음에 금이 가는 것에서 우리는 그 위로 불어오는 바람이 봄을 품은 것임을 알 수 있다. 그것은 '새로' 라는 부사어에서 확인 가능하다. 겨울 동안 늘상 불던 혹독하고 지겨운 찬바람이 아니라, 새롭게 느껴지는 그런 바람이다. 이렇게 계절 자체가 봄으로 성큼 다가옴에 따라, 계절이 지닌 생명력에 따라, 즉 자연이 지닌 생명력에 따라 자아도 생명력이 충일해져 흥겹게 되는 것이다. '흰 옷고름이 절로 향긔롭어라'에서 그러한 흥겨움이 암시되어 있다. 흰 옷고름이 절로 향기롭다는 말에는 그런 옷고름을 풀어 헤치고 옷을 벗어버릴 만한 여유와 기세가 내포되어 있어 보인다.

그러한 흥겨움과 생명력의 충일은 제5연에 이르면 역설적으로 강화된다. 집 주위 사물들이 겨울 동안의 동면에서 깨어나 웅숭거리고 살아난 모습이 꿈같기에 서럽다는 말 속에 그런 역설이 감추어져 있다. 너무도 즐겁고 흥겹기에 서럽다는 역설이 가능한 것이다.

이러한 자연의 생명력의 왕성함은 제6연에 오면 보다 구체적인 심상으로 제시된다. 파릇하게 새순 돋는 미나리와 옴짓 아니 기던 고기가 입을 움직여 오물거리는 모습에서 우리는 생명력의 약동과 확산을 엿볼 수 있다.

그리고 이러한 자연의 생명력은 자아의 생명력과 하나로 일치되어 서로 확산적인 교감을 보이고 있다. 제7연에서 그것은 역설을 동반한 극적인 표현에 의해 보인다. 꽃 피기 전 철 아닌 눈에, 즉 꽃샘바람이 몰고 온 눈에 핫옷, 즉 솜옷을 벗고 도로 칩고 싶어라고 말하는 데서 그런 역설이 보인다. 그것은 꽃샘추위에서는 장롱에다 집어넣었던 솜옷조차도 꺼내어 입는데, 여기서는 그것을 벗어버리고 도로 춥고 싶다고 하였다. 그것은 꽃샘추위가 추위로 느껴지지 않을 만큼 자아가 생명력에 충일해 있다는 말이다. 그리고 옷을 벗어버리고 도로 춥고 싶다는 말에는 꽃샘추위에도 아랑곳 않고 파릇파릇 새순 돋는 미나리와 입을 열어 오물거리는 물고기와 하나로 되고 싶다는, 즉 자연과 하나로 되고 싶다는 소망과 의지가 담겨 있다.

이처럼 鄭芝溶의 영물시인 〈春雪〉에는 일상적 거주 공간의 자연물이 대상으로 되어 있는데, 그 대상은 어떤 흥겹고 상쾌한 분위기에 젖어 있고 자아 역시 흥겹고 상쾌한 자아로 되어 있다. 그리고 대상과 자아 양자가 다 그런 흥겨움에 사로잡힐 수 있는 이유는 각기 생명력이 충일한 상태에 있고, 서로가 그런 상태에서 교감을 하고 있기 때문이다. 그리고 그런 상태에서 자아는 자아 자신과 대상인 자연물의 생명력을 즐기고 있다. 이 생명력의 상호 확산적 교감은 鄭芝溶의 영물시에 구현된 형이상의 구체적 모습이고, 문인화정신의 구체적 내용이다.

한편, 鄭芝溶의 영물시에는 난, 매화 등 선비들이 자주 사용하는 특정의 식물이나 동물들 또는 怪石이나 문방제구 등이 대상으로 나오지 않는 것이 특징이다. 예컨대, 〈난초〉라는 시도 있으나, 앞에서도 이야기했듯이, 그 시는 1932년 작품으로 이른바 동양정신이 들어있지 않은 것이다. 단지 난에 대한 감각적 묘사만 있는 사물시에 지나지 않는 것이다.[265) 사물시란, 랜섬이 말한 바대로, 어떤 관념, 즉 정신이 배제되어버린 시이다. 그것은 사물을 관념화한 것도 아니고, 반대로 관념을 사물화한 것도 아니다. 그것은 사물 자체를 아무런 선입견 없이 객관적으로 형상화한 것이다.[266) 이런 의미에서 사물시는 주관의 정서마저 사물화 시킨다. 난초에 대한 鄭芝溶의 정서가 직접 표현되어 있지 않고 사물에 대한 묘사로 치환되어 버렸다. 거기에는 주관적 정서가 개입되어 있지 않은 것처럼 보이는 것이다.

그런데 李秉岐가 쓴 영물시에는 그런 사물시가 없다. 李秉岐의 영물시 중 대표적인 것은 '난'에 대해서 쓴 것인데, 이 난에 대해서 쓴 시는 단순히 객관적인 미만 묘사되어 있는 것이 아니라, 주관적인 미, 곧 시인의 정서도 포함되어 있다. 즉 난에 대한 李秉岐의 시는 주관적인 미와 객관적인 미가 대등한 입장에서 만나고 있는 것이다. 李秉岐의 영물시에 있어서 미의 실현은 이처럼 객관적인 미와 주관적인 미가 일치되는 데서 이루어지는 것이다. 이것은 李秉岐의 시조 중 순전히 사생 위주로 된 작품에서도 보인다. 대상의 객관적인 묘사 속에 이미 주관적 정서가 녹아 있음을 볼 수 있다. 앞 장에서도 말했듯이 전통적인 동양의 자연시에는 情과 景이 분리되지 않는다. 순전히 景만 다룬 것 같은 시에서도 情이 우러나는 것이다. 그런데 鄭芝溶의 〈난초〉에는 그러한 情景의 교융이 보이지 않는다. 그리고 주관적인 미도 검출되지 않는다. 순전히 객관적인 미만 묘사되어 있을 따름이다.[267) 여기에는

265) 이숭원, 앞의 논문, p.66.
266) 문덕수, 『한국모더니즘시연구』, 시문학사, 1981, p.116.

어떤 동양정신이 검출되지 않는다. 동양의 예술사상에서는, 특히 영물시와 같이 格物致知를 근간으로 하는 시에서는 미의 객관성과 주관성이 하나로 일치되는 것을 전제로 한다. 따라서 지용의 〈난초〉는 전통적인 영물시, 즉 동양적인 자연시로 볼 수 없다. 그것은 객관성의 미만 반영하는 新古典主義적인 미학사상에 뿌리를 둔 모더니즘적인 작품일 뿐이다. 따라서 여기서는 그것을 분석 대상으로 삼지 않았다.

(2) 여행에서 오는 우수와 흥겨움

여기서는 鄭芝溶의 자연시 중 비일상적 여행 공간의 자연물을 다룬 여행적 산수시에 나타난 미의식을 살펴본다. 鄭芝溶의 자연시 중 여행 공간의 자연물을 대상으로 한 여행적 산수시는 〈삽사리〉, 〈溫井〉, 〈비로봉 2〉, 〈진달래〉, 〈백록담〉, 〈붉은 손〉, 〈꽃과 벗〉 등 모두 7편 정도 된다. 실제 소재나 대상 면에서 볼 때 鄭芝溶의 여행적 산수시는 그의 본령이다시피 한 은거적 산수시와 별로 차이가 없다. 그런데 굳이 그렇게 구별하고 구별할 수 있었던 근거는 자아의 존재 방식에 있다. 여행적 산수시에서 자아는 여행가(遊人)으로 나오고, 은거적 산수시에서 자아는 隱者로 나온다. 그리고 자아와 대상이 처한 분위기와 정서에 있어서도 양자 사이에는 상당한 차이가 노정되고 있다. 그러면 鄭芝溶의 여행적 산수시에서 자아의 정서와 대상의 분위기, 그리고 자아와 대상 사이의 교감 방식에 대해 집중적으로 고찰해 보자.

> 그날밤 그대의 밤을 지키든 삽사리 괴임즉도 하이 짙은 울 가시사립 굳
> 이 닫히었거니 덧문이오 미닫이오 안의 또 촉불 고요히 돌아 환히 새우었
> 거니 눈이 치로 싸힌 고삿길 인기척도 아니하였거니 무엇에 후젓든 맘
> 못뇌히길래 그리 짖었더라니 어름알로 잔돌사이 뚫로라 죄죄대든 개울 물

267) 이숭원, 「한국 현대시의 자연 표상 연구」, 서울대 대학원 박사논문, 1986, p.66.

소리 긔여 들세라 큰 봉을 돌아 둥긋이 넘쳐오든 이윽달도 선뜻 나려 설세
라 이저리 서대든 것이러냐 삽사리 그리 굴음즉도 하이 내가 그대ㄹ 새레
그대것엔들 다흘법도 하리 삽사리 짖다 이내 허울한 나릇 도사리고 그대
벗으신 곻은 신이마 위하며 자드니라.

〈삽사리〉

이 시에서 대상인 자연물은 삽사리이다. 그리고 그 삽사리는 큰 봉
우리 밑에 있는 마을의 한 인가에 살고 있다. 그러니까 자아는 여행객
으로서 그 큰 봉우리를 구경하고 내려와 마을의 주막쯤에서 여장을
풀고 잠자리에 들려고 하는 중에 있어 보인다. 그리고 그 고요한 산촌
의 밤에 삽사리가 우짖는 소리에 잠이 아니 들어 그 삽사리와 주위 자
연물을 관찰하고 있다. 이 시에서 대상과 자아를 둘러싸고 있는 분위
기는 정적함이다.[268] 산촌에서도 밤이어서 더욱 정적해 보인다. 그리
고 짙은 울 가시사립이 굳이 닫히었고 덧문, 미닫이 안의 촛불 역시
고요히 돌아 앉아 밤을 환히 세웠다는 데서 그런 정적의 분위기는 시
작이 된다. 그러한 정적함은 눈이 치로 쌓인 고샅길에 인기척도 아니
하였기에 개가 더욱 짖었다는 데서도 보인다. 이렇게 볼 때 이 시구에
는 정적함이 이중으로 겹쳐져 있다. 인기척이 없다는 것에서도 정적
함이 오고, 그 정적함 때문에 개가 그렇게 짖었다는 데서 또다른 더
큰 정적감이 온다. 개의 짖는 소리는 산골의 정적함을 더해줄 뿐이다.
그리고 그 정적함은 "어름알로 잔돌사이 뚫로라 죄죄대든 개올 물소
리"에서도 더 일층 강조된다. 왜냐하면 그 개울 물소리는 집에서 어느
정도 떨어진 큰 봉우리 밑에서부터 들려오기 때문이다. 그러다가 삽
사리도 그만 짖고는 허울한 수염을 도사려서 그대가 벗어놓은 신 이
마에 입을 마주대고 잠들었다. 이리저리 서대며 요란스레 짖던 개가

---

268) 馬光洙, 「지용의 시 〈온정〉과 〈삽사리〉에 대하여」, 『정지용연구』, 새문사,
　　 1988, p.86.

갑자기 울음을 멈추고 잠을 자게 됨에 주위는 더욱 큰 정적에 빠져들었다. 이처럼 이 시의 미는 일단 정적의 미이다. 동양적인 정적의 미인 셈이다.

그런데 이런 정적함은 때에 따라서는 孤寂感 또는 흥겨움으로 나타나기도 한다. 그리고 고적감과 흥겨움이 뒤섞여 나타나기도 한다.

> 그대 함끠 한나잘 벗어나온 그 머흔 골작이 이제 바람이 차지한다 앞
> 낡의 곱은 가지에 걸리어 파람 부는가 하니 창을 바로치놋다 밤 이윽자 화
> 로ㅅ불 아쉽어지고 촉불도 치위타는양 눈섭 아사리느니 나의 눈동자 한밤
> 에 푸르러 누은 나를 지키는다. 푼푼한 그대 말씨 나를 이내 잠들이고 옮기
> 셨는다 조찰한 벼개로 그대 예시니, 내사 나의 슬기와 외롬을 새로 고를 밖
> 에! 땅을 쪼기고 솟아 고히는 태고로 한양 더운 물 어둠 속에 홀로 지적거
> 리고 성긴 눈이 별도 없는 거리에 날리여라.
>
> 〈溫井〉.

이 시의 공간 역시 깊은 산 근처의 어느 마을이다. 그리고 자아는 나그네로 나타나 있다. '그대 함끠 한나잘 벗어나온 그 머흔 골작이'라는 어구에서 그것을 알 수 있다. 그런데 이 시의 공간은 상당히 쓸쓸하게 시작된다.[269] 밤이 되자 그 험한 골짜기를 이제 바람이 차지한다는 데서 그 쓸쓸함을 볼 수 있다. 그 쓸쓸함은 이제 그 바람이, 자아가 묵고 있는 산촌의 어느 집의 앞 나무 곱은 가지에 걸리어 불기도 하고, 창을 바로 내리친다는 데서도 보인다. 그러다가 그 쓸쓸함은, 밤이윽자 화롯불이 아쉽어지고 촛불도 추워하는 양 아사린다는 표현에 이르면 더욱 고조된다. 이런 쓸쓸함은 계속 더 강화되는데, 자아의 눈동자가 한밤에 '푸르러' 잠 못 들고 누워있는 자아 자신을 지킨다는 구절에 오면 극대화되어 나타난다. 잠이 아니 와 말똥말똥 굴리는 눈이 '푸른' 빛을 낸다는 말은 그 쓸쓸함이 어떤 무서움마저 동반하고 있음

---

269) 마광수, 위의 논문, p.82.

을 의미한다. 그런 쓸쓸함과 약간의 무서움 가운데서도 그런 정서와 분위기를 다소 녹여주던 것이 그대의 '푼푼한' 말씨였다. 그렇게 고맙던 그대가 조찰한 베개를 밴 채 홀로 꿈의 나라로 가버리니, 자아는 이제 어쩔 수 없이 홀로 자신의 '슬기와 외롬'을 다시 '새로 고를' 수밖에 없다. 쓸쓸함과 약간의 무서움 가운데 이 생각 저 생각에 빠져들어 잠 못 들고 자신의 고독을 새로 '고른다'는 말 속엔 어떤 고통스러움마저 느껴진다. 자아의 이러한 고적감은 주위 대상의 자연물과도 대응이 되어 있다. 곧 밤바람이 몰아치는 텅 빈 골짜기와 자아가 묵고 있는 여관이 있는 마을의 고적감이 그에 대응되어 있다. 그런데 자아의 이런 고적감을 더욱 극적으로 강화시키는 것은 바로 온천물이다. 땅을 쪼기고 솟아 고이는, 태고로부터 있어온 온천물이 어둠 속에 '홀로 지적거린다'는 표현에서 그러함이 있다. 온천은 태고로부터 있어왔는데, 그 따뜻한 온천물이 홀로 지적거려 왔다는 데서 우리는 엄청난 고적함을 볼 수 있다. 어쩌면 鄭芝溶에게서 고적감이란 우주가 생길 때부터 있어온 원초적인 것인지도 모른다. 그리고 우주의 그런 근원적인 고적감은 인간의 것일 수도 있다.[270] 여기서 여행가로서의 자아는 인간과 우주의 근원적인 우수와 고독감을 맛보게 된다. 자아도 대상도 다 같이 어떤 고적감에 빠져 하나로 만나고 있다. 자아도 온천인 대상도 성긴 눈발이 휘날리는 별도 없는 거리에 놓여 있기 때문이다. 이때 '성긴 눈'은 그런 고적함을 더해주는 사물이고, 그런 눈에 가려진 별은 그런 고적감을 다소 견뎌낼 수 있게 하는 존재이다. 그런데 그 별이 눈에 가려져 있으니, 이때 그 고적감은 어쩔 수 없다. 이처럼 鄭芝溶의 여행적 산수시인 〈溫井〉은 대상이 고적한 분위기에 싸여 있고 자아도 쓸쓸함과 번민으로 가득 찬 '시름겨운 자아'임을 알 수 있다. 이는 이 시가 여행객의 우수를 동반하고 있기 때문이다.

---

270) 마광수는 그것을 生來的 고독감이라 했다. 마광수, 위의 논문, p.87.

엇깨가 둥글고
머리ㅅ단이 칠칠히,
山에서 자라거니
이마가 알빛 같이 희다.

검은 버선에 흰 볼을 받아 신고
山과일 처럼 얼어 붉은 손,
길 눈을 헤쳐
돌틈에 트인 물을 따내다.

한줄기 푸른 연긔 올라
집웅도 해ㅅ살에 붉어 다사롭고,
처녀는 눈 속에서 다시
碧梧桐 중허리 파릇한 냄새가 난다.

수집어 돌아앉고, 철아닌 나그내 되어,
서려오르는 김에 낯을 비추우며
돌틈에 이상하기 하눌 같은 샘물을 기웃거리다.

〈붉은 손〉

　이 시의 자아는 산 속에 들어와 여행하는 나그네이다. 그 나그네는
산 속의 어떤 집에 들러 산처녀를 만났다. 그리고 그 산처녀를 대상으
로 삼고 있다. 이때 산처녀는 자연물의 하나로 취급되고 있다. 따라서
이 시도 여행적 산수시라 볼 수 있다. 이 산처녀는 어깨가 둥글고 머
릿단이 칠칠한 것이 매우 건강하고 생명력이 넘쳐 보인다. 그것은 산
에서 자라서 그런지 이마가 알 빛처럼 흰 데서 볼 수 있다. 보통 산골
에서 자라면 얼굴이 검을 수밖에 없는데, 이 산처녀가 얼굴이 알 빛처
럼 희다고 보는 데서 자아는 거의 이 산처녀에게 매료되어 있다고 볼
수 있다. 그것은 그 산처녀가 지닌 어떤 원시적인 생명력 때문이다.
　이런 생명력은 제3연에 오면 더욱 부연 강조된다. 한 줄기 푸른 연

기가 오른다는 것은 산골에서 살아가는 사람들의 강인한 생명력을 표상한다. 그런 강인함은 지붕도 햇살에 붉어 다사롭다는 표현에 의해 암시되고 있다. 햇살과 다사로움은 바로 생명에 있어서 필수조건이기 때문이다. 그런 집에서 사는 산처녀는 눈 속에서도 '다시' 벽오동 중허리 파릇한 냄새를 풍긴다. 눈 속에서는 벽오동이 냄새를 풍길 수 없다. 왜냐하면 잎이 다 졌기 때문이다. 그런 한겨울 눈 속에서도 산처녀는 여름 내내 자신이 산에서 받아서 배어왔던 벽오동 파릇한 냄새를 풍기고 있다. 즉 산의 기운을 풍기고 있다. 이때 산처녀만 그런 생명력을 풍기고 있는 것이 아니라, 그 처녀로 인해 눈 덮인 겨울 산마저 그런 생명력을 풍기고 있는 셈이다. 이처럼 이 시에서는 산처녀와 산처녀를 둘러싼 겨울 산 전체가 생명력으로 가득 차 있는 것이다.

따라서 이 시는 전체적으로 어떤 흥겨움이 내포되어 있다. 자아도 대상도 마찬가지다. 자아와 대상은 생명력이 충일한 상태에서 상호 확산적 교감을 보이고 있다. 마지막 행에서 그러한 물아일체를 볼 수 있다.

그런데 鄭芝溶의 여행적 산수시에서 많이 보이는 것은 쓸쓸함만 있는 것도 아니요, 흥겨움만이 있는 것도 아니요, 그 둘이 적절히 섞여 있는 것이다. 대표적으로 〈비로봉 2〉, 〈白鹿潭〉이 그러하다.

1

絶頂에 가까울수록 뻑국채 꽃키가 점점 消耗된다. 한마루 오르면 허리가 슬어지고 다시 한마루 우에서 목아지가 없고 나중에는 얼골만 갸옷 내다본다. 花紋처럼 版박힌다. 바람이 차기가 咸鏡道끝과 맞서는 데서 뻑국채 키는 아조 없어지고도 八月 한철엔 흩어진 星辰처럼 爛漫하다. 山그림자 어둑어둑하면 그러지 않아도 뻑국채 꽃밭에서 별들이 켜든다. 제자리에서 별이 옮긴다. 나는 여긔서 기진했다.

2

巖古蘭, 丸藥같이 어여쁜 열매로 목을 축이고 살어 일어섰다.

3

白樺 옆에서 白樺가 촉루가 되기까지 산다. 내가 죽어 白樺처럼 흴 것이 숭없지 않다.

4

鬼神도 쓸쓸하여 살지 않는 한모롱이, 도체비꽃이 낮에도 혼자 무서워 파랗게 질린다.

5

바야흐로 海拔六千척 우에서 마소가 사람을 대수롭게 아니녀기고 산다. 말이 말끼리 소가 소끼리, 망아지가 어미소를 송아지가 어미말을 따르다가 이내 헤여진다.

6

첫새끼를 낳노라고 암소가 몹시 혼이 났다. 얼결에 山길 百里를 돌아 西 歸浦로 달어났다. 물도 마르기 전에 어미를 여힌 송아지는 움매-움매-울 었다. 말을 보고도 줒山客을 보고도 마고 매여달렸다. 우리 새끼들도 毛色 이 다른 어미한틱 맡길것을 나는 울었다.

7

風蘭이 풍기는 香氣, 꾀꼬리 서로 부르는 소리, 濟州회파람새 회파람 부 는 소리, 돌에 물이 따로 굴으는 소리, 먼 데서 바다가 구길때 쏴-쏴-솔 소리, 물푸레 동백 떡갈나무속에서 나는 길을 잘못 들었다가 다시 측년출 긔여간 흰돌바기 고부랑길로 나섰다. 문득 마조친 아롱점말이 避하지 않는다.

8

고비 고사리 더덕순 도라지꽃 취 삭갓나물 대풀 石茸 별과 같은 방울을 달은 高山植物을 색이며 醉하며 자며 한다. 白鹿潭 조찰한 물을 그리여 山

脈 우에서 짓는 行列이 구름보다 莊嚴하다. 소나기 눗낫 맞으며 무지개에 말리우며 궁둥이에 꽃물 익여 붙인채로 살이 붓는다.

9

가재도 긔지 않는 白鹿潭 푸른 물에 하눌이 돈다. 不具에 가깝도록 고단한 나의 다리를 돌아 소가 갔다. 좇겨온 실구름 一抹에도 白鹿潭은 흐리운다. 나의 얼골에 한나잘 포긴 白鹿潭은 쓸쓸하다. 나는 깨다 졸다 祈禱조차 잊었더니라.

〈白鹿潭〉

이 시는 鄭芝溶이 한라산을 오르고 난 뒤에 쓴 기행시이다. 실제 鄭芝溶은 1938년에 친구 김영랑, 김현구와 함께 다도해를 거쳐 제주도에 다녀온 적이 있다. 그때 쓴 기행문이 「多島海記」로 조선일보에 연재되었다. 이때 맨 마지막에 연재된 「歸去來」에 보면, "해발 1950米突이요 里數로는 60리가 넘는 산꼭두에 千古의 신비를 감추고 있는 백록담 푸르고 맑은 물을 곱비도 없이 유유자적하는 牧牛들과 함께 마시며 한나절 놀았읍니다"[271]라는 구절이 있는데, 이로 보아 그의 〈白鹿潭〉이란 시는 그의 실제 여행 체험과 관련이 깊다. 따라서 그의 이 여행시를 이해하기 위해서 이 무렵에 쓰여진 그의 기행문인 「다도해기」를 자세히 살펴볼 필요가 있다. 김용직 교수의 지적[272]대로 이 기행문은 모두 다음과 같이 한문으로 된 제목을 갖고 있다. 「離家樂」, 「海峽病」, 「一片樂土」, 「歸去來」, 「失籍鳥」등이 그러하다. 이런 제목은 바로 동양적이면서도 전통적인 미의식과 관련된다. 이는 『카톨릭청년』에 연재한 「소묘」와는 전혀 다른 수필이다. 수필 「소묘」는 다분히 모던하고 서구적인 취향으로 이루어져 있다.[273]

---

271) 정지용, 「歸去來」, 『정지용전집 2』, 민음사, 1988, p.125.
272) 김용직, 「정지용론」, 『한국 현대시 해석·비판』, 시와시학사, 1993, p.69.
273) 김용직, 위의 글, 같은 면.

그런데 이런 기행문을 통해 볼 수 있는 그의 전통의식 또는 동양적인 미적 감수성은 같은 해 여름에 동아일보에다 연재한 「旅窓短信」이란 기행문에서도 잘 나타난다. 그때의 제목에서도 우리는 정지용이 얼마나 전통적이면서도 동양적인 미적 감수성에 집착하고 있는가를 알 수 있다. 「꾀꼬리」, 「동백나무」, 「때까치」, 「棣花」, 「烏竹·孟宗竹」, 「石榴·甘柿·柚子」등이 그 제목들이다. 다음에 인용한 글은 그 중의 하나이다.

> 여리고 숫스럽게 살찐 죽순을 이른 아침에 뚝뚝 꺾는 자미란 견주어 말하기 혹은 부끄러운 일일지 모르나 손아귀에 어쩐지 쾌적한 맛을 모른 체할 수 없다는 것은 시인 永郎의 말입니다. 그러나 하도 많이 돋아 오르는 것이므로 실상 아무런 생채기가 아니 나는 것이랍니다. 울 뒤 오륙백평이 모두 대수풀로 둘리우고 비소리 바람소리를 보내는 댓잎새는 四時로 푸르른데 겨울에는 눈을 쓰고도 진득히 검푸르다는 것입니다. 참대 왕대. 검고 윤이 나는 烏竹. 동이 흐벅지게 굵은 孟宗竹. 하늘하늘 허리가 끊어질 듯하나 그대로 견디어 天成으로 東洋畵趣를 갖춘 시느대.[274]

여리고 숫스럽게 살찐 죽순을 이른 아침에 꺾는 재미는 곧 손아귀에 전해져오는 쾌적한 맛이란 영랑의 말은 실상 지용 자신의 견해이기도 하다. 죽순을 꺾는 재미, 그 상쾌함이란 대나무가 지닌 생명력의 즐김이다. 그것은 그런 죽순을 생산해내는 댓잎새가 사시로 푸를 뿐만아니라 겨울에는 눈을 쓰고도 진득히 검푸르다는 데서도 나타난다. 즉 대나무의 생명력을 즐김이다. 이때 대나무의 생명력을 즐기는 행위가 예술로 나타난 것이 바로 東洋畵이다. 이때의 동양화는 문인화인데, 문인화에서의 추상성은 곧 대나 소나무, 난 등이 지닌 생명적 본질인 셈이다. 이로 보아 정지용은 동양적 생명사상에 근거를 둔 미학사

---

274) 정지용, 「南遊 第五信, 烏竹.孟宗竹」, 『정지용전집 2』, 민음사, 1988, p.111.

상을 지니고 여행을 했음을 알 수 있다. 이렇게 旅行記에 나타난 생명사상에 근거를 둔 미학사상이 바로 그런 여행기와 더불어 나온 시 〈白鹿潭〉에도 그대로 투영되어 있는 것이다.

그러면 시 〈白鹿潭〉에 나타난 생명 또는 생명력의 존재 방식과 그것에 근거를 둔 자아와 대상간의 교류 방식은 어떠한가?

제1연에서는 생명력의 소진과 회복이 동시적으로 나타난다.[275] 서정적 자아는 백록담을 향해 한라산을 오르고 있는데, 정상에 가까울수록 뻑국채의 키가 점점 소모된다. 한 마루 오르면 뻑국채의 허리가 쓰러지고 다시 한 마루 오르면 모가지가 없어지고 나중에는 얼굴만 갸웃이 내다본다. 그리고 결국에는 뻑국채가 산의 표면에 화문처럼 판박힌 것으로 된다. 이렇게 서정적 자아가 높이 올라감에 따라 뻑국채의 생명력은 약해진다. 동시에 자아의 생명력도 소진된다. 그것은 맨 마지막 문장 '나는 여긔서 기진했다'에서 확인될 수 있다. 즉 자아가 높이 올라갈수록 자아도 뻑국채도 생명력은 위축된다. 그러다가 갑자기 뻑국채는 생명력을 회복한다. 바람이 차기가 함경도 끝과 맞서는 데서 뻑국채 키는 아주 없어지지만 8월 한철엔 흩어진 별처럼 난만하다. 지금 자아는 그런 난만한 뻑국채 꽃밭에 와 있다. 송효섭 교수의 지적[276]대로, 여기서의 생명력은 육체적인 것만은 아니다. 즉 정신적인 면에서도 고려되고 있다. 뻑국채의 생명력이 소생된다는 것은 뻑국채의 육체적인 면 뿐만아니라 정신적인 면에서도 그러하다는 것이다. '山그림자 어둑어둑하면 그러지 않아도 뻑국채 꽃밭에서 별들이 켜든다'는 시구에서 그러함이 보인다. 이때 별 이란 자연이 지닌 정신인 셈이다.[277] 제자리에서 별이 옮긴다는 것은 뻑국채의 정신적 생명력이 왕성하다는 것이다. 그런데 자아는 여기서 기진했다. 그러나 단

---

275) 宋孝燮,『〈백록담〉의 구조와 서정』,『정지용연구』, 새문사, 1988, pp.57~60.
276) 송효섭, 위의 논문, pp.54~65.
277) 송효섭, 위의 논문, p.58.

순히 생명력이 위축된 것으로 끝나지 않는다. 제2연에서 보듯 자아는 嚴古蘭 열매를 먹고 목을 축여서 '살어' 일어났다. 곧바로 자아도 생명력을 회복한 것이다.

이때 회복된 자아의 생명력은 단순히 육체적인 것만이 아니라 정신적인 면도 포함하고 있다. 그것은 제3연에서 암시되고 있다. 자작나무 옆에서 다른 자작나무가 해골이 되기까지 사는 곳에 이르렀다. 이 자작나무 숲을 보는 순간 자아는 자신이 죽어 자작나무처럼 희게 될 것을 흉스럽게 생각하지 않는다. 자아는 죽음으로써 자연과 하나가 되기를 거부하지 않는다. 오히려 자아는 죽음으로써 자연의 영원성에 참여하고자 한다. 자아는 자작나무가 지닌 죽음의 빛깔조차 닮고자 한다.[278] 이는 자아가 자신의 근원이라고 보는 자연의 심층에 들어가고자 하는 의지의 표명이다. 그런데 이런 의지는 정신적인 것이다. 이렇듯 제3연에서 보는 자아와 자연의 일체화는 정신적인 데서 이루어진다. 그리고 그것은 자아의 죽음으로써 가능한데, 죽음이란 생명의 또다른 모습인 것이다. 죽어서 자작나무와 같이 된다는 것은, 즉 자연과 하나가 된다는 것은, 역설적으로 자연과 생명적으로 하나가 된다는 표현이다. 이렇게 생명력이 회복되는 데서 우리는 약간의 흥겨움을 느낄 수 있다. 이럴 때 대상도 자아도 조그마한 흥겨움에 들 수 있는 것이다.

그런데 이런 흥겨움은 곧바로 고적함으로 전이된다. 제4연에서 보듯 자아가 다시 계속해서 더 올라가면 귀신도 쓸쓸하여 살지 않는 한 모퉁이에 다다르게 된다. 그곳에서는 도깨비꽃이 낮에도 혼자 무서워 파랗게 질리고 있다. 물론 자아도 파랗게 질린다. 자아와 자연 모두가 생명력이 극도로 위축되어 있다. 고적한 공간이다.

그러다가 또다시 자아가 산을 계속해서 오르면 또 다른 국면에 접

---

278) 송효섭, 위의 논문, p.61.

어든다. 바야흐로 해발 육천 척 위에서 牧牛가 사람을 대수롭지 않게 여기고 있다. 말이 말끼리 소가 소끼리, 망아지가 어미소를 송아지가 어미말을 따르다가 이내 흩어진다. 여기서는 어떤 평화로움을 본다. 마소와 사람이 구별되지 않고, 소와 말이 구별되지 않는다. 자연 내의 사물들끼리 일체가 되고, 자연과 사람도 일체가 된다.[279] 일체가 된다는 것은 생명적으로는 교류가 일어난다는 것이다. 그런데 여기서의 교류는 잔잔하다. 李秉岐 시조에서 보듯, 鄭芝溶의 앞 시 〈붉은 손〉에서 보듯 강렬하지는 않다. 강렬하지 않기 때문에 여유 있고 한가롭다.

그러다가 제6연에 오면 사물들은 다시 생명력을 강하게 떨친다. 첫 새끼를 낳던 암소가 몹시 혼이 나서 얼떨결에 산길 백리를 돌아 서귀 포로 달아났다. 그러자 물도 마르기 전에 어미를 여읜 송아지는 음매 -음매- 울었다. 말을 보고도 등산객을 보고도 마구 매어 달렸다. 이 는 송아지가 지닌 강력한 생명력을 드러낸다. 그런데 여기서도 자아 는 또 한번 자연과의 일체감을 강렬한 반어로 들어내었다. 우리 새끼 들도 毛色이 다른 어미한테 맡기고 싶어 자아는 울 정도였다. 이는 일 종의 흥겨움이 자아내는 눈물이다. 송아지와 자아가 생명력이 충일한 상태에서 하나가 된 기쁨인 것이다.

이런 생명력의 충일과 확산은 제7연과 8연에서도 부연 반복된다. 풍란이 풍기는 향기, 꾀꼬리 서로 부르는 소리, 제주도 휘파람새가 휘 파람 부는 소리, 돌에 물이 따로 구르는 소리, 먼 데서 바다가 구길 때 나는 솨-솨-솔소리 등은 자연이 내는 생명력의 표현이다. 이때 고 부랑길에서 마주친 아롱점말이 피하지 않을 정도로 자아와 자연은 서 로 교감되어 있다. 그리고 여기서 생명력이 정신적인 것과 관련되어 있음이 나타난다. 그것은 '돌에 물이 따로 굴으는 소리'에서 보인다. 어떤 정신적 정결성이 빚어내는 미적 감각이다. 그리고 그 미적 감각

---

279) 송효섭, 위의 논문, p.61.

이 동양적 인문주의에 연결된다는 것이 '먼데서 바다가 구길 때 나는 솨-솨-솔소리'에서 확인된다. 바다의 파도소리가 솔 소리로 들린다는 것은 바로 동양적인 미적 감각이다.

그것은 그의 초기시의 하나인 〈甲板 우〉에서 보는 것과는 전혀 다른 미적 감각이다.

> 나지익한 하늘은 白金 빛으로 빛나고
> 물결은 유리판처럼 부서지며 끓어오른다.
> (이하 생략)

'물결이 유리판처럼 부서지며 끓어오른다'에서는 어떤 동양적인 신비한 생명력이 안 보인다. 〈甲板 우〉에서 보이는 바다는 자아와 고요히 일체가 되는 그런 자연이 아니다. 자아는 자아대로 자연은 자연대로 분리되어 있다. 즉 자연과 자아는 동양적인 의미에서의 생명적 교감을 보이고 있지 않다. 그에 비해 앞의 〈白鹿潭〉의 시는 어떤 정신적인 생명력에 의거한 교감마저 보인다. 그것은 바로 파도소리를 솔 소리로 인식하는 데서 보인다.

마지막으로 제9연에서도 자연과 자아는 그런 생명적인 교감에 의한 물아일체를 보여준다. 가재도 기지 않는 백록담 푸른 물에 하늘이 돈다는 말은 아주 정적한 상태에서 자연이 최고조로 순수한 생명적 조건에 몰입되어 있다는 말이다. 유가들에 따르면 정신성은 만물에게 다 있는 것이다. 이때 자연은 정신적인 면에서 아주 고조된 생명력의 순수 상태 속에 있는 것이다. 그런 순수한 생명력은 '쫓겨온 실구름 一抹에도 백록담은 흐리운다'에서 보인다. 그리고 그러한 정신적인 면에서의 생명의 순수성은 자아에게도 동시에 존재한다. '나의 얼굴에 한나잘 포긴 백록담' 이란 말 속에 그것이 드러난다. 백록담의 생명적 순수성이 자아에게로 전이된 셈이다. 그런데, 아주 순수한 상태에서 자연과 자아의 생명적 교감이 일어나는데 자아는 '쓸쓸하다'고 자신의

못하였다. 즉 은거도 아니 하고 전원생활도 아니 했다. 전원생활을 아니 했던 만큼 전원시가 아니 나온 것은 당연하나 은거생활을 아니 하고서도 은거시를 쓴 것은 특이하다. 이 특이성이 앞으로 밝혀질 鄭芝溶 은거시가 지닌 미학적 본질과 관련된다. 그러면 鄭芝溶의 은거적 산수시를 대상의 분위기, 자아의 정서 그리고 대상과 자아 사이의 생명력의 측면에서 구체적으로 살펴 보자.

骨작에는 흔히
流星이 묻힌다.

黃昏에
누뤼가 소란히 싸히기도 하고,

꽃도
귀향 사는 곳,

절터ㅅ드랬는데
바람도 모히지 않고

山그림자 설핏하면
사슴이 일어나 등을 넘어간다.

〈九城洞〉

여기서 나오는 九城洞은 금강산에 있는 한 장소이다. 鄭芝溶은 금강산에 두 번을 다녀와서[283] 그때 얻은 인상과 느낌으로 시를 많이 남겼다. 이 시의 공간인 구성동은 시적 자아에게 있어서는 은거 공간인 셈이다. 서정적 자아는 꽃처럼 귀향(귀양) 살고 있다. 그리고 이때 '사슴'이 은자의 변형된 모습으로 나타난다.

---

283) 정지용, 「愁誰語 II-2」, 『정지용전집 2』, p.41.

그런데 이 〈九城洞〉의 공간은, 이숭원 교수의 지적[284]대로, 정적한 분위기를 풍긴다. 제1연에서 보듯, 유성이 흔히 묻히는 골짜기란 深山 幽谷을 뜻한다. 그러나 실제로 유성이 묻히는지는 모른다. 단지 시인은 그곳이 세상으로부터 멀리 떨어져 있는 곳이란 것을 나타내기 위해 유성이 흔히 떨어지는 곳으로 상상적으로 표현했을 가능성이 크다. 세상으로부터 너무도 멀리 떨어져 신비감마저 느껴진다. 제2연에 오면 그런 신비할 정도로 정적한 공간이 더 한층 강조되어 나타난다. 황혼에 누뤼(우박)가 소란히 쌓이기도 한다는 것이 그러하다. 실제로 황혼에 누뤼가 소란히 쌓이는지는 모르지만, 이것도 가상의 세계로 보인다. 그런데 우박이 소란스럽게 쌓이는 것은 순식간이다. 순간의 소란함은 그 전과 그 후의 더 큰 정직함을 강화시킨다. 그러나가 제3연에 오면 그런 정적감은 단순한 고요함이 아니라 쓸쓸함, 고적함으로 전이된다. 꽃도 귀양 사는 곳은 얼마나 쓸쓸한가. 여기서 정적감이 더 한층 강조된다. 지금까지 살펴 본 바대로 제1연에서 제3연까지 정적감은 계속 점층적으로 커져 오고 있다. 그리고 제4연에 오면 자아의 존재 조건도 얼핏 드러난다. '절터ㅅ드랬는데'란 말 속엔 옛날엔 그곳이 절터였으나 지금은 절이 없다는 뜻이 된다. 그리고 자아가 안심하고 머물 곳도 없다는 뜻이 함축되어 있다. 사람이 살지 않게 된 곳, 옛날엔 절이라도 있었으나 지금은 그것도 없어졌으니 더욱 정적하다. 원래 절이란 매우 정적한 분위기를 풍기는 곳이다. 그런데 그 절도 없어졌다는 데서 더 큰 정적감이 느껴진다. 그리고 이때의 절터는 바람도 모이지 않는다는 데서 어떤 절대적인 정적의 상태로 들어선다. 이런 정적한 분위기 속에서 고독한 은자의 변형인 사슴이 山그림자 설핏하면 일어나 등을 넘어간다. 외로운 사슴이 그 절터에 머물지 않고 일어나 등을 넘어간다는 데서 우리는 어떤 쓸쓸함을 본다. 사슴의 뒷모습

---

284) 이숭원, 「백록담에 담긴 지용의 미학」, 『정지용연구』, 새문사, 1988, p.140.

은 설핏해지는 산 그림자와 함께 은자의 고적감을 상징하기 때문이다. 이와 같이 이 시의 분위기는 정적감인 것을 보았다. 그리고 그 정적감이 고적감으로 느껴지는 것도 보았다. 그리고 이때 대상인 자연만이 그런 정적함에 빠진 것이 아니라 자아(사슴)도 같이 그러한 정서를 보이고 있음을 알 수 있다. 정적한 분위기 속에서 대상과 자아가 일치되고 있는 것이다. 그러한 일치 체험은 금강산을 다녀온 인상 체험을 기록한 다음 산문에서도 확인된다.

> 한 더위에 집을 떠나온 것이 山우에는 이미 가을기운이 몸에 스미는듯하더라. 순일을 두고 산으로 골로 돌아다닐제 어든 것이 심히 만헛스니 나는 나의 해골을 조찰이 골라 다시 진히게 되엇던 것이다. 서령 흰돌우 흐르는 물기ㅅ에서 꼿가티 스러진다 하기로소니 슬프기는 새레 자칫 아프지도 안흘만하게 나는 산과 화합하엿던 것이매 무슨 괴조조하게 시니 시조니 신음에 가까운 소리를 햇슬리 잇섯스랴. 급기야 다시 돌아와 이 塵挨투성이에서 겨우 개무덤따위 가튼 山들을 날마다 바로 보지 아니치 못하게 되고 보니 금강은 마침내 병이낭하게 나의 골수에 비치어 살어질 수 업섯다. 금강이 시가 되엇다면 이리하여 된 것이엇다.[285]

이처럼 금강산에서 얻은 산과의 일치 체험이 그로 하여금 전통지향적 자연시를 쓰게 한 것이다. 그런데 이때 자아는 여행객이 아닌 은자로 나타났다는 점에서 그의 시가 특이함을 지니게 된 것이다. 실제로는 은자가 아니었으나, 금강산이 너무 좋아 그곳에서 은거하고 싶어 은거하는 자아의 모습을 가상적으로 설정하여 본 것이다. 그런데 이 시에서의 은자는 결코 행복하거나 흥겨운 은자가 아니다. 일상적 삶을 포기하고 유성도 흔히 묻히는 그런 골짜기에 묻힌 것이다. 여기에는 어떤 체념이 보인다. 꽃도 귀양 사는 곳에서 살기 위해서는 현실적인 욕망을 버리는 체념이 없을 수 없다. 그리고 그 체념한 자아는 산

---

285) 정지용, 위의 글, p.41.

그림자 설핏하면 일어나 등을 넘는 사슴에게서도 보인다. 이와 같이 鄭芝溶이 상상적으로 설정한 은자의 모습은 체념의 미학을 보인다.

이숭원 교수의 지적[286]대로, 이러한 체념의 미학을 간직한 은자는 〈長壽山 1〉에 오면 그 체념을 넘어서 극기의 미학도 보인다는 점에서 어떤 정신적 성숙을 드러낸다. 자아가 체념을 넘어서 극기의 미학을 보이도록 하기 위해 시인은 그런 체념과 극기를 불러일으키게끔 그럴 수밖에 없는 상황과 자아의 정신적 결의 상태를 마련하고 있다.

> 伐木丁丁 이랬거니 아람도리 큰솔이 베혀짐즉도 하이 골이 울어 멩아리 소리 쩌르렁 돌아옴즉도 하이 다람쥐도 좇지 않고 뫼ㅅ새도 울지 않어 깊은산 고요가 차라리 뼈를 저리우는데 눈과 밤이 조히보담 희고녀! 달도 보름을 기달려 흰 뜻은 한밤 이 골을 걸음이란다? 웃절 중이 여섯판에 여섯 번 지고 웃고 올라간 뒤 조찰히 늙은 사나히의 남긴 내음새를 줏는다? 시름은 바람도 일지 않는 고요에 흔들리우노니 오오 견듸랸다 차고 几然히 슬픔도 꿈도 없이 長壽山 속 겨울 한밤내 —
>
> 〈長壽山 1〉

이 시도 그 공간적 분위기가 정적함에서 시작되고 있다. 伐木丁丁이란 어구가 그러함을 표상한다. 이어서 아름드리 큰 솔이 베어진다거나 베어진 솔이 넘어지면서 내는 소리가 골을 울리고는 메아리 소리로 되어 쩌르렁 돌아옴직도 하다는 데서 그러한 정적이 보인다. 그런데 다람쥐도 좇지 않고 산새도 울지 않아 깊은 산 고요가 차라리 뼈를 저리운다는 데에 이르면, 그런 정적감은 곧바로 심각한 孤寂感으로 전이된다. 얼마나 고적하고 쓸쓸하면 눈과 밤이 종이보다 희게 보이겠는가. 흰색은 고독을 표상한다. 그런 흰색 이미지는 '달도 보름을 기달

---

286) 이숭원, 앞의 논문, pp.70~80. 황종연 역시 『백록담』에 실린 산수시의 정신 세계가 은일에 닿아 있으며, 그 은일은 체념과 극기에 있다고 말했다. 황종연, 앞의 논문, p.150.

려 흰 뜻은'에서 한층 강조되어 나타난다. 여기서는 어떤 창백함을 동반한 고적감을 보인다. 생명력이 심히 위축되어 있다. 그런 상태에서 자아는 이 밤 계곡을 걷고 있다. 걸어가면서 자아는 웃절 중이 여섯 판에 여섯 판 지고 웃고 웃절 올라간 뒤 남긴 조찰히 늙은 사나이의 냄새를 줍고 있다. 이때 웃절 중은 여섯 판에 여섯 번 지고도 웃고 올라가는 사나이다. 그는 이미 탈속한 인물이다. 시름과 번뇌를 초탈한 은자이다. 여기서의 중은 장수산 속에서 성공적으로 은거하는 인물이다. 성공한 은자라면 그런 여유가 보여야 한다. 자아는 그러한 탈속한 은자인 중을 동경하고 있다. 조찰히 늙은 사나이의 냄새를 줍는다는 말에서 그것이 암시되어 있다. 그런데 자아에게는 그 중이 탈속한 '사나이'이다. 탈속했으면서도 남성으로서의 인간적인 면모를 상실하지 않았음이 이 '사나이'란 말 속에 담겨져 있다. 자아는 이 '사나이'를 동경하는 것이다. 혈기가 돌고 있는 은자, 성공적인 은자를! 성공적인 은자는 아무리 외딴 곳에 산다할지라도 자신의 삶에 자족할 줄 아는 여유가 있다. 이에 비해 자아는 완전히 성공한 은자가 되지 못 하고 있다. 그것은 '시름은 바람도 일지 않는 고요에 심히 흔들리우노니'에서 잘 읽을 수 있다. 성공한 은자라면 산 속에서 심하게 흔들리는 시름 속에 있지 않다. 이처럼 자아는 '시름겨운' 자아이다. 그러면서도 이 시름겨운 자아는 어떤 정신적인 성숙을 보이고 있다. '오오 견듸랸다 차고 兀然히'에서 자아는 어떤 정신적인 극기를 보여주고 있다. 시름에 빠져 있지 않고 그 시름을 견디어 내어 이기겠다는 결의가 엿보인다. 그러나 시름을 완전히 극복 못했다. 단지 시름을 이기려고 애쓰고 있을 뿐이다. 이처럼 끝내 시름에서 빠져 나오지 못한 모습은 '슬픔도 꿈도 없이'라는 구절에 함축되어 있다. 결국 자아는 은거에 성공하지 못하고 있다. 그렇기에 이 시의 공간은 고적한 분위기를 풍기고, 그 속에서 자아는 '시름겨운 자아'일 수밖에 없다. 그리고 산(대상)도 자아도 둘 다 생명력이 위축된 상태에서 만나고 있다.

이러한 고적감과 시름겨움은 대상도 자아도 생명력이 위축되었을
때 주로 나타나는데, 〈비〉에서 우리는 그것을 보다 선명히 읽을 수 있다.

돌에
그늘이 차고,

따로 몰리는
소소리 바람.

앞 섰거니 하야
꼬리 치날리여 세우고,

종종 다리 깟칠한
山새 걸음거리.

여울 지여
수척한 흰 물살,

갈갈히
손가락 펴고.

멎은듯
새삼 돋는 비ㅅ낯

붉은 닢 닢
소란히 밟고 간다.

〈비〉

이 시는 깊은 산 계곡에서 비 내리는 장면을 묘사한 한 폭의 동양화
와 같은 작품이다. 그리고 이 시는 모두 2행씩으로 된 8연으로 구성되
어 있다. 1·2연, 3·4연, 5·6연, 7·8연이 4단으로 구성되어 기승전

결의 漢詩 구조와 유사하다.[287] 이로 보아 이 시는 한시 더군다나 산수시의 양식을 많이 닮아 있음을 알 수 있다. 그리고 이 작품뿐만 아니라 鄭芝溶의 많은 산수시가 이런 구성으로 되어 있다는 것은 시사적이다.[288] 그런데 소재와 형식면에서의 이러한 유사성에도 불구하고 鄭芝溶의 산수시는 전통적인 사대부들의 온유돈후한 한시와는 사뭇 다르다. 전통적이면서도 전형적인 산수시는 대체로 온유돈후한 분위기를 풍기는데, 이 시는 어떤 쓸쓸함과 심지어는 황량함을 내포하고 있다. 그만큼 鄭芝溶의 산수시의 미학은 남다른 바가 있다.

제1연과 제2연은 비가 내리기 직전의 상황묘사이다. 돌에 그늘이 진다는 말은 구름이 몰려와 날이 어둑어둑해져 계곡 전체가 스산한 분위기에 젖어들었음을 암시한다. 계곡 전체가 어두워졌다는 것을 '돌'에 그늘이 찼다라고 표현하는 제유적 기교를 보였다. 그늘이 차서 어두워진 계곡이 시원함이나 상쾌함이 아니라 스산함의 분위기에 젖어 있다는 것은 다음 제2연에서 확인이 된다. 그것은 따로 몰리는 소소리 바람 때문이다. 계곡 한 쪽으로 따로 몰려가는 급한 소소리 바람은 그런 스산함을 동반하고 있기 때문이다.

제 3·4연은 이제 막 비가 내리기 시작하는 상황의 묘사이다. 앞섰거니 하여 꼬리 치날리여 세운 새의 모습에서 우리는 상황의 급박함과 쫓김을 볼 수 있다. 새가 내리는 비를 맞으며 느긋하게 움직이는 것이 아니라 어떤 조급함에 빠져 있다. 이 조급함에서 우리는 어떤 스산함을 볼 수 있다. 그런 조급함 및 스산함은 '종종 다리 깟칠한'에서 다시 한 번 확인된다. 종종 다리는 새가 급히 뛰어가는 모습이다. 그리고 그 다리는 깟칠하다. '깟칠하다'에서 우리는 쓸쓸함과 황량함을

287) 최동호, 「지용의 〈비〉에 대한 해석」, p.69.
288) 이러한 현상은 다음 절에 언급되는 조지훈의 산수시에서도 그러하다. 따로 이 점을 연구해 볼 수도 있을 것이다. 조지훈의 시에서 그러한 점을 지적한 논문으로 김종균의 것이 있다. 김종균, 「조지훈 한시 연구-『流水集』을 중심으로-」, 『논문집』 제17집, 한국외국어대학교, 1984, p.118.

맛보고 나아가서 어떤 고적감을 느낀다. 이 종종 다리 깟칠한 산새는 자아의 변형인 셈이다. 은거하러 산 속에 들어왔으나 조금도 느긋한 평화를 누리지 못하고 어떤 쓸쓸함과 조급함에 쫓기고 있다. 은거에 성공하지 못한 자아의 모습이다. 이 자아의 변형인 산새는 쓸쓸하고 도 고독해 보인다. 그리고 그 쓸쓸함은 그 산새가 지닌 생명력이 위축 되어 있기 때문이다. '깟칠한'에서 그것이 확인된다. 이처럼 이 시에서 자아는 생명력이 위축된 상태에서 어떤 '시름겨움'을 안고 있다.

은거에 실패한 이런 자아의 정서에 대응되는 것이 제 5·6연에 보 이는 계곡의 물살이 지닌 분위기이다. '여울지어 수척한 흰 물살'에서 그것이 확인된다. 비가 왔는데도 불구하고 여울에서 흘러내리는 물은 수척하고도 흰 물살이다. 깊은 산에서는 물론 비가 많이 와도 물이 완 전히 흙탕으로 되지 않는다. 그러나 보통 산 속에 비가 오면 물이 여 울져 흐를 땐 물살이 한데 모이기 때문에 기세가 좋다. 보통의 경우 그것은 수척하게 보이지 않고 어떤 힘찬 생명력의 표상으로 보인다. 그러나 자아의 눈에 비친 이때의 개울물은 수척할 뿐만 아니라 희기 도 하다. 이것은 자아의 정서가 쓸쓸함에도 기인하지만, 계곡 전체가 그런 분위기에 젖어 있다. 鄭芝溶의 은거적 산수시에 나타난 자아와 대상은 거의 다 이렇게 고적하고 쓸쓸한 분위기에 빠져 있다. 그리고 둘 다 생명력이 위축된 상태에 있다. 그런 위축된 상태는 제6연 물살 이 갈갈히 갈라져 손가락처럼 펴져 흐른다는 말에서도 재차 보인 다.[289]

이런 위축된 생명력과 그것이 풍기는 분위기는 비 온 뒤에도 보인

289) 〈비〉에서의 이 수척한 흰 물살에 대해서는 최동호가 매우 날카로운 통찰 을 보이고 있다. 그는 이 구절에서 소위 은일의 정신을 읽어내고 있다. 최 동호는 이 은거시가 피폐한 정신세계를 반영한다고 하였다. 이는 곧 지용 의 은거시가 생명력이 위축된 상태의 것임을 말하는 것으로 해석 가능하 다. 최동호, 「산수시의 세계와 은일의 정신」, 『1930년대 민족문학의 인식』, 한길사, 1990, pp.130~131.

다. '멋은 듯 새삼 듣는 비ㅅ낯'이란 말 속에서 우리는 그 비가 아주 많은 양으로 내린 세찬 비가 아니란 것을 알 수 있다. 그냥 조금 한차 례 뿌리다가는 그치는가 싶더니 다시 오는 비이다. 대체로 이런 비는 한꺼번에 많이 오는 것이 아니라 찔끔찔끔 내리는 장마비와 같다. 이런 장마비 속에서 사물들은 대체로 생명력이 위축될 뿐이다. 그리고 비 자체도 생명력을 소생시키는 구실을 하는 이미지로 보이기보다는 그것을 방해 하는 것으로 나타난다. 어쨌든 이 작품에서의 비가 주는 이미지는 결코 생명력이 충일된 모습과는 다르다. 그런 비가 붉은 이 파리마다 떨어져 소란스럽게 밟고 간다는 데서도 우리는 어떤 쓸쓸함 과 황량감을 맛볼 수 있다.

이처럼 이 시는 자아도 대상도 다 고적하고 쓸쓸한 분위기에 빠져 있음을 알 수 있다. 그리고 그 '쓸쓸함'과 '고적함'은 자아와 대상이 각 기 지닌 생명력의 위축 때문이다. 그리고 자아와 자연은 각기 생명력 이 위축된 상태에서 상호 축소적인 교감을 보이고 있다.

대상과 자아 사이에 이런 생명력의 상호 축소적인 교감이 일어날 때 자아의 은거는 결코 성공적이지 못하다. 이렇게 은거에 실패한 자 아가 〈朝餐〉에서는 '서러운 새'로 나타나고, 〈盜掘〉에서는 세속에 사는 사람(경관)으로부터 도굴꾼으로 오인 받아 총을 맞고 피살되는 '심마 니'로 나타나기도 한다. 그리고 나중 〈禮裝〉과 〈호랑나비〉에서는 자아 가 산수 속에서 자살을 감행하는 것으로 종말을 맞기도 한다. 이처럼 정지용의 은거적 산수시에서의 자아는 거의 은거에 실패한 은자이 다.[290] 필자는 鄭芝溶의 은거적 산수시에서 자아가 실패한 은자로서 나타나게 된 이유 중의 하나를, 앞에서 말한 대로, 그가 실제 은거를

---

290) 정지용의 은거적 산수시에서 어느 정도 은거에 성공한 은자의 모습은 〈인 동차〉 한 편에서만 예외적으로 나타난다. 이때 인동차를 마시는 노인은 정 지용이 바라던 이상적인 은자이다. 그리고 실패한 은거의 예로 이들 작품 을 분석한 것으로는 최동호의 앞의 논문이 있다. 최동호, 「산수시의 세계 와 은일의 정신」, pp.147~148.

한 적이 없었다는 사실에서 찾고자 한다. 상상력으로 만들어낸 가상적 자아들은 거의가 은거에 실패하게 된 것이다. 그리고 그 실패한 은자로서의 자아는 '시름겨움'에 젖어 있고 대상인 자연도 고적한 분위기에 빠져 있다. 그리고 자아도 자연도 둘 다 생명력이 위축되어 있다. 생명력이 위축된 상태에서 상호 축소적인 교감을 보이고 있다. 이러한 생명력의 상호 축소적 교감은 鄭芝溶의 은거적 산수시에 구현된 형이상의 구체적 모습이고, 문인화정신의 구체적 내용이다.

그러면 생명력의 이러한 상호 축소적인 교감은 어떤 철학 사상에 기인하는가? 그것을 〈朝餐〉을 통해서 살펴보자.

해ㅅ살 피여
이윽한 후,

머흘 머흘
골을 옮기는 구름.

桔梗 꽃봉오리
흔들려 씻기우고.

차돌부리
촉 촉 竹筍 돋듯.

물 소리에
이가 시리다.

앉음새 갈히여
양지 쪽에 쪼그리고,

서러운 새 되어
흰 밥알을 쫏다.

〈朝餐〉

이 시에 있어서도 자아는 '서러운 새'로서 은거에 실패해 있다.[291] 이 서러운 새라는 자아 때문에 앞부분 자연의 모습들이 다 고적한 공간으로 착색되어 진다. '해ㅅ살 피여 이윽한 후'라는 제1연이 밝고 명랑한 분위기가 못된다. 햇살이 피고 난지 한참 된 이윽한 후에 아침밥을 먹는 새는 비정상적인 새다. 그것이 비정상적인 새라는 것은 서러운 새라는 데서도 확인이 된다. 이 비정상적임이 곧바로 서러움의 원인이다. 자연과 교감을 하면서도 생명력이 서로 위축되어 있는 쓸쓸한 모습이다.

이때 자아와 자연은 어떻게 교감하는가? 자아는 이때 서러운 새일망정 '새'로 나타나고 있다. 인간이 새로 전이되었다는 말은 인간이 자연과 질적으로 다르지 않다는 말이 된다. 즉 인간이 物의 하나로 전이되었다는 것이다.[292] 이때 자아는 物이 되어 다른 物(자연)을 인식하고 있다. 앞에서 말한 邵康節의 以物觀物이 여기서도 일어난 것이다. 인식의 주체인 자아가 객체인 자연과 대등한 조건에서 서로 만나는 것, 이것이 以物觀物의 출발점이다. 전통적인 사대부들의 자연시에서의 물아일체는 이런 以物觀物에서 비롯되는 것이다.[293]

以物觀物이란 인식 주체인 자아가 대상으로서의 物과 동일한 物이 되어 대상을 인식한다는 것이다. 이러할 때 자아와 대상은 하나로 일치가 되는 것인데, 이때의 교감 방식을 필자는 感應關係라 부르고자 한다. 인식 대상과 인식 주체는 이때 성리학적으로 말하는 陰陽關係에

---

291) 이 시는 전통 한시와는 다소 다르다. 비록 시적 주체가 서러운 새로 되어 있지만, 작품에 직접 나타난 것은 인간이 아니다. 전통 한시에서는 반드시 人事가 나타난다.
292) 이숭원도 이 시에서 시인이 자연의 일부로 되었다고 해석하였다. 이숭원, 앞의 논문, p.78.
293) 以物觀物에 대해서는 다음 두 사람의 논문을 참고하기 바람. 이민홍, 「조선 전기 자연미의 추구와 한시 – 성정미학과 산수시」, 『한국한문학연구』 제15집, 1992. 박석, 「宋代 理學家 文學觀 硏究」, 서울대 대학원 박사학위논문, 1992. 朴錫, 「邵康節 시론의 도학적 특색」, 『동아문화』 제29집, 서울대 동아문화연구소, 1991.

서 만나게 되는 것이다. 이 감응관계는 어떤 논리적인 因果關係와 다르다. 어떤 相對的 世界觀과 관련 있다. 사물과 인간이 대등한 관계에서 그것도 논리적인 인식을 넘어서서 직관적으로 하나로 만나게 되는 것이다. 자아가 대상을 직관적으로 인식하고 있음은 이 시에서 보이는 無時間性에서도 확인이 된다.

이 시에서의 무시간성은 사물들의 병치에서 보인다.[294] 이 시에서는 ①머흘 머흘 골을 옮기는 구름, ②흔들려 씻기우는 길경 꽃 봉오리, ③촉촉 죽순 돋듯 돋아나는 차돌부리, ④흘러가는 물, ⑤서러운 새 등 모두 다섯 가지의 사물이 제시되어 있다. 맨 마지막 사물은 '서러운 새'로서 인식 주체인 자아이다. 그런데 이 다섯 가지 사물들은 어떤 시간적인 질서 위에 놓여 있지 않다. 사물들이 시간적 질서 위에 놓여 있지 않다는 것은 논리적 선조성에 지배되지 않는다는 말이 된다. 논리적 선조성에 지배되지 않는다는 것은 어떤 절대적인 이성에 의한 기준이 마련되어 있지 않다는 것이다. 절대적인 이성에 의해 제시된 기준으로 사물들을 인식할 땐 사물들 사이의 관계가 인과관계에 의한 시간성으로 나타난다. 왜냐하면 이성이란 반성적 사유로 지나간 과거와 지금의 현재, 그리고 다가올 미래를 연속적으로 파악하기 때문이다. 다시 말하면, 시간의 지속이란 이성적 분석에 의존하는 것으로서, 그것은 과거라는 기억과 그 연속선상에 놓여 있는 현재라는 접점, 그리고 그것의 연속인 미래로 이어지는 개념이다. 이런 지속적인 시간 개념 속에서는 사물의 본질을 포착하게 하는 강한 정신적 에네르기가 순간적으로 돌출될 수 없다. 여기에 비해 직관적인 사유는 순간적인 포착을 중시 여긴다. 동양사상에서의 사물의 본질 파악, 예컨대 格物 致知 등은 그렇게 일어나는 것이다. 다시 말해 순간의 포착은 인과적

---

294) 정지용의 시에서 보이는 무시간성에 대한 언급으로는 다음과 같은 논문들이 있다. 이숭원, 앞의 논문, pp.70~76. 김훈, 「정지용 시의 분석적 연구」, 서울대 대학원 박사논문, 1990, pp.157~168.

으로 계기적 순서를 가지고 사유하는 논리적·이지적·분석적 사고를 넘어선다. 따라서 그것은 공간성으로 나타날 수밖에 없다.

위의 시 〈朝餐〉에서도 다섯 가지 사물들은 서로 논리적 인과관계 없이 공간적으로 병치되어 있다. 다시 말해 직관적으로 포착된 사물들, 영원한 순간에 포착된 사물들은 논리적인 인과관계를 벗어난 상태에서 서로 관련을 맺고 있다. 즉 부분적 독자성을 띠고 있으면서 서로 긴밀히 관련을 맺고 있다. 이것이 소위 感應構造이다. 감응구조란 작용과 반작용의 관계를 일컫는 말인데, 유가들은 우주 내의 모든 사물이 서로 음양관계로서 작용·반작용의 구조를 이루고 있다고 파악한다. 다시 말하면 작용과 반작용에 의해서 유기적으로 통일된 연쇄반응체계로서의 우주를 상정한다. 그리고 인간 역시 그러한 우주의 내부에 위치하는 것으로 본다.[295]

이처럼 자아와 대상 간, 그리고 대상 속의 서로 다른 사물 간에 존재하는 이러한 감응구조가 이 시로 하여금 그 형이상학적 기반을 유가사상에서 끌어오고 있음을 입증케 한다. 이러한 형이상학에 기초한 감응구조에 의하여 소위 여백이 생긴다.[296] 여백이란, 최진원의 지적대로, '전체성–숨 쉬고 있는 공간'이다. 그리고 그것은 '부분의 조화'이고, 그 부분은 '비집착의 개체'이기 때문이다.[297]

앞에서 살펴보았듯이 鄭芝溶의 은거적 산수시는 정적의 공간이면서도 고적한 공간임을 살펴보았다. 그리고 그 고적한 공간 속에서 자아도 '시름겨운' 자아임을 보았다. 동시에 고적한 분위기에 빠져있는 대상과 시름겨운 자아가 각기 생명력이 위축된 상태에서 상호 축소적 교감을 보이고 있음을 살펴보았다. 그리고 자아는 산 정상을 향해 힘

---

295) 감응구조에 대해서는 山田慶兒의 『주자의 자연학』, 김석근 역(통나무, 1991), pp.76~80을 참고할 것.
296) 정지용 시의 여백미에 대해서는 이숭원의 논문을 참조. 이숭원, 앞의 논문, pp.77~79.
297) 崔珍源, 『국문학과 자연』, 성균관대 출판부, 1977, pp.77~79.

차게 올라가는 것이 아니라 계곡 속에 틀어박히는 형국을 취한다. 이 때 산도 생명력이 위축되어 있고, 물도 위축되어 흐르는 것이 李秉岐의 시와는 다른 점이다.

이상의 것을 정리하면 鄭芝溶의 자연시에는 일상적 노동 공간의 자연물을 다룬 전원시를 빼고 영물시, 여행적 산수시, 은거적 산수시 세 가지가 있음을 알 수 있었다. 그리고 영물시는 대상도 자아도 흥겨움에 젖어 있었고 그 흥겨움이 대상과 자아가 각기 지닌 생명력의 충일 때문임을, 그리고 생명력의 상호 확산적 교감 때문임을 알 수 있었다. 그에 비해 모두 7편이 있는 여행적 산수시는 다양하게 분포되어 있는데, 생명력이 위축된 상태에서 상호 축소적 교감을 보여 고적하고 시름겨움을 보이는 대상과 자아의 모습이 있는 것이 그 첫째였다. 둘째는 생명력이 충일되어 상호 확산적으로 교감하는 상태에서 자아도 대상도 흥겨움에 들어 있는 것이 있었다. 그리고 나머지 한 종류는 〈白鹿潭〉처럼 흥겨움을 동반한 고적감을 보이는 시였다. 또 한편 은거적 산수시에서는 거의 전부 자아도 대상도 고적한 분위기에 있거나 시름겨움에 젖어 있었다. 그것은 이 둘이 각기 생명력이 위축되어 상호 축소적 교감을 보이고 있기 때문이다. 이로 보아 鄭芝溶의 자연시는 전체적으로 고적한 공간과 '시름겨운' 자아로 구성된 시가 제일 많음을 알 수 있다. 대체로 그의 자연시에서 자아와 대상은 생명력에 있어서 상호 축소적 교감을 보이고 있음을 알 수 있다. 이것이 그의 자연시 전체의 미학을 체념과 극기의 시학으로 요약하게 한 이유이다.

 ## 4 趙芝薰의 자연시 : 생명력의 현상유지적 교감

趙芝薰의 자연시는 모두 80편 정도 된다. 이는 『조지훈전집』에 실려 있는 전체 227편 중 3분의 1이 조금 넘는다. 이로 보아 趙芝薰 역시 전형적인 전통지향적 자연시인의 한 사람으로 불릴 만하다. 趙芝薰에게는 위에 열거한 4가지 전통지향적 자연시 유형이 모두 다 나오는 것이 또한 그의 특징이다. 이는 그가 조선조 사대부들의 자연시의 모든 유형을 다 물려받았음을 뜻한다. 그의 자연시 중 가장 많은 것은 은거적 산수시로서 35편 정도가 된다. 이는 그가 실제로 은거 생활을 두 번 한 적이 있는 데 기인한다. 그리고 그가 은거 생활을 할 무렵에 그의 자연시가 주로 쓰여졌기 때문에 그러한 현상이 나타났다고도 볼 수 있다. 두 번째로 많은 것이 일상적 거주 공간의 자연물을 다룬 영물시로서 28편 정도가 된다. 그런데 趙芝薰도 李秉岐처럼 식물을 대상으로 한 영물시를 많이 남겼지만 李秉岐와 다른 점은 난과 매화를 대상으로 한 것이 거의 없다는 점이다. 난을 대상으로 한 시는 전혀 없고, 매화를 대상으로 한 시는 1편뿐이다. 이처럼 趙芝薰은 李秉岐, 鄭芝溶 등과는 다소 다른 감각을 지녔다는 것을 알 수 있다. 그리고 趙芝薰의 자연시 중 여행적 산수시는 7편 정도 되고, 전원시는 5편 정도 된다. 이 중 전원시는 모두 자아가 직접 전원생활을 하고 있는 인물로 나타나지 않는 것이 특징이다.

(1) 완상과 관조에서 오는 고요한 생명력의 즐김

여기서는 일상적 거주 공간의 자연물을 다룬 시에서 나타나는 미의식을 고찰하겠다. 앞에서도 말했듯이 趙芝薰의 80편 정도 되는 자연시 중 28편 정도가 일상적 거주 공간의 자연물을 다룬 것이다. 이 중 학과 공작, 나비 등 동물을 대상으로 한 작품 넷을 제외하면, 식물을 대상으로 한 시는 24편이나 된다. 식물 중에는 매화나 난을 제재로 한 시는 거의 없으므로, 사군자와 관련된 미적 감각과는 다소 다른 것임을 알 수 있다. 그럼에도 불구하고 그의 자연시에 나오는 식물들은 비서구적인 것으로 우리가 일상적으로 대할 수 있는 평범하고 친숙한 전통적인 것들이다. 예컨대 도라지, 민들레, 매화, 나팔꽃, 찔레, 포도, 능금, 앵도, 감, 잡초 따위들이다. 이는 趙芝薰이 사군자류는 거의 아니 다루었어도 李秉岐처럼 주위 일상적 사물들에 관심이 많았음을 뜻한다. 그런데 趙芝薰에게는 동물적 이미지가 나오더라도 李秉岐처럼 파리, 모기, 빈대, 거미 등 미물들이나 혐오감을 주는 것들은 대상으로 하지 않았음을 알 수 있다. 또한 눈, 바위 등 기타의 자연물을 대상으로 한 시도 4편 밖에 되지 않는다. 따라서 본 소절에서는 趙芝薰의 영물시 중 식물을 대상으로 한 것을 대표적인 것으로 보고, 그것을 위주로 그의 영물시에 나타난 미의식을 살펴보기로 한다.

그러면 그의 영물시에 있어서 대상의 분위기와 자아의 정서 및 대상과 자아간의 생명적 교류 방식은 어떠한가?

기다림에 야윈 얼굴
물 우에 비초이며

가녀린 매무새
홀로 돌아앉다.

못견디게 향기로운
바람결에도

입 다물고 웃지 않는
도라지 꽃아.

〈도라지꽃〉

이 시에 있어서 도라지꽃은 관조의 대상이다. 趙芝薰의 자연시는 이숭원과 박경혜의 지적[298]대로 관조미를 띤 것이 많다. 특히 영물시가 그러하다. 이 작품에서의 주된 대상인 도라지꽃을 둘러싼 공간적 분위기는 정적함이다. 제1연에서 그 도라지꽃은 기다림에 야윈 얼굴을

---

298) 이숭원, 앞의 논문, pp.111~116. 박경혜, 앞의 논문, pp.103~130.

하고 있다. 도라지가 살고 있는 곳은 산 속이거나 아니면 농가의 밭이다. 그런 산 속이나 농가의 밭은 일반적으로 고요한 공간으로 제시된다. 그 속에 살고 있는 도라지는 지금 '기다림' 속에 있다. 기다린다는 것은 움직이지 않고 조용히 있는 모습을 표상한다. 움직이지도 않고 한 곳에 머물러 부동의 자세로 기다리기에, 그것도 너무 오랜 세월 기다리기에 '야윈' 얼굴이 되는 것이다. 이 제1연에서 주된 대상인 도라지꽃은 심각한 고요에 젖어 있다. 그리고 도라지를 둘러싼 주위 환경도 매우 고요하다. 도라지꽃 밑의 물이 고요하게 있기 때문이다. 고요하지 않은 물에 어찌 얼굴을 비추어 보겠는가.

이런 정적감은 제2연에서도 계속된다. 기다림에 야위어서 가녀린 매무새를 지니고 도라지는 홀로 돌아앉는다. '홀로'란 말 속에 그런 정적이 깃들고, 돌아앉는다는 말 속에도 더 큰 정적감이 들어앉는다. 그리고 제3연에서도 이런 정적감은 지속되고 강화된다. 불어오는 바람결이 못 견디게 향기롭다는 것은 그런 고요함을 강조한다. 얼마나 큰 정적감에 빠져 있다면 불어오는 바람결이 향기롭겠는가. 그 바람결에는 먼 곳의 소식도 실려 올 것이다. 그러나 그러한 향기로운 바람결에도 아랑곳 않고 입 다물고 웃지 않는 도라지꽃에서 우리는 정적감이 최고로 고조된 모습을 본다. 이처럼 趙芝薰의 영물시는 정적한 분위기에 사로잡혀 있다.[299]

그런데 이런 정적함이 李秉岐나 鄭芝溶의 영물시에서처럼 흥겨움을 동반하고 있지는 않다. 계속해서 살펴보겠지만 趙芝薰의 영물시는 靜寂하면서도 閑暇한 공간을 확보하고 있다. 이러한 閑寂함은 다음 시에서도 확인된다.

　매화꽃이 다 진 밤에
　호젓이 달이 밝다.

---

299) 오세영, 앞의 논문, p.47. 박경혜, 앞의 논문, p.123.

구부러진 가지 하나
영창에 비치나니

아리따운 사람을
멀리 보내고

빈 방에 내 홀로
눈을 감아라.

비단옷 감기듯이
사늘한 바람결에

떠도는 맑은 향기
암암한 옛 양자라

아리따운 사람이
다시 오는 듯

보내고 그리는 정도
싫지 않다 하여라.

〈梅花頌〉

    제1연에서 우리는 매화를 둘러싼 공간이 매우 정적하다는 것을 알
수 있다. 매화꽃이 다 졌다는 데서 그것이 느껴진다. 꽃이 피어있는
것이 아니라 '진' 상태에서는 어떤 '텅 빔'이 느껴진다. 이 '비어있음'은
정적함과 상통한다. 흔히 동양 자연시에서 매화가 등장할 땐 그 꽃이
피어있을 때보다 다 졌을 때가 많다. 이는 '텅 빔'의 미학이다. 이 '텅
빈' 공간을 바라보는 자아의 寂然不動한 마음을 예비하는 장치인 셈이
다. 그리고 그 매화꽃이 다 진 시간이 낮이 아니라 밤이라는 것이 정
적함을 더한다. 그런데 이 정적함은 결코 쓸쓸하지 않다. 꽃이 다 지

고 나면 쓸쓸할 텐데도 호젓이 달이 밝아 와서 오히려 여유 있고 한가롭다.

이러한 한가로움은 제2연에서도 보인다. 휘영청 구부러진 매화가지 하나가 영창에 비친다는 데서 우리는 고적감이 아닌 閑寂感을 느낄 수 있다. 이런 한적감이 제3·4연에 오면 자칫 고적감으로 떨어질 우려가 있어 보인다. 아리따운 사람을 멀리 보내고 빈 방에 홀로 눈을 감고 있기 때문이다. 그러나 이것이 결코 고적감으로 떨어지지 않는데, 그 이유는 제5·6연에서 마련되어 있다. 그것은 홀로 눈을 감고 있는 빈 방으로 비단옷 감기듯이 사늘하게 불어오는 바람 때문이다. 그 바람이 맵고 찬 바람일 때는 고적감을 불러일으키겠지마는 비단옷 같은 촉감을 불러일으키는 사늘한 바람일 때는 오히려 한적함이 생긴다. 더욱이 그 바람 속에는 매화의 맑은 향기가 떠돌고 있다. 그리고 그 맑은 향기가 암암한 옛 양자로 느껴지는 데서는 한가함이 더욱 증폭된다.

그리하여 그 한가함이 자아로 하여금 아리따운 사람을 보내놓고도 영원히 이별하지 않고 다시 만날 확신에 차게 만든다. 따라서 님을 보내놓고 고적감에 잠겨있는 것이 아니라 오히려 홀로 있음을 즐기고 있다. '보내고 그리는 정도 싫지 않다 하여라' 하는 데서 그것이 보인다. 결국 이는 매화도 자아도 다 같이 한적한 분위기에 있기 때문이다.

이상에서 살펴보았듯이 이 시에서 대상인 자연은 한적한 공간에 위치해 있고, 그것을 바라보는 자아는 悠悠自適한 상태에 있다.

趙芝薰이 이처럼 한적한 공간에서 유유자적하는 것을 이상적인 심미적 태도로 간주하는 모습은 다음의 산문에서도 확인된다.

「멋」, 그것을 가져다가 어떤 이는 「道」라 하고 「一物」이라 하고 「一心」이라 하고 대중이 없는데, 하여간 道고 一物이고 一心이고간에 오늘밤엔 「멋」이 있다.

太初에 말씀이 있는 것이 아니라 太初에 멋이 있었다.

멋을 멋있게 하는 것이 바로 無常인가 하면 無常을 無常ㅎ게 하는 것이
또한 「멋」이다.

변함이 없는 세상이라면 무슨 멋이 있겠는가.

이 커다란 멋을 세상 사람들은 煩惱라 이르더라. 가장 큰 괴로움이라 하
더라.

宇宙를 自適하면 우주는 멋이었다.

우주에 懷疑하면 우주는 슬픈 俗이었다.

나와 우주 사이에 主從의 관계있어 이를 享樂하고 향락당하겠는가.

우주를 내가 향락하는가 하면 우주가 나를 향락하는 것이다.

나의 멋이 한 곳에서 슬픔이 되고 俗이 되고 하는가 하면 바로 그 자리
에서 즐거움이 되고 雅가 되는구나.

죽지 못해 살 바에는 없는 재미도 짐짓 있다 하라.[300]

이처럼 유유자적 하는 삶 그 자체를 멋으로 보는 태도, 다시 말해
우주를 '自適'하는 데서 오는 멋, 그것이 지훈의 삶의 미학인 셈이다.
그것은 내가 우주를 향락하는가 하면 우주가 나를 향락하는 식의 미
학이다. 나와 우주가 삶을 서로 즐기는 것, 그것이 곧 멋인 셈이다. 그
런데 지훈의 이 멋은 다음의 시에서 보듯 삶, 생명력 그 자체를 즐기
는 것이다.

뜨락에서
은방울 흔들리는 소리가 난다.

아기가 벌써 깼나 보군
창을 열치니 얄푸른 잎새마다
이슬이 하르르 떨어진다.

---

300) 조지훈, 「멋說・三道酒」, 『조지훈전집 4』, pp.44~45.

이슬 굴르는 소리가
그렇게 클 수 있담

꿈과 생시가 넘나드는
창턱에 기대 앉아
눈이 다시 스르르 감긴다.

봄잠은 달구나
생각하는 대로 꿈이 되는,

희미한 기억의 저 편에서
小女들이 까르르 웃어댄다.

개울 물소린지도 모르지
감은 눈이 환해오기에
해가 뜨나 했더니

그것은 피어오르는 복사꽃 구름.

아 이 아침 나를
창 옆으로 誘惑한 것은 무엇인가

꽃 그늘을 흔들어 놓고
산새가 파르르 날아간다.

〈뜨락에서 은방울 흔들리는〉

이 시의 미 역시 생명력 속에 있다. 자아는 고요한 생명력의 움직임 속에 있으며 역시 고요한 생명력 가운데 움직이는 대상들을 관조하며 즐기고 있다.[301] 李秉岐의 시에서처럼 생명력이 충일하여 확산적이지

301) 조지훈 시에서의 관조에 대해서는 김용직 교수가 언급한 바 있다. 김용직,

도 않고 鄭芝溶의 시에서처럼 생명력이 위축되어 축소적이지도 않다.

제1연에서 보듯, 자아는 뜨락에서 놀고 있는 아기가 흔드는 은방울 소리를 듣는다. 아기가 흔드는 은방울 소리는 듣기에 기분이 매우 좋다. 그것은 아기가 지닌 생명력의 한 표현이기 때문이다. 그런데 아기의 생명력은 그렇게 강력하지는 않다. 앞으로 점점 커질 가능성은 있지만 현재로서 그의 생명력은 고요하게 움직이고 있을 따름이다.[302] 이처럼 자아는 도입부에서부터 대상이 지닌 고요한 생명의 흐름을 즐기고 있다. 그리고 이때 대상의 생명력은 확산적이지도 않고 축소적이지도 않다. 아기의 생명력은 아기의 목숨 내에서 고요히 움직이고 있을 따름이다. 그것은 '아기가 벌써 깼나 보군'하는 제2연에서 확인된다. 아기의 움직임이란 자고 깨고 울고 웃고 하는 것 이상은 아니다.

그리고 제5연에 이르면 이제 자아 자신의 생명력의 모습이 보인다. 자아는 꿈과 생시가 넘나드는 창턱에 기대 앉아 눈이 다시 스르르 감기는 상태에 있다. 여기서 우리는 자아 역시 생명력이 고요하게 움직이는 상황에 있음을 알 수 있다. 그리고 자아는 졸면서 깨면서 자신이 지니고 있는 고요한 생명력의 움직임을 즐기고 있다. 그것은 제6연에서 보듯 봄잠과 꿈을 즐기는 데서 확인된다. 이제 자아는 손자를 돌볼 만큼 늙었다. 늙은 자아는 자신의 생명력이 봄을 맞아 고요하게 움직이나 역시 아직은 어려서 생명력이 고요하게 일렁이는 손자를 돌보며 즐기고 있다.

이렇게 자아는 생명력이 고요하게 움직이는 상태에 있다. 그리고 그런 자아로 하여금 즐겁게 만든 것은 주위의 대상들이다. 그것의 하나가, 제일 끝 연에 보이듯, 꽃그늘을 흔들어 놓고 파르르 날아가는 산새임을 알 수 있다. 산새 역시 조용히 날아가고 있다.

『정명의 미학』, p.384.

302) 이숭원은 조지훈 시에 나타난 생명력의 이러한 모습을 '미묘한 움직임'이라 했다. 이숭원, 앞의 논문, p.108.

이상에서 보듯 이 시에서의 대상과 자아는 각기 생명력이 고요하게 움직이는 상태에 놓여 있다. 그리고 자아와 대상은 그런 상태에서 상호 현상유지적인 교감을 보이고 있다. '봄잠은 달구나 생각하는 대로 꿈이 되는'이란 구절에서 현상유지적인 교감이 보인다. '꿈'이란 생명력이 충일하여 확산적인 상태도 아니고 위축되어 축소적인 상태도 아니다. 그것은 고요한 움직임의 상태, 즉 현상유지적인 상태이다. 이러한 생명력의 현상유지적 교감은 趙芝薰의 영물시에 구현된 형이상의 구체적 모습이며, 문인화정신의 구체적 내용이다.

이렇게 자아와 대상이 각기 지닌 생명력이 고요하게 움직이면서 현상유지적으로 교감하는 지훈의 영물시에서 그 형이상학적 근거는 어디에 있는가?

실눈을 뜨고 벽에 기대인다. 아무것도 생각할 수가 없다.

짧은 여름밤은 촛불 한 자루도 못다 녹인 채 사라지기 때문에 섬돌 우에 문득 柘榴꽃이 터진다.

꽃망울 속에 새로운 宇宙가 열리는 波動! 아 여기 太古적 바다의 소리없는 물보래가 꽃잎을 적신다.

방안 하나 가득 柘榴꽃이 물들어 온다. 내가 柘榴꽃 속으로 들어가 앉는다. 아무것도 생각할 수가 없다.

〈아침〉

제1연에서 우리는 자아가 고요하게 움직이는 생명력의 상태에서 명상에 잠긴 모습을 볼 수 있다. 그것은 실눈을 뜨고 벽에 기댄 모습에서 볼 수 있다. 이는 인식 주체인 자아가 눈앞의 대상인 자류의 본질을 직관하려는 자세이다. 이른바 格物致知를 하기 위한 자아의 마음가짐의 상태이다. 그것은 아무것도 생각할 수가 없다는 데서 다시 한 번 확인된다. 이 '아무것도 생각할 수 없다'는 것은 지훈 자신의 말대로 완전히 각성된 의식도 완전한 무의식도 아닌 그 중간 상태인 半無意識 的인 상태이다. 제Ⅱ장에서도 말했듯이 이런 반무의식적 상태를 유가 에서는 '敬'이라 부르고,303) 도가에서는 '心齋'(마음의 절제)304)라 일컫 는다. 어쨌든 이는 인식 주체가 객체인 사물의 본질을 직관하기 위해 갖는 마음의 가짐이다. 그런데 趙芝薰이 퇴계의 학풍을 정통으로 잇는 영남 사림파 후예라는 점을 감안할 때, 이 사물 인식 방법이 유가들의 격물치지의 방법임을 짐작할 수 있다. 趙芝薰의 사물 인식 방법이 유 가적, 특히 퇴계적인 주리론적인 격물치지에 서 있음은 앞으로 작품 분석에서도 밝혀지겠지만, 여기서는 그의 사상이 퇴계와 관련된다는 것을 산문 한 부분을 빌어 와 증명하고자 한다.

> 陰陽正反이 遞變되는 것이 이것이 理다.
> 陰과 陽은 理가 아니다. 陰陽ㅎ게 하는 것이 理다. 物과 心은 理가 아니
> 다. 物心ㅎ게 하는 것이 理다. 그러나 理가 따로 있어 陰陽을 陰陽ㅎ게 하
> 는 것이 아니요, 陰陽이 따로 있어 理에 隨順하는 것도 아니다.
> 陰陽의 交變 가운데 理가 있고 理 속에 陰陽(氣)의 交變이 있다. 그러므
> 로 理發氣隨도 氣發理乘도 아니다.305)

理發氣隨도 아니고 氣發理乘도 아니라 함으로써 전통적인 퇴계와 율 곡의 견해를 다소 수정은 했지만, 理氣二元觀 중에서도 理를 더 중시하 는 것으로 보아 크게는 퇴계적 흐름을 따르고 있음을 볼 수 있다.

이로 보아 이 시는 유가적인 존재론과 인식론을 출발점으로 하고

---

303) 『周易』, 坤卦 敬而直內 義而方外 .
304) 『莊子』, 〈人間世〉, 仲尼曰, 若一志, 無聽之以耳 而聽之以心, 無聽之以心 而聽之
　　以氣, 聽止於耳, 心止於符, 眞也者, 虛而待物者也. 唯道集虛, 虛者, 心齋也. 그의
　　시가 心齋와 관련있다는 것은 오세영 교수도 지적한 바 있다. 오세영, 앞의
　　논문, p.46.
305) 조지훈, 「大道無門」, 『조지훈전집 4』, p.126.

있음을 짐작할 수 있다. 그리고 제3연에 이르러서는 대상으로서의 자류꽃에 대해 존재론적인 인식을 보인다. 꽃망울 속에 우주가 열린다는 것, 그것은 자류꽃 속에서 太極을, 우주의 본질을, 理를 본다는 말이다. 그리고 태고적 바다의 소리 없는 물보라가 꽃잎을 적신다는 문장에서 그 우주의 본질인 理가 생명적인 것과 관련됨을 알 수 있다. '태고적 바다'에서 우리는 復初思想을 읽을 수 있다. 생명의 근원에로의 회귀사상이다. 바로 우주의 시원적 理가 바로 생명적이라는 것, 이것이 趙芝薰 생명사상의 근간이다. 이처럼 생명사상이 유가적인 형이상학에 근거해 있음을 알 수 있다.

시의 탄생은 시인의 의식과 우주 의식의 일치 체험에서 비롯된다 하거나, 또는 시정신은 우주의 생명에 대한 직관적 인식이라 한 그의 말들은 모두 유교적인 형이상학에 근거를 둔 생명사상에서 비롯됨을 알 수 있다. 한마디로 그의 문학은 생명문학이라 할 수 있다.[306]

우주와 자아의 생명적 일치 체험은 마지막 연에서 확인된다. 그것은 자류꽃과 자아가 하나로 합일되는 데서 보인다. 이때 우리는 존재론적 일치 체험과 인식론적 일치 체험을 동시에 볼 수 있다. 자류의 理와 자아의 理가 하나로 되는 것이 전자이다. 그리고 '아무것도 생각할 수 없다'라는 흥감의 상태에서 우리는 인식론적 일치 체험을 맛볼 수 있다.[307] 그런데 방안 하나 가득 자류꽃이 물들어 온다는 구절에서 우리는 중요한 것을 볼 수 있다. 자류꽃의 理가 스스로 자아를 향해 다가온다는 말이다. 즉 物의 理가 自到한다는 말이다.[308] 이 理自到說은

---

306) 오세영 역시 조지훈의 시에 수용된 자연이 생명적임을 지적한 바 있다. 오세영, 앞의 논문, p.28.
307) 흥감에 대해서는, 특히 주리론적인 흥감에 대해서는 다음 논문을 참조. 정운채, 「퇴계 한시 연구」, 서울대 대학원 석사논문, 1987.
308) 物의 理가 自到한다는 말은 物의 理가 다리 달린 물건처럼 걸어서 我의 마음으로 들어온다는 것이 아니다. 퇴계가 말한 理到는 마치 거울로 물건을 비추니 물건이 거울 속에 담기는 것과도 같다고 해석해야 할 것이다. 곽신환, 앞의 논문, pp.25~38.

理自發說과 함께 퇴계 철학의 출발점이다. 이는 주기론의 태두인 李珥와는 다른 점이다.[309] 이이는 理의 自發과 自到를 부정하고 있기 때문이다. 이로써 趙芝薰이 퇴계적인 주리론적인 인식론과 존재론을 따르고 있음을 살펴보았다. 이처럼 趙芝薰 시의 형이상학적 근거는 영남 사림파의 맥을 잇는 주리론적인 것임을 알아보았다.

(2) 노동과 목가적 즐거움

여기서는 일상적 노동 공간의 자연물을 대상으로 한 시에서의 미의식을 살펴보자. 趙芝薰의 전원시에서는, 앞서 말한 대로, 자아가 직접 노동하는 인물로 나타난 작품이 전혀 없다. 그러면 趙芝薰의 전원시에서 자아와 대상 간의 관련양상에 대해 살펴보자.

趙芝薰의 전원시에서의 시적 공간 역시 다음 시에서 보듯 한적하고 평화로운 곳이다. 이는 趙芝薰의 모든 전원시에서 그러하다. 또한 목가적인 이념을, 귀거래 사상을 주제로 한 전통 전원시와도 일치한다.

> 모밀꽃 우거진
> 오솔길에
>
> 羊떼는 새로 돋은
> 흰 달을 따라간다
>
> 닐니리 호들기가 없어서
> 소 치는 아이는
>
> 잔디밭에 누워
> 하늘을 본다

---

309) 배종호, 『한국유학사』, 연세대출판부, 1990, pp.70~92.

산너머로 흰구름이
나고 죽는 것을

木花 따는 색시는
잊어버렸다

〈마을〉

　이 시에 나오는 공간은 시골의 전원 풍경이다. 모밀밭이 우거진 시
골길, 양 떼, 소치는 아이, 그리고 목화 따는 색시가 있다. 이 중에 노
동하는 사람은 소치는 아이와 목화 따는 색시뿐이다. 자아는 이들을
바라볼 뿐이다. 직접 노동 현장에 뛰어들지 않고 있다는 것은 제2연의
'양떼'에서도 언뜻 짐작된다. 1942년 당시에 羊떼가 그렇게 흔히 있었
을까. 대부분 염소가 있었을 뿐이지 양떼는 구경하기 힘들었을 것이
다. 이는 趙芝薰이 지닌 어떤 목가적 이념이 투사된 것으로 보인다. 이
이념에 의해 현실이 그렇게 바뀌어 보인 것으로 짐작된다. 이는 趙芝
薰이 실제와는 상관없이 사물들을 임의로 허구화시켜 놓고 있다는 것
을 보여주는 대목이다. 시에서의 허구화는 곧 현실에다 시인 자신의
이념이나 관념을 투사한 것이다.
　어쨌든 이 시의 공간적 분위기는 한가롭고도 고요하다. 즉 한적하
다. 모밀꽃 우거진 오솔길이란 것이 그러한 한적한 평화로움을 불러
일으킨다. 또한 그러한 오솔길 속으로 양떼가 등장한다. 그리고 그 양
떼는 흰 달을 따라가고 있다. 여기서는 간간히 들리는 양떼소리 뿐이
지 모든 것이 다 고요하다. 더군다나 소치는 아이는 늴니리 호들기도
없어서 소치기에 아랑곳없이 그냥 잔디밭에 누워 하늘이나 본다. 이
러한 고요하고 평화스러움을 극적으로 강조하는 것은 산 너머로 흰
구름이 나고 죽는 것이다. 흰 구름이란 원래 無常을 표상하는 이미지
이다. 그런 흰 구름이 나고 죽는 것은 극도의 한적함을 동반한다. 그
런데 이런 한적함이 어떤 미학적 근거에서 비롯되는 지 좀 더 살펴보자.

藥草밭 머리로 흰 달이 기울면

안개 솔솔 풀잎에 내리고
노고지리 우지지다 하늘도 개인다.

떨어지는 구슬 속에
새 울음 소리도 들릴 듯이……

여흘물 돌 틈으로 돌고
산꿩이 포드득 날아간다.

버드나무 선 우물 가엔 물동이 인 순이가 보인다.

〈마을에서는 보리밥 뜸지고
된장이 보글보글 끓으리라〉

김매던 호미 상긋한 풀섶에 자빠지고
햇살이 다복이 퍼지는 아침 마을이 웃는다.

〈아침 2〉

이 시에서도 어떤 평화로운 한적함이 보인다. 약초밭 머리로 흰 달이 기울면 안개 솔솔 풀잎에 내리고 노고지리 우지지다 하늘도 갠다는 장면에서 우리는 고요한 한가로움을 맛볼 수 있다. 그리고 제3연에서 보이듯 떨어지는 구슬 속에 새 울음소리도 들릴 듯하다는 데서 영롱한 한적함을 찾을 수 있다.

그런데 이런 한가하고 고요함은 자연물이 지닌 고요한 생명력의 움직임 때문이다. 안개 솔솔 풀잎에 내린다는 데에서 趙芝薰은 안개와 풀잎이 지닌 생명력의 작은 움직임을 나타내고 있다. 또한 노고지리 우지지다 하늘도 갠다는 구절에서도 그러하다. 계속하여 제3연에서, 떨어지는 구슬 속에 새 울음소리도 들릴 듯하다는 데서도 우리는 작은 움직임들을 볼 수 있다. 한편 제4연에서도 그러한 생명력의 고요한 움직임이 보인다. 그것은 여울물이 돌 틈으로 도는 장면에서, 그리고 산꿩이 포드득 날아간다는 장면에서도 보인다. 여울물도 산꿩도 생명력이 고요하게 움직이는 상태에서 자신의 삶을 즐기는 것으로 볼 수 있다.

그리고 제5연에 오면 그러한 자연물 사이에 살고 있는 또 다른 자연물인 사람이 보인다. 버드나무 선 우물가의 물동이를 인 순이는 그야말로 생명력의 한 표상이다. 이러한 생명력의 표현은 제6연에 오면 순이의 독백으로 인해 극화된다. '마을에서는 보리밥 뜸지고 된장이 보글보글 끓으리라'라는 구절이 그런 상황을 극화시킨다.

그리고 맨 마지막 연에 오면 노동하는 농부들의 모습이 제시된다. 그 농부들은 지금 호미를 상긋한 풀섶에 자빠뜨리고 쉬고 있다. 여기서도 생명력의 고요한 움직임과 그로 인한 한적함을 맛볼 수 있다. 그리고 마지막 행, 햇살이 다복이 퍼지는 아침 마을이 웃는다는 표현에서 자연과 그 자연의 일부로서의 인간이 다 함께 생명력의 고요한 움직임을 즐기고 있는 閑寂美를 보이고 있다. 이상에서 살펴본 바에 의하면, 趙芝薰의 전원시에서는 한적함이 돋보이는데, 자아도 대상도 다같이 한가하고 고요한 가운데 서로 교감을 보이고 있음을 알 수 있다. 그런데 그런 한적함은 대상도 자아도 다 같이 생명력의 조용한 움직임 속에 있기 때문으로 보인다. 이런 생명력의 고요한 움직임 속에 각기 현상유지적인 상태로 상호 생명력의 교감을 보이고 있음을 알 수 있다.

趙芝薰의 전원시에는 자아가 방관자로 있기 때문에 얼핏 자아와 대상 간에 교감이 없는 것 같은데, 실상은 대상을 바라보는 자아의 태도 속에 녹아 있다. 그리고 〈산중문답〉 같은 시에서는 자아와 대상 간의 교감이 직접 보인다.

〈새벽닭 울 때 들에 나가 일하고
달 비친 개울에 호미 씻고 돌아오는
그 맛을 자네 아능가〉

〈마당가 멍석자리 쌉살개도 같이 앉아
저녁을 먹네
아무데나 누워서 드렁드렁 코를 골다가
심심하면 퉁소나 한가락 부는
그런 맛을 자네가 아능가〉

〈구름 속에 들어가 아내랑 밭을 매면
늙은 아내도 이뻐뵈네
비온 뒤 앞개울 고기
아이들 데리고 낚는 맛을
자네 태고적 살림이라고 웃을라능가〉
....
(중략)
....

노인은 눈을 감고 환하게 웃으며
막걸리 한잔을 따뤄 주신다.

〈예 이 맛은 알 만합니더〉
靑山 白雲아
할 말이 없다.

〈山中問答〉

   그런데 자아와 대상 간의 생명력의 교감을 주제로 하면서도 趙芝薰
은 그의 전원시에서 자아와 대상 사이의 그런 교감의 형이상학적인
면까지 탐구하지는 않고 있다. 단지 자연 속에서 인간들의 목가적인
삶의 즐거움을 노래하는 데 치중하고 있음을 볼 수 있다. 이것은 전원

시가 사물의 형이상학적 본질까지 추구하는 그런 시가 아니기 때문이다. 그것이 앞의 영물시와는 다른 점이다.

趙芝薫의 이러한 전원시는 그의 한시에서도 보인다.

四月南風三日雨
溪邊芳草白雲多
山花自落兒羊背
麥穗爭高露滿蓑[310)

〈寄牧雲〉

사월이라 남풍 불어 흡족히 비가 내리고
시냇가 향기로운 풀에 흰구름 감도네.
산꽃은 절로 어린 양의 등에 내려 앉고
보리이삭 다투어 자라며 이슬은 도롱이 흠뻑 적시네.

이 작품은 한가롭고 정겨운 시골 농촌의 모습을 묘사한 시이다.[311) 여기에서도 한가롭고도 적막한 분위기가 보인다. 시냇가에 향기로운 풀이 돋고 흰 구름 뭉게뭉게 피어오른다는 데서 그런 한적함을 맛볼 수 있다. 역시 산에 핀 꽃이 사르르 어린 양의 등에 내려앉는다는 데서도 그런 한적함을 볼 수 있다.

그런데 이런 한적함이 가능한 이유는 사물들이 각기 생명력에 있어서 고요한 움직임을 보이고 있기 때문이다. 사월이라 남풍이 불어 비가 흡족히 내리니 시냇가의 풀들이 향기를 발한다거나, 흰 구름이 뭉게뭉게 피어오른다는 데서 우리는 생명력의 고요한 움직임을 느낄 수 있다. 이러한 생명력의 고요한 움직임 속에서 자아와 대상은 상호 현상유지적 교감을 맺고 있다.

이상에서 살펴본 대로 趙芝薫의 한시로 된 전원시에서도 생명력의

---

310) 김종균, 앞의 논문, p.109에서 재인용.
311) 김종균, 앞의 논문, p.109.

고요한 움직임과 현상유지적 교감이 있다.

(3) 여행에서 오는 달관

여기에서는 비일상적 여행 공간의 자연물을 다룬 시에 있어서의 미의식을 살펴보자. 趙芝薰의 여행적 산수시는 거의 다 1940년대 초반에 쓰여졌고 그의 시선집인『조지훈시선』의 제 4부에 〈山雨集〉이라는 제목 하에 실려 있다. 그의 말[312]대로, 이 〈산우집〉의 시편들은 1942년 월정사에서 돌아온 후 조선어학회의 일을 도울 무렵의 시 또는 경주 순례를 비롯하여 낙향 중의 방랑시편을 수록한 것이다. 그리고 그것은 역시 그의 말[313]대로, '閑漫한' 동양적 정서로 되어 있다.

> 안개비 시름없이 나리는 저녁답
> 기울은 울타리에 호박꽃이 떨어진다.
>
> 흙향기 풍기는 방에 정가로운 호롱불 가물거리고
> 젊은 나가니 나는 강냉이 국수를 마신다.
>
> 두메산골이라 소치는 아이 풀피리 소리
> 베짜는 색시 고요히 웃는 양이 문틈으로 보인다.
>
> 〈北關行 1〉

이 시는 1940년도 作品[314]으로서 趙芝薰이 함경북도나 아니면 다른 북쪽 지방을 여행하고 쓴 작품으로 보인다. 이 시에서의 공간적 분위기도 정적함이다. 안개비 시름없이 내리는 시골의 저녁답은 정적한 공간이다. 그 정적을 더해주는 것이 기울은 울타리에 떨어지는 호박

---

312) 조지훈,『조지훈시선』, 정음사, 1958, p.180.
313) 조지훈, 위의 책, 같은 면.
314) 조지훈, 위의 책, p.174.

꽃이다. 제2연에 와서도 그 정적감은 더 고조된다. 흙 향기 풍기는 방이 그러하고 가물거리는 호롱불이 그러하다. 그런데 이 정적감이 李秉岐의 여행시에서처럼 흥겹거나 鄭芝溶의 여행시에서처럼 시름겹지 않다.

제1연에서 얼핏 보면 '시름없이'라는 데서 우리는 자아의 시름겨움을 읽을 수도 있다. 그러나 그것은 鄭芝溶의 시에서처럼 쓸쓸하거나 삭막한 그런 고적감은 아니다. 물론 이 시의 제1연에서도 여행객으로서 갖는 우수가 보인다. 그것은 바로 '안개비 시름없이 나리는 저녁답'에 농축되어 있다. '안개비'가 그러하고 '저녁답'이 그러하다.

그러나 제1연에서 보이는 이러한 우수는 곧 한가로운 여유로 전이된다. 제2연에서 그것이 보인다. '흙향기 풍기는 방'이란 구절이 그러한 분위기를 자아낸다. 흙 향기는 어떤 포근하고 여유로움을 표상한다. 그리고 그것이 '방'과 관련된다는 점에서 더욱 그러하다. 흙 향기 풍기는 방은 이때 나그네가 편안히 쉴 수 있는 안락의 공간이다. 그 공간은 정적하지만 을씨년스럽지 않고 오히려 한적하다. 왜냐하면 '정가로운' 호롱불이 가물거리고 있기 때문이다. 호롱불은 이때 생명력을 표상한다. 그러나 그것이 '활활 타오르는' 햇불이거나 장작불이 아닌 '가물거리는' 호롱불이기 때문에 '閑寂함'을 자아낸다. 이런 한적함 속에서 자아는 '悠悠自適'하고 있다. 젊은 나그네(나가니)인 자아는 그런 방에서 한가하게 국수를 마시고 있다. 제2연에서 보는 이러한 한적함 때문에 제1연의 우수어린 분위기도 '한적함'을 동반하게 되는 결과를 초래한다.

이처럼 이 시에서 대상인 색시나 주위 자연물뿐만 아니라 자아인 나그네도 다 같이 한적함의 분위기에 젖어 있음을 볼 수 있다.

趙芝薰의 여행시에서 보이는 이러한 한적감은 그러면 어디서 오는가.

외로이 흘러간 한송이 구름

○

이 밤을 어디메서 쉬리라던고.

성긴 빗방울
파초잎에 후두기는 저녁 어스름

창 열고 푸른 산과
마조 앉아라.

들어도 싫지 않은 물소리기에
날마다 바라도 그리운 산아

온 아츰 나의 꿈을 스쳐간 구름
이 밤을 어디메서 쉬리라던고.

〈芭蕉雨〉

이 시에서 구름은 나그네인 자아의 변형이거나 분신쯤으로 보인
다.[315] 그러나 그 구름은 단순히 자아의 감정이 이입된 그런 피동적인
존재는 아니다. 趙芝薰에게 있어서 자연은 모두 살아있는 존재이다.
즉 氣로 되어 있는 존재로서 살아 움직인다. 단지 죽어 있는 구름에게
살아 있는 자아의 정서가 일방적으로 투영된 것이 아니라, 구름과 자
아가 다 같이 살아 있으면서 대등하게 만난 것이다. 이때 자아도 구름
과 같이 物의 하나로 되어 있다. 이른바 以物觀物이 형성된 것이다. 이
물관물의 구체적인 양상은 구름의 理(본질)와 자아의 理(본질)가 하나
로 되는 데 있다. 그것은 곧 물아일체에 의해 가능하다. 이 시에서의
물아일체는 맨 마지막 연에서 보인다. '온 아츰 나의 꿈을 스쳐간 구
름'이 그러하다. 나의 꿈과 구름의 꿈은 이때 하나다. 즉 나의 理와 구

---

315) 박경혜도 이 〈파초우〉와 함께 〈완화삼〉을 여행시로 보고 있다. 박경혜, 앞
의 논문, 1992, p.117. 그리고 이숭원 역시 구름을 시인 자신의 표상으로
보고 있다. 이숭원, 앞의 논문, p.116.

름의 理가 하나로 된 것이다. 이렇게 사물의 神과 자아의 마음이 하나로 만난다는 데서 동양적인 상상력 이론의 특색이 있다. 자아의 강한 감정이 일방적으로 사물에 투영된 것이 서구 상상력이라면, 동양의 상상력은 사물의 神과 나의 마음이 하나로 만나는 데서 성립한다.[316] 이러한 상상력의 유형이 맨 마지막 연에서 확인되는 것이다. 그것은 이 시의 맨 마지막 행에서도 보인다. 그 구름이 '이 밤 어디메서 쉬리라던고'라는 구절에서 구름과 자아가 분리되지 않은 모습이 보인다.

그런데 이 시에서 자아와 자연과의 교감은 매우 조용하다. 李秉岐의 여행시에서처럼 자연과 자아가 생명력이 각기 충일하여 상호 확산적인 교감을 보이는 것도 아니고 鄭芝溶의 여행시처럼 상호 축소적이지도 않다. 이 시에서의 대상과 자아는 생명력이라는 측면에서 상호 현상유지적인 교감을 보이고 있다.

그것은 우선 제1연에서부터 확인될 수 있다. '외로이 흘러간 한 송이 구름'에서 우리는 그 구름이 요란하게 움직이는 그런 상태에 있지 않다는 것을 알 수가 있다. 즉 구름은 생명력은 있으나 그 생명력이 요란하게 움직이지 않고, 그렇다고 위축되어 있지도 않고, 현상유지적으로 고요히 움직이고 있음을 느낄 수 있다. 대상으로서의 구름이 그러하다는 것은 제2행 '이 밤을 어디메서 쉬리라던고'에서도 보인다. '쉰다' 는 것은 조용히 움직인다는 말의 다른 표현이다. 이처럼 구름은 고요하게 움직이는 생명력의 상태에 있음을 볼 수 있다. 이렇게 구름이 고요하게 움직인다는 것은 그 구름을 대하는 자아에 의해서도 다시한번 확인된다. '쉬리라던고'라는 말의 어미에서 그것은 보인다. 여기에서 보이는 자아의 정서는 매우 느릿하고도 한가롭다.

이렇게 느릿느릿한 한가로움이 자아가 지닌 정서의 한 표현이라면, 이와 합일되고 있는 구름의 정서도 마찬가지다. 이렇게 자아의 정서

---

316) 劉若愚, 『중국의 문학이론』, 79~98.

와 구름의 정서는 느릿느릿하고도 여유롭게 합일되고 있는데, 그것은 이 양자가 모두 생명력이 고요하게 움직이는 상태에 있기 때문이다.

그러한 한적함과 생명력의 고요한 움직임은 제2연과 제3연에서도 확인이 된다. 먼저 제2연에서의 '성긴' 빗방울이란 장면이 그러하다. 빗방울이 무수히 강하게 떨어지는 것이 아니라 실낱같은 몇 방울의 비가 후두긴다는 데서 그러함이 보인다. 그리고 또한 파초잎이 그러한 분위기를 북돋운다. 파초잎은 보통 절간이나 사대부의 정원에서 여름 동안 심어져 있는데, 그 잎의 크고 넓음에서 우리는 여유로움과 한가함을 느낄 수 있다. 이렇게 여유로운 한가함에서 우리는 생명력의 고요한 움직임을 보는 것이다. 이는 鄭芝溶의 시 〈비〉에서처럼 비가 '붉은 닢 닢 소란히 밟고 간다' 그런 상황과는 다른 것이다. 또한 저녁 어스름이란 시간 상황이 그러한 고요한 움직임을 확보해 준다. 대낮이 아닌 저녁 어스름이란 생명력이 고요하게 움직이는 그런 때이다. 이때 만물들은 생명력이 충일하여 밖으로 확산되는 것이 아니라 자기 내부에서 고요히 움직이며 자기 관리를 하고 있는 것이다. 이런 내부에서의 고요한 움직임은 제3연에서도 보인다. '창열고 푸른 산과 마조 앉는다'는 것이 그것을 드러낸다. 李秉岐에게서처럼 푸른 산으로 걸어 올라가는 것도 아니고, 鄭芝溶의 경우처럼 계곡에 틀어박히는 것도 아니다. 단지 산자락에서 여유 있게 창을 열고 그 산의 모습을 완상하며 유유자적하고 있는 것이다. 이때 산 역시 생명력이 고요하게 움직이는 상태에 들어 있다. 자아가 그러하니까 대상인 산도 역시 그러하다. 자아가 그러하다는 것은 '마조 앉아라'에서 보인다. 산을 대하고 마조 앉는 데서 오는 한적함과 느긋함이 그것을 보여준다.

이처럼 이 시에서 보이는, 대상의 한적한 분위기와 자아의 유유자적함은 바로 자아와 대상 모두가 생명력이 고요하게 움직이면서 서로 현상유지적으로 교감하고 있기 때문에 오는 현상이다. 이러한 생명력의 고요한 움직임과 현상유지적인 교감은 자아로 하여금 때로는 달관의 경지로 끌고 간다. 달관의 경지는 앞의 시 〈파초우〉에서도 많이 보이지만, 〈玩花衫〉에 오면 더욱 두드러진다.[317]

차운산 바위 우에 하늘은 멀어
산새가 구슬피 울음 운다.

구름 흘러가는
물길은 七百里

나그네 긴 소매 꽃잎에 젖어
술 익는 강마을의 저녁 노을이여.

이 밤 자면 저 마을에
꽃은 지리라.

다정하고 한 많음도 병이냥하여
달빛 아래 고요히 흔들리며 가노니……

〈玩花衫〉

달관은 세속의 번잡하고 고뇌에 찬 일에 사로잡히지 않으려는 태도이다. 이런 달관은 제1연에서부터 보인다. '차운산 바위 우에 하늘은 멀어'에서 그것이 보인다. 나그네가 서울을 떠나서 구름 흘러가는 물길 칠백 리를 따라 여행할 때 그의 머리 위에는 하늘이 있다. 그 하늘은 땅으로부터 멀리 떨어져 있다. 나그네가 지향하는 하늘은 세속으로부터 떨어져, 초월해 있는 것이다. 그 속을 산새가 구슬피 울음 울고 있다. 이때 산새는 나그네인 자아의 변형이나 분신쯤으로 보인다. 여기서는 세속과 하늘 사이의 긴장 관계가 보인다. 산새의 구슬픈 울

---

317) 조지훈의 여행시 〈완화삼〉에서 달관의 미를 지적한 논문으로 이숭원의 것이 있다. 이숭원, 앞의 논문, p.110.

음소리가 그 긴장감을 극화시키고 있다. 즉 달관의 경지에서 노닐고자 하는 자아의 정신적 긴장이 엿보인다.

그런데 제2연에 오면 나그네가 가는 길은 상당히 여유 있는 그런 공간으로 전개된다. 나그네 길은 힘들기는 하지만 구름처럼 정처 없이 흘러가는 길이다. 동양에서 구름은 '달관'의 경지를 표상한다. 세상일에 얽매이지 않은 마음의 자유로움이 구름에 담겨 있다. 그리고 그 길은 물길 칠백 리이다. 흔히 '7' 이란 숫자는 동양인에게 길한 수로 여겨지고 있다. 따라서 이 칠백 리의 물길은 이제 쓸쓸함만의 길은 아니다. 그것은 한적함이 느껴지는 그런 길이다. '나그네 긴 소매 꽃잎에 젖어/ 술 익는 강마을의 저녁 노을이여'에서 우리는 그러한 한적함을 본다. 이 한적함이 바로 달관의 심적 분위기인 것이다. 이러한 달관은 그러나 항상 어떤 우수와 쓸쓸함을 저변에 깔고 있다. 제4연 '이 밤 자면 저 마을에 꽃은 지리라'에서 그것이 느껴진다. 그럼에도 불구하고 우수와 쓸쓸함을 벗어버리고 유유히 떠나는 나그네의 모습은 역시 달관의 경지이다.

이처럼 趙芝薰의 여행시에는 달관이 그 근본 시학으로 있음을 보았다. 그런데 이런 달관은 자아와 대상이 각기 생명력이 현상유지적으로 교감하는 데서 생긴다. 산새가 구슬피 울음 운다든가, 달빛 아래 고요히 흔들리며 간다든가 하는 데서 우리는 자아도 대상도 다 같이 생명력의 고요한 움직임 속에 있음을 볼 수 있다. 그리고 나그네 긴 소매가 꽃잎에 젖었다는 표현에서 우리는 자아가 자연과 물아일체 되고 있음을 볼 수 있다. 이처럼 자아와 자연은 각기 생명력이 내부에서 고요히 움직이는 가운데 서로 현상유지적인 교감을 보이고 있다. 바로 여기서 달관의 시학이 나오는 것이다. 달관은 생명력이 충일되고 확산되어 있는 풍류나 도락과는 다르다. 한편 그것은 생명력이 위축되고 축소되어 있는 체념과 극기와도 다르다. 그것은 생명력이 고요하게 움직이며 현상유지적으로 존재하는 데서 빚어지는 심미적 태도이다. 생명력의 현상유지적 교감은 趙芝薫의 여행시에 구현된 형이상의 구체적 모습이며, 문인화정신의 구체적 내용이다.

(4) 은거에서 오는 초탈과 체념

여기서는 비일상적 은거 공간의 자연물을 다룬 시에서의 미의식을 살펴보고자 한다. 앞에서 살펴본 바에 의하면 趙芝薫의 은거적 산수시는 그의 전체 자연시 80편 중 35편 정도가 된다. 거의 절반을 차지하는 셈이다. 따라서 은거적 산수시가 그의 자연시를 대표한다고 볼 수 있을 정도이다. 그는 두 번 은거를 한 적이 있는데 월정사에서의 은거와 고향 마을에서의 은거이다. 첫 번째 은거는 1942년 4월에서 同年 12월까지이고, 두 번째 은거는 1943년 9월부터 8·15 해방까지이다. 이 두 번의 은거 생활에서 나온 작품들은 약간의 차이가 있다. 趙芝薫 자신의 말 대로 첫 번째 은거시는 주로 소품의 '서경시'로 禪味와 觀照에 뜻을 두어 '슬프지 않은' 자연시이다.[318] 두 번째 은거시는 영남 사림파의 후예들인 한양조씨의 집성촌인 注谷洞(주실)에서 생산된 것 답게 유가적인 閑漫한 정서가 담겨 있다. 그러면 여기서는 이 두 시기의 은거시를 따로 나누어 고찰해 보겠다.

첫째, 월정사 시절의 은거 시기의 시부터 살펴보자.

지훈의 월정사 시절은 1941년 3월 16일 혜화전문학교 3년 과정을 졸업한 후인 1941년 4월초부터 시작된다. 그는 원래 당시 경성제대 종교사회학 연구실의 日人教授인 赤松·秋葉의 추천으로 邁蒙民俗品參考觀에 취직이 되었으나 그 자리를 사양하고 월정사 佛教講院을 택했다. 그가 전자 대신 후자, 즉 外典講師를 택한 이유는, 서익환의 지적[319]대로, 두 가지가 있을 것이다. 그 하나는 어지러운 머리를 가누기 위해

---

318) 조지훈, 「나의 歷程」, 『조지훈전집 4』, p.163.
319) 서익환, 「조지훈 시 연구」, 한양대학교 대학원 박사논문, 1988, pp.31~32.

서는 深山의 古刹을 택하여 자기 침잠의 공부에 들기 위해서이고,[320] 다른 하나는 선인들의 參禪曲을 證得하여 佛心의 세계로 들어가 불교적 우주관과 선적 자연관을 배우기 위해서이다. 거기서 그는 소위 非僧非俗으로[321] 생활하면서 方漢岩 선사 등으로부터 詩禪一如의 시정신을 배운다.[322] 하여튼 여기서의 詩는 禪을 떠나서 있을 수 없었다. 따라서 이때 그의 詩에서는 자연히 禪味가 나타날 수밖에 없었다.

> 木魚를 두드리다
> 졸음에 겨워
>
> 고오운 상좌아이도
> 잠이 들었다.
>
> 부처님은 말이 없이
> 웃으시는데
>
> 西域 萬里길
>
> 눈부신 노을 아래
> 모란이 진다.
>
> 〈古寺 1〉

이 시를 두고 선적이냐 아니냐 하는 논란은 있어왔으나[323] 필자는

---

320) 조지훈, 「나의 시의 편력」, 『청록집 이후』, 현암사, 1968, p.162.
321) 조지훈, 「非僧非俗之嘆」, 『조지훈전집 4권』, p.47.
322) 조지훈, 「西窓集」, 『조지훈전집 4』, p.136. 조지훈, 「詩禪一味」, 『조지훈전집 4』, pp.146~147. 서익환, 앞의 논문, p.32에서 재인용.
323) 이 시를 선적인 시라고 보아온 견해로는 다음과 같은 글들이 있다. 장문평, 「지훈의 좌절」, 김종길 外, 『조지훈 연구』, 고려대출판부, 1978, p.190. 이동환, 「지훈 시에 있어서의 한시 전통」, 위의 책, p.236. 서익환, 앞의 논문, p.97. 김종균, 「조지훈의 문학비평」, 위의 책, p.403.

충분히 선적인 테마를 가지고 쓴 시로 본다.324) '선적인 시'라는 유보
조항을 아니 단 본격적인 '선시'도 趙芝薰의 말325)처럼 로맨티시즘류
의 서정시인 것임에 틀림없다. 趙芝薰은 그 자신이 대단하게 보았던,
己未 33人 중의 한 사람이었던 白龍城 禪師의 悟道頌을 인용하고 있는
데, 이 悟道頌이야말로 지훈이 말한 로맨티시즘류의 서정시인 것이다.

金鰲千秋月	금오산의 천 년 달이요
洛東萬里波	낙동강의 만 리 물결이라
孤舟何處去	외로운 배는 어디로 가는고
依舊宿蘆花326)	옛처럼 갈대꽃에서 잔다

이 선시로서의 오도송은 지훈의 말327)대로, "일체의 정서와 주관을
배제하고 자연을 있는 그대로 직관하고 관조하는 서경의 소곡조"이다.
즉 역시 그의 말328)대로. '슬프지 않은 시' – 주로 '서경'의 자연시이다.
이처럼 趙芝薰이 주로 보던 당시의 선시는 서경시로서의 서정시가 대
부분이었다. 이는 淸虛 休靜(1520-1604) 이후 선시의 경향이 주관성을
객관화하면서 자연과의 합일을 꾀하는 흐름이 생겼기 때문이다. 비록
鏡虛 때 주관도 객관도 아닌 상태로 바뀌었다고 하지만 결국 자연과의
합일이라는 선시 본래의 맥은 지속되었던 것이다.329) 이런 영향 하에
서 趙芝薰이 선시나 선적인 시를 바로 서경적인 자연시로 된 서정시로
생각하고 그 자신도 그러한 종류의 선적인 시를 썼다고 생각된다. 따
라서 앞의 시 〈古寺 1〉도 그러한 종류의 선적인 분위기를 풍기는 시로

---

324) 조지훈 자신도 이 시를 선사상에서 피어난 것 이라고 하였다. 조지훈, 「시
　　의 원리」, 『조지훈전집 3』, p.54.
325) 조지훈, 「亦一禪談」, 위의 책, p,128.
326) 조지훈, 「현대시와 선의 미학」, 『조지훈전집 3』, p.117.
327) 조지훈, 「나의 시의 편력」, 서익환의 논문 p.36에서 재인용.
328) 조지훈, 「나의 역정」, 『조지훈전집 4』, p.163.
329) 석지현, 『선으로 가는 길』, 일지사, 1980, p.241.

보여진다.330)

이 시 〈古寺 1〉의 분위기는 우선 정적함이다.331) 그것은 "生動하는 것을 靜止態로 파악하고 枯寂한 것을 生動態로 잡는"332) 선적인 인식방법과 관련되어 있다. 이러한 動中靜과 靜中動의 인식 방법을 그는 아래와 같이 설명하고 있다.

> 無味한 속에서 최상의 味를 맛보고 寂然不動한 가운데 雷聲霹靂을 듣기도 하고 눈감고 줄 없는 거문고를 타는 마음이 모두 이 돌의 미학에 통해 있기 때문이다.333)

이러한 靜中動, 動中靜의 인식 방법이 앞의 시 〈古寺 1〉에도 그대로 적용되고 있음을 볼 수 있다. 목탁을 두드린다는 것 자체가 주위의 정적감을 나타낸다. 그런데 정적이란 사물의 정지 상태인데, 이 정지 상태 역시 엄청난 동작의 상태이다. 졸음에 겹다는 것 역시 정적을 나타내는데, 그것 역시 움직임의 한 표현이다. 제2연에 와서 고오운 상좌 아이도 잠이 들었다는 장면에 와서 그 정적이 더 해진다. 다음 제3연에 와서는 부처님의 말 없는 웃음으로 그 정적이 우주적인 것으로 확산된다. 우주 전체가 정적 가운데서 활발히 움직인다는 것을 표상하는 셈이다. 그리고 맨 마지막 연에서도 그러한 정적이 보인다. 그런데 이때의 정적감은 한적함을 동반한다. 李秉岐의 자연시에서처럼 흥겹지도 않고 鄭芝溶의 자연시에서처럼 고적하지도 않다. 정적한 가운데서도 자연물들은 한가롭게 존재한다. 그런데 이 한가로움이 다소 寂寞感을 띠고 있다. 고운 상좌 아이도 잠이 들었다는 것과 눈부신 노을

---

330) 박호영도 필자와 같은 견해를 보이고 있다. 박호영, 「조지훈 문학 연구」, 서울대 대학원 박사논문, 1988, p.76.
331) 이승원도 조지훈의 자연시에서 정적미를 지적한 바 있다. 이승원, 앞의 논문, p.109.
332) 조지훈, 「현대시와 선의 미학」, 『조지훈전집 3』, p.117.
333) 조지훈, 「돌의 미학」, 『조지훈전집 4』, p.19.

아래 모란이 진다는 것이 둘 다 다소 적막감을 자아낸다. '잠이 들다'
와 '꽃이 진다'는 것은 그런 분위기를 풍겨내기에 알맞다. 이처럼 趙芝
薰의 은거적 산수시 중 월정사 시기의 은거시는 한적하면서도 적막함
을 보인다. 다시 말해 적막감에 가까운 한적함을 보인다. 그리고 그런
적막함 속에서 세상으로부터 초탈해 있는 경지가 드러난다.

　그러면 이때 이 적막감에 가까운 한적함의 분위기에 젖어 있는 대
상과 자아는 어떤 관계로 만나고 있는가.

　　　　닫힌 사립에
　　　　꽃잎이 떨리노니

　　　　구름에 싸인 집이
　　　　물소리도 스미노라.

　　　　단비 맞고 난초 잎은
　　　　새삼 치운데

　　　　볕바른 미닫이를
　　　　꿀벌이 스쳐간다.

　　　　바위는 제자리에
　　　　옴찍 않노니

　　　　푸른 이끼 입음이
　　　　자랑스러라.

　　　　아스럼 흔들리는
　　　　소소리바람

　　　　고사리 새순이

도르르 말린다.

〈山房〉

이 시는 1941년 작품으로 월정사 은거시기에 쓰여진 것으로 보인다.[334] 절간이 아니고 절간 근처의 민가와 그 주위를 둘러싼 산 속의 자연 풍경이 스케치되고 있다. 이 시는 앞의 〈古寺 1〉과 같이 거의 서경 묘사로 일관되어 있다.[335] 얼핏 자아의 주관 정서가 배제되어 있는 듯하다. 그러나 실제 여기에는 주관 정서가 강하게 내재되어 있다. 주관과 객관이 합일되어 분리가 안 되고 있는 셈이다. 그것은 제1연에서의 '떨리노니'와 제2연의 '스미노라', 제5연의 '않노니', 제6연의 '자랑스러라' 등의 語尾에서 확인된다. 이 어미에는 자아의 감정이 담겨 있는데, 그 감정이 자아의 것이지만 않고 사물의 것이기도 하다. 그런데 여기서 보는 한적감은 자아와 자연이 모두 각기 생명력의 고요한 움직임 속에 있기 때문에 오는 것이다. 제1연 '닫힌 사립에 꽃잎이 떨리노니'에서 보듯, 대상으로서의 자연물인 꽃잎은 가볍게 떨리는 움직임 속에 있다. 그리고 그것을 바라보는 자아 역시 같은 정도의 떨림 속에 있다. 그것은 '떨리노니'라는 말의 어미에서 확인이 된다. 그리고 이때 자아는 '悠悠自適' 하는 상태에 있다. 趙芝薰은 월정사 은거 시절 자신의 심미적 태도를 아래와 같이 '悠悠自適'으로 표시했다.

그러나, 가을이 접어들면서 나의 悠悠自適은 破綻에 직면하게 되었다.[336]

養生이란 불안한 마음의 一掃다. 樂天이다. 신념이다. 양생은 화려한 힘

---

334) 박경혜, 앞의 논문, p.122.
335) 박경혜, 앞의 논문, p.122. 김용직 교수도 이 시가 山寺 주위의 정적에서 느끼는 마음의 상태를 전통화의 기법을 원용하여 제시했다고 했다. 김용직, 『한국문학의 비평적 성찰』, 민음사, 1974, p.243.
336) 조지훈, 「나의 역정」, 『조지훈전집 4』, p.163.

을 육성하지 않는다. 양생은 조금 먹고 힘쓴다. 悠悠自適한다.[337]

　위의 두 산문 중 첫째 것은 1941년 가을의 것이고, 둘째 것 역시 월정사 시절의 것이다. 두 번째 글에서 보듯 그의 생활 미학은 悠悠自適에 있었는데, 그것은 화려한 힘을 욕망하지 않고 조금 먹고 조금 힘쓰는 養生과 관련된다. 그리고 그 양생이 樂天과 연결된다는 데서 그 양생의 미학을 알 수 있다. 이런 양생의 미학을 터득했기에 그는 산수 속에서 은거하면서 나름대로 성공적인 은자가 될 수 있었다. 조금 먹고 조금 힘쓰고 낙천에 사는 그는 생명의 충일함도 생명의 위축됨도 아닌 생명의 고요한 움직임 속에서 유유자적할 수 있었다. 자아뿐만 아니라 대상도 마찬가지이다. 제4연 '볕바른 미닫이를 꿀벌이 스쳐간다'에서나, 제5연 '바위는 제자리에 옴찍 않노니'에서 우리는 그런 고요한 움직임을 느낄 수 있다. 그리고 맨 마지막 연에서도 그것이 확인된다. 고사리 새순이 도르르 말린다는 장면에서 우리는 자연물이 그 속에 간직한 내적인 생명력의 고요한 움직임에 떨고 있음을 볼 수 있다. 그리고 이 시 전체에서 자아도 대상도 그런 상태에서 합일되고 있음을 볼 수 있다.

　이처럼 그가 한적함 가운데서 살 수 있었던 것, 즉 생명의 고요한 움직임을 즐기면서 유유자적할 수 있었던 것은 그가 은거에 성공할 수 있었기 때문인데, 그의 성공적인 은거는 다음과 같은 산문에서도 확인이 된다.[338]

　　隱逸(三)
　은일하는 자 자기의 가는 길이 옳음을 설명할 필요가 없다. 은일은 패배이기 때문에……. 그러나, 은일의 眞價는 세월이 증명한다. 패배가 도리어

---

337) 조지훈, 「放牛山莊 散稿, 『조지훈전집 4』, p.117.
338) 이숭원은 조지훈의 시에서 소위 은자적 여유가 보인다는 이유로 정지용의 은거시와 구별하고 있다. 이숭원, 앞의 논문, p.108.

승리가 되는 날 은자는 미소하라.

隱逸(四)
山林의 樂을 말한 자는 참의 은일을 모르는 자다. 은일의 즐거움을 말하는 자도 은일을 모르는 자다. 은일은 항시 슬펐다. 슬픈 가운데 말 없이 樂樂하는 者.[339]

趙芝薰은 은일을 일단 현실에서의 패배한 삶으로 규정한다. 정치적으로 패배한 은일을 그는 不遇의 동의어로 규정짓는다.[340] 그럼에도 불구하고 정치를 떠나 학문을 함으로써, 격물치지함으로써, 들어가 싸우지 않고 물러 앉아 정관함으로써 일가를 이루어 나중엔 승리자가 된다. 따라서 그 속엔 슬픔 가운데 즐거움이 있다.[341] 趙芝薰의 은거시에는 바로 이러한 슬픔 가운데의 즐거움이 확인되는데, 그것은 생의 고요한 움직임 때문이다. 이러한 생명력의 고요한 움직임과 현상유지적 교감은 월정사 시기 趙芝薰의 은거시에 구현된 형이상의 구체적 모습이며, 문인화정신의 구체적 내용이다.

그러면 월정사 시기의 趙芝薰의 은거시에 나타난 이러한 생명력의 고요한 움직임과 그로 인한 현상유지적 교감은 어떤 형이상학에 근거해 있는가? 그것은 다음의 시에서 보듯 불교적인 형이상, 곧 선의 세계와 관련되어 있음을 알 수 있다.

벽에 기대 한나절 조을다 깨면 열어제친 窓으로 흰구름 바라기가 무척 좋아라.
老首座는 오늘도 바위에 앉아 두 눈을 감은 채 念珠만 센다.
스스로 寂滅하는 宇宙 가운데 먼지 앉은 經이나 펴기 싫어라.
篆煙이 어리는 골 아지랭이 피노니 떨기남에 우짖는 꾀꼬리 소리.
이 골안 꾀꼬리 고운 사투린 梵唄 소리처럼 琅琅하고나.

---

339) 조지훈, 「放牛山莊 散稿」, 『조지훈전집 4』, p.117.
340) 조지훈, 위의 글, p,117.
341) 조지훈, 위의 글, p.117.

벽에 기대 한나절 조을다 깨면 지나는 바람결에 속잎 피는 고목이 무척
좋아라.

〈鶯吟說法〉

이 시에서도 자아와 대상은 모두 생명력이 고요히 움직이는 가운데
한적함과 유유자적함에 젖어 있다. 벽에 기대 한나절 조을다 깬다는
데서 그러한 생명력의 고요한 움직임을 볼 수 있고, 열어 제친 창으로
흰 구름 바라기가 무척 좋아라 하는 데서 유유자적함을 본다. 이런 고
요한 생명력과 유유자적은 오늘도 바위에 앉아 두 눈을 감은 채 염주
만 세는 老首座의 모습에서도 보인다. 그리고 끝에 나오는 '속잎 피는
고목'이 또한 그렇다.

그런데 이런 고요한 생명력의 움직임 속에 있는 자아와 대상은 모
두 佛性을 지닌 것으로 되어 있다. 스스로 적멸하는 우주 가운데 먼지
앉은 경이냐 펴기 싫어라 하는 대목에서, 경이란 그런 우주의 불법을
기록한 책에 지나지 않는다는 사상을 토로한 것을 읽을 수 있다. 따라
서 자아에겐 골짜기 꾀꼬리 소리에도 불법이 들어 있는 것이다. 이처
럼 이 시에서 자아와 대상의 생명적 본성은 불성에 기인하는 것으로
인식되어져 있다. 이런 불교적인 형이상학에 근거하여 이 당시 그의
시학에는 초탈의 경지가 보이는 것이다.

월정사 은거 시기 趙芝薰의 자연시로는 다음의 한시도 있다.

松扉人跡少
石逕落花多
岩下泉聲細
時聞採藥歌[342]

〈訪禪僧不遇〉

소나무 사립문에는 인적이 드물고

---

342) 김종균, 앞의 논문, p.103에서 재인용.

Ⅲ. 문장파 자연시의 미의식   213

돌 길에는 떨어진 꽃잎이 가득하다.
바위 아래 샘물소리 가늘고
때때로 들리니 약초 캐는 소리로다.

　이 작품은 1941년 시이다.[343] 이 시에서도 우리는 정적감을 맛볼 수
있다. 정적감은 趙芝薰 한시의 기본적인 분위기이다.[344] 이러한 정적
감은 곧 한적감으로 이어진다. 즉 한가하고도 적막한 분위기가 이 시
를 감싸고 있다. 소나무 사이 사립문에 인적이 드물고, 그 사이에 난
돌길에는 꽃잎이 어지럽게 떨어져 있다는 데서 우리는 그런 한적미를
볼 수 있다. 그리고 바위 아래 가는 샘물소리가 들리고, 약초 캐는 소
리가 간간히 들린다는 데서도 그러한 한적미를 볼 수 있다.
　그런데 그러한 한적미는 이 시 속의 사물들이 지닌 생명력의 모습
과 관계가 있다. 이 시 속에서의 사물들은 생명력의 면에서 고요한 움
직임을 보이고 있다. 그것은 바위 아래 샘물소리가 '가늘다'는 데서 보
인다.[345]
　이와 같이 월정사 시기의 한시에서도 우리는 생명력의 고요한 움직
임과 현상유지적 교감을 느낄 수 있다.
　둘째로 고향 마을에서의 은거 시기의 시를 살펴보자.
　1943년 가을 趙芝薰은 서울을 떠나 완전히 낙향해버렸다. 조선어학
회 사건과 관련하여 서울을 떠났던 것이다. 처음 1942년 10월 1일 조
선어학회 사건이 일어나자 그는 일경에게 문초를 당하고 풀려났다.
자신은 조선어학회 회원이 아니고 불교를 연구하는 사람으로서 거기
있는 불경언해를 열람하면서 손이 모자라는 카드 정리를 도와주고 있
을 따름이라는 그의 진술을 듣고 주소·성명을 쓰게 한 후 풀어주었

343) 김종균, 앞의 논문, p.103.
344) 김종균, 앞의 논문, p.104.
345) 김종균, 앞의 논문, P.104.

던 것이다. 그 후 집에 돌아와 경찰의 소환을 기다렸으나 연락이 없으므로 초조한 마음으로 어느 절간으로 피신했다. 이 무렵 그는 여의대병원에 입원해 있던 안호상 박사의 옛 원고를 정리해 드렸고, 1943년 가을 이후 서울을 떠났던 것이다.[346] 낙향해 있다가 그는 1944년 가을에 잠깐 상경한 적이 있었다. 그때 그는 대학병원에서 폐침윤에 신경성 위 아토니란 병명의 진단서를 받고 고향으로 다시 내려왔다. 그러던 중 다음 해 그는 북해도행 징용검사를 받고 勞務堪耐不能이란 판정을 받고 머리만 깎인 후 방면되었다.[347] 이것이 1945년 3월로서 해방되기 5개월 전의 일이다. 이 당시 그는 낙향하여 자신의 집에서 살지 않고 근처에 초가를 짓고 혼자 숨어 살았다.

> 하는 수 없이 낙향해 버리고 만 것이 어느덧 철수가 바뀌었다. 날마다 산을 바라보고, 밤마다 물 소리를 이웃하는 것 밖에, 나는 책 한 권 바로 읽지 못하고 소란한 세상을 병든 몸으로 숨어서 살아간다. 친한 벗에게서는 편지 한 장 오지 않고, 들리는 소문이란 쫓기는 백성의 울부짖음 밖에 아무 것도 없었다.
> 어쩌지 못할 설움 속에 그래도 울먹어리는 마음을 다소 가라 앉히기는 노란 국화가 피면서부터였다. 여름에 미리 파두었던 한 평 남짓한 못에다 뒤꼍 미나리 강에서 물을 따 대었다. 산에 가서 기이한 돌을 가져다 쌓기도 하고 강가에서 흰 모래와 갈대 몇 포기도 날라 온 보람이 있어 방 둘 부엌 하나밖에 없는, 이름 그대로 나의 외로운 초가 삼간은 하루 아침에 가을이 왔다.[348]

이처럼 그는 말 그대로 은거를 하였다. 은거란 결코 일상적인 거주 방식이 아니다. 자신의 집을 두고 따로 초가를 지어 숨어서 사는 것은 비일상적인 방법이다. 비일상적이기 때문에 그곳에는 '생활'이 있을

346) 서익환, 앞의 논문, pp.40~41.
347) 서익환, 위의 논문, pp.44~45.
348) 조지훈, 「撫菊語」, 『조지훈전집 4』, p.40.

수 없다. 따라서 은거에는 생활 없는 자의 고독과 우수가 나타나기 마련이다. 그때 고독한 마음을 달래주는 것이 주위의 자연물이다. 이때 자연물은 자아와 하나가 되어 자아의 고적감을 달래주는 것이다. 자아가 인간 이외의 자연물과 존재론적으로 하나로 합치되어 고적감을 해소하는 것이 은거적 산수시의 일반적인 미학이듯이 趙芝薰의 이 은거시에서도 그러한 것이 보인다.

> 嶺넘어 가는 길에
> 임자 없는 무덤 하나
> 주막이 하나
>
> 시름은 무거운데
> 주머니 비었거다
>
> 하늘은 마냥 높고
> 枯木가지에
>
> 서리 가마귀 우지짖는
> 저녁 노을 속
>
> 나그네는 홀로 가고
> 별이 새로 돋는다
>
> 嶺넘어 가는 길에
> 산 사람의 무덤 하나
> 죽은 이의 집
>
> 〈枯木〉

이 시는 1943년 작품으로 바로 고향 마을에서 은거하며 쓴 시다. 이 시에서 보듯 고향 마을에서의 은거시는 월정사 시기의 은거시와는 사뭇 달리 어떤 쓸쓸함이나 애수가 나타난다. 제목부터가 枯木이다. 즉 말라 죽은 나무이다. 이는 생명력의 꺾임이다. 위축 정도가 아니라 죽음이다.[349]

제1연에서 보듯 그 고목이 있는 장소는 영 넘어가는 길에 있다. 그리고 그 고목 옆에 임자 없는 무덤이 하나 있다. 무덤이란 것이 원래 쓸쓸한데 '임자 없는' 상태는 더욱 그러하다. 그리고 그 옆에 주막이 하나 있다. 주막이란 나그네가 묵는 곳으로 언제나 우수가 깃든 곳이다. 이 주막이 무덤 옆에 있다는 것은 이 시의 공간에서 나오는 사람들의 삶이 그렇게 황량함 가운데 있다는 것을 의미한다. 그것은 또한 시대적인 분위기에서 온 것이기도 하다.

나그네로서의 자아에게 '시름'은 무거운데 주머니는 비었다. 주위 자연물들은 고적하고 자아도 고적하다. 즉 대상은 고적함 속에 있고 자아는 '시름겨움' 속에 있다.

이런 고적함과 시름겨움은 제3과 제4연에서도 부연된다. 하늘은 마냥 높고 그 속에 말라 죽은 나무의 가지가 할퀴듯이 뻗어 있다. 그 위에서 서리 까마귀가 우짖고 있다. 때는 저녁노을 속이다. 까마귀는 죽음과 관련되는 심상이다. 저녁 놀 또한 삶의 마무리나 종말을 의미하는 것으로 한결 같이 생명력의 위축을 뜻한다. 그 속을 자아인 나그네는 '홀로' 고독하게 가고 별이 새로 돋는다.

그런데 이런 고적감이 맨 마지막 연에서는 심각하게 나타나는데, 그 무덤이 '산 사람'의 무덤이라는 것이다. 이는 趙芝薰이 자신의 은거 공간이 무덤과 같다고 인식한 결과로 보인다.

이처럼 趙芝薰의 고향 마을에서의 은거시는 정적하면서도 매우 쓸쓸하고 고독하다.[350] 그리고 그것은 자아와 대상의 생명력이 심하게

---

349) 김기중 역시 이 시에는 부정적인 삶의식에 물들은 우울한 모습이 드러난다고 지적한 바 있다. 김기중, 「지훈시의 이미지와 상상적 구조」, 『민족문화연구』 제22호, 1989, pp.174~176.

위축되어 있음에 기인한다. 그것은 월정사 시기의 한적함과는 다르다. 월정사 시기의 것은 대상도 자아도 고요히 생명력이 움직이고 있던 때였다. 그런데 이때는 그런 한적함이 아니라 고적함이 드러나고, 생명력도 심히 위축되어 있었다. 그리고 자아도 대상도 서로 생명력이 위축된 상태에서 상호 축소적으로 교감하고 있었다. 이러한 생명력의 상호축소적 교감은 고향 마을에서의 은거 시기의 趙芝薰의 산수시에 구현된 형이상의 구체적 모습이며, 문인화정신의 구체적 내용이다.

고향 마을에서의 은거시가 이처럼 생명력이 위축되어 있는 것은 다음의 시에서도 드러난다.

꽃이 지기로소니
바람을 탓하랴.

주렴 밖에 성긴 별이
하나 둘 스러지고

귀촉도 울음 뒤에
머언 산이 닥아서다.

촛불을 꺼야 하리
꽃이 지는데

꽃지는 그림자
뜰에 어리어

하이얀 미닫이가
우련 붉어라

---

350) 박경혜도 지훈의 자연시에 나타난 은자가 외로움을 보이고 있다는 식으로 지적하고 있다. 박경혜, 「조지훈 문학 연구」, 연세대 대학원 박사논문, 1992, p.108.

묻혀서 사는 이의
고운 마음을

아는 이 있을까
저허하노니

꽃이 지는 아침은
울고 싶어라

〈落花〉

박호영 교수의 지적[351]대로, 이 시는 한시적 발상에서 쓰여졌다. 그리고 이 작품도 역시 1943년 작으로 고향에 은거하며 쓴 시이다. 여기서도 우리는 어떤 한적함이나 흥겨움이 아닌 고적함을 볼 수 있다. 이것은 고향 마을에서의 은거가 월정사 시절의 은거보다 결코 성공적이지 못함을 의미한다. 그렇게 성공적이지 못했다는 것은 이 시기 趙芝薰의 은거 조건이 그만큼 불리했음을 반증한다. 그러한 조건 속에서 그는 체념으로 생을 견디고 있다. 그럼에도 불구하고 이 시는 鄭芝溶의 은거시보다는 다소의 여유를 보여주고 있다. 묻혀서 사는 이의 고운 마음을 아는 이 있을까 두려워하는 데서 은거하는 자신이 어느 정도는 은거에 자족하고 있음을 느낄 수 있다. 그것은 '꽃이 지는 아침은 울고 싶어라'에서도 나타난다. 이것은 단지 슬픔의 눈물만이 아니라 자족한 삶, 자연과 일체가 된 데서 오는 조그만 여유의 표시이다.[352]
이렇게 어느 정도의 조그만 삶의 여유를 표시하는 것은 제1연에서

---

351) 박호영, 「조지훈 문학 연구」, p.86. 그에 비해 이숭원은 이 시가 비록 2행 1연의 한시적 발상에서 쓰여졌으나 그 시상 전개 방식에 있어서는 시조와 유사한 면을 보이고 있다고 지적한다. 이숭원, 앞의 논문, p.112.

352) 박호영 교수는 이 〈낙화〉가 2행 연구로 되어 있어서 안정감과 균형감이 특히 두드러진다고 지적하였다. 그리고 그 안정감과 균형감으로부터 자연의 규범성을 느끼게 한다는 점에서 이 시가 유가적 자연관에 닿아 있다고 했다. 박호영, 위의 논문, p.84.

부터 보인다. 꽃이 지기로소니 바람을 탓하랴 하는 여유의 자세가 그러함을 보여준다. 박호영의 지적[353]대로 꽃이 지는 것은 바람의 탓이 아니라 꽃 자신이 稟受한 理 때문이라는 것이다. 만물은 자신이 품수한 理에 따라 산다는 것이다. 물론 유가적인 세계관에 근거한 처세술이지만, 결코 그것이 만만치 않은 삶의 미학임을 느낄 수 있다. 이런 사상을 가질 때 자아는 최소한의 정신적인 파탄을 면할 수 있다. 우울한 분위기 속에서 살면서도 우울증에 빠지지 않는 것은 바로 위와 같은 사상 때문이다.

그러나 아무리 여유 있는 상태라지만 전체적으로는 고적하다. 꽃이 진다는 것부터가 그러하다. 별이 하나 둘 스러진다는 것 역시 그러하다. 이 시에 나오는 모든 사물들이 다 그러한 정서를 표상하고 있다. 귀촉도 울음이 그러하고, 꺼지는 촛불이 그러하다. 꽃 지는 그림자, 하이얀 미닫이가 그러하다.

그런데 이렇게 슬픔을 자아내는 모든 사물들은 부분적으로 독자성을 띠며 병치되어 있다. 다시 말하면 이 시는 몇 개의 주요한 심상들로 되어 있는데, 이 심상들이 부분적 독자성을 띠며 나열되어 있는 것이다.[354] 즉 사물들이 제유적 관계를 형성하고 있다. 지는 꽃, 주렴 밖의 성긴 별, 귀촉도 울음, 촛불, 하이얀 미닫이 등이 그러하다. 그런데 여기서의 부분적 독자성은 모더니즘시에서의 불연속성과는 다르다. 동양사상에서는 사물들이 부분적 독자성을 유지하면서도 하나로 연속되어 있다. 그것은 만물이 一氣로 연속되어 있기 때문이다.[355] 이런 一氣에 의한 연속성은 그러나 리얼리즘에서의 인과관계에 의한 연속성과는 다르다. 그런데 이렇게 부분적 독자성을 띠고 있는 사물들 사이

353) 박호영, 위의 논문, p.84.
354) 오세영은 조지훈 시의 이러한 특징을 공간적 묘사와 무시간성이라는 이름으로 설명하고 있다. 오세영, 앞의 논문, p.47.
355) 山田慶兒, 『주자의 자연학』, 통나무, 1991, pp.91~100.

에는 많은 것이 생략되어져 있다. 이른바 압축의 미가 보인다. 이는 압축과 생략이 만들어 내는 이른바 여백에 의해 생긴다.356) 이 여백을 사이에 두고 앞의 사물들이 서로 얼마씩 떨어져 있으며 감응구조를 일으키고 있다. 감응구조란 앞에서 말한 대로 인과관계가 아닌 작용·반작용의 관계로서 사물들 사이에 작용하는 힘과 관련된 방식이다. 이 사물들 사이에는 그것들이 벌어진 간격만큼 고도의 에너지가 통하고 있는 셈이다. 그것이 시에서는 상상력인 셈이다.

이런 감응구조로 작용하는 상상력의 힘은 시 속의 대상들 사이에서만이 아니라 대상과 자아 사이에서도 존재한다. '꽃이 지기로소니 바람을 탓하랴'는 데서 자연의 이법에 따라 움직이는 꽃과 일체화되는 자아의 모습을 볼 수 있다. 이때 꽃과 자아 사이에는 以物觀物로서 서로 대등한 관계가 설정된다. 이 이물관물의 대등한 관계가 바로 작용·반작용이라는 감응구조의 조건이다.

자아와 대상간의 이런 감응관계는 제3연에서도 보인다. '귀촉도 울음 뒤에 머언 산이 닥아서다'는 표현에는 바로 그 산과 하나 된 자아의 모습이 보인다. 그리고 제4연에서도 이런 감응관계가 확연히 확인된다. '촛불을 꺼야 하리 꽃이 지는데'에서 그것이 보인다. 지는 꽃의 정서와 촛불을 끄는 자아의 정서가 서로 감응되어 있다. 감응이란 天人合一의 경지로 자연의 정서가 곧 인간의 정서와 하나로 된다는 믿음에서 생긴 것이다.357) 이런 정서적 공감은 마지막 연에서 다시한번 강조된다. '꽃이 지는 아침은 울고 싶어라'는 것이 그러하다. 자연의 정서와의 일치가 보이는 것이다. 이 감응구조가 바로 앞서 말한 대로 유가적 사상 때문이다.358)

---

356) 조지훈 시의 여백미에 대해서는 박경혜, 앞의 논문, pp.124~125 참조.
357) 감응관계에 의거한 天人相關論에 대해서는 山田慶兒, 앞의 책, p.78 참조.
358) 김용직 교수도 조지훈 시에 있어서 물아일체를 지적한 바 있다. 김용직, 『정명의 미학』, p.384.

그런데 여기서 특기할 만한 것은 이런 자아의 정서가 자아의 어떤 적극적인 태도와 관련되어 있다는 점이다. 그것은, 제1연 '꽃이 지기로 소니 바람을 탓하랴'에서 보이고, 제 4연 '촛불을 꺼야 하리'에서 보이고, 맨 마지막 연 '꽃이 지는 아침은 울고 싶어라'에서 보이듯, 자아가 어떤 의지를 동반하고 있는 적극성을 보인다는 점이다. 이런 적극성은 하나의 사상에서 비롯된다. 그것은 슬픔 가운데서도 슬프지 않고 자족적으로 견디어내겠다는 의지의 표명이다. '울고 싶어라'에서 우리는 처절한 고적감과 동시에 역설적으로 어떤 한가한 여유마저 볼 수 있는 것이다. 이것이 앞서 말한 대로 유가적인 처세관 또는 미학 때문으로 보인다. 이 시가 유가적 세계관에 뿌리를 내리고 있음은, 김용직과 박호영 교수의 지적[359]대로, 언어 자체가 정제되어 있고, 언어의 구속을 받으며 시상이 전개되어 나간다는 점에서 확인할 수 있다. 따라서 이 시는 선시의 범주에 들 수 없으며, 선에다 결부시키는 것은 심한 '난시 현상'[360]이라 볼 수 있다.

이처럼 趙芝薰의 은거시는 월정사 시기의 은거시와 고향 마을에서의 은거시 둘로 나눌 수 있었다. 월정사 시기의 은거시는 쓸쓸하지 않고 한적한 공간에서 유유자적하는 자아의 모습을 보여주었고, 그리고 그런 정서와 분위기는 자아와 대상이 지닌 고요한 생명력의 움직임 때문임을 알아보았다. 그런 자아와 대상이 상호 현상 유지적으로 교감하고 있음 역시 알아보았다. 그리고 이때 이런 생명력의 현상 유지적인 교감을 가능케 하는 형이상학적 원리는 선종 계통의 불교 사상에서 온 것임도 알아보았다. 이런 형이상학 때문에 그는 은거에 성공할 수 있었다. 은거에 성공한 자아는 세상으로부터 초탈한 태도를 보이고 있었다.

이에 비해 고향 마을에서의 은거시는 쓸쓸하고 고적한 분위기를 많

---

359) 김용직, 위의 책, pp.386~387. 박호영, 앞의 논문, p.86.
360) 김용직, 위의 책, p.387.

이 풍겼다. 그리고 자아도 대상도 생명력이 위축된 상태에서 상호 축소적 교감을 보였다. 그런 가운데 체념의 미학을 보이고 있다. 그것은 이 시기 그의 은거 생활이 매우 힘들었기 때문으로 보인다. 결코 성공적이지만은 않은 은거였다. 그럼에도 불구하고 그는 유가적인 미의식을 가지고 거기서 어느 정도 견디어 낼 수 있었다. 그것은 천인합일이라는 유교 사상에 근거를 둔 감응구조에서 보였다. 이처럼 그의 시에는 어느 정도 은거에 성공한 부분도 있어 다소의 한가함과 여유도 보인다는 점에서 鄭芝溶의 은거시와는 조금 다르다고 볼 수 있다.

그리고 그의 은거시는 鄭芝溶의 은거시에서처럼 자아가 산 계곡에 틀어박히는 형국이 아니라 산자락에서 유유자적 하는 태도를 취하고 있다. 물론 李秉岐의 자연시에서처럼 산꼭대기를 향해 힘차게 올라가는 것도 아니다.

고향 마을에서의 은거시로는 다음과 같은 한시도 있다.361)

山深晝日靜
扉掩落花迷
地僻人來少
寒堂午睡遲362)

〈山居〉

산이 깊어 낮에도 고요하고
사립문은 닫혀 있고 지는 꽃잎 어지럽네.
땅이 궁벽하여 오는 이 드물고
오두막에서 즐기는 낮잠이 길구나.

이 작품은 趙芝薰이 1942년에 쓴 시이다. 즉 고향 마을에서 은거하

---

361) 김종균, 앞의 논문, p.104.
362) 김종균, 위의 논문, p.103에서 재인용.

며 쓴 시이다.363) 이 시에 있어서도 분위기는 한적하다. 그런데 그 한
적함이 쓸쓸함에 가깝다. 월정사 시기의 한시가 한가함에 가깝다면
고향 마을에서의 한시는 고적감에 가깝다. 그것은 '닫혀진 사립문'(扉
掩), '궁벽한 땅'(地僻), '찬 오두막'(寒堂)에서 확인할 수 있다.

　이런 고적감은 이 시 속의 사물들이 생명력의 측면에서 위축되어
있기 때문이다. 김종균의 지적364)대로, '열려진 문'이 아니라 '닫혀진
문'이라는 데서 우리는 생명력의 위축을 읽을 수 있다. 그것은 또한 김
종균의 지적365)대로,　당시 시대 상황과 연결시킬 수 있다.

　한편 이 시에서는 자아도 생명력이 위축되어 있다. 자아는 활발하
게 움직이는 것이 아니라 찬 오두막에서 낮잠을 길게 자고 있다. 아니
길게 잔다라기보다 낮잠에서 깨어나기를 지체시키고 있다. 지체시킨
다는 것은 활동적인 상태로 돌입하는 것을 지연시킨다는 말이다. 이
처럼 이 시는 대상도 자아도 생명력이 위축되어 상호 축소적 교감을
보이고 있다.

　이상에서 살펴 본 대로 趙芝薰에게는 사대부들이 전형적으로 사용
한 네 가지 자연시가 모두 다 나타남을 알 수 있었다. 먼저 일상적 거
주 공간에서의 자연물을 다룬 영물시에서는 고요함이 나타나는데 그
고요함이 한적함을 동반하고 있음도 볼 수 있었다. 그리고 그 한적한
분위기 속에서 자아는 유유자적하고 있었다. 그리고 그런 한적함과
유유자적함의 근거는 자아와 대상이 지닌 생명력의 고요한 움직임 때
문이었고, 그리고 자아도 대상도 현상유지적인 상태에서 생명력의 교
감을 보이고 있었다. 그런데 이런 생명력의 현상유지적인 교감의 배
후에는 유가적인 형이상학, 그것도 주리론적인 형이상학이 있음을 알
수 있었다. 다음 일상적 노동 공간의 자연물을 다룬 전원시가 있는데,

363) 김종균, 위의 논문, p.104.
364) 김종균, 위의 논문, p.104.
365) 김종균, 위의 논문, p.104.

여기서도 자아와 대상은 한적함과 유유자적함 속에 있었고, 생명력의 현상유지적인 교감을 보이고 있었다. 그런데 형이상학적인 원리는 직접 보이고 있지 않았다. 다음 여행적 산수시에서도 그러한 생명력의 고요한 움직임과 현상유지적인 교감을 보이고 있는데, 여기서는 어떤 달관의 시학이 보인다. 마지막으로 은거시가 있는데, 이는 월정사 시기의 한적함과 고향 마을에서의 고적함으로 나뉜다. 전자는 생명력이 고요하게 움직이는 상태에 있고, 후자는 위축된 상태에 있다. 전자는 불교적인 형이상학에, 후자는 유가적인 형이상학에 근거해 있다. 이로 보아 趙芝薰의 자연시는 전체적으로 생명력이 고요하게 움직이는 가운데 자아와 대상이 현상유지적으로 교감하고 있다고 볼 수 있다. 그리고 대상과 자아는 한적함의 분위기와 유유자적함의 정서에 들어 있음을 볼 수 있었다. 그리고 그 속에서 자아는 달관과 초탈의 미학을 유지할 수 있었다. 이러한 생명력의 현상유지적 교감 방식은 趙芝薰의 자연시에 구현된 형이상의 구체적 모습이며, 문인화정신이 구현된 구체적 내용이다.

Ⅳ. 문장파 자연시의 문학사적 의의

 1 **생명파의 생명의식과의 비교**

　지금까지 문장파 자연시에 나타난 미의식을 주로 그들이 지닌 생명 사상과 관련지어 설명해 왔다. 요약하여 말하면, 李秉岐의 자연시에 보이는 풍류와 도락은 자아와 대상이 서로 생명력이 충일하여 상호 확산적 교감을 일으키는 데서 빚어지는 미의식이고, 鄭芝溶의 자연시에 나타난 체념과 극기는 자아와 대상이 서로 생명력이 위축되어 상호 축소적 교감을 일으키는 데서 생긴 미의식이고, 趙芝薰의 자연시에 있어서의 달관과 초탈은 자아와 대상의 생명력이 내부에서 고요히 움직이는 상태에서 상호 현상유지적인 교감을 보이는 데서 가능한 미의식이다. 그리고 각각 그런 상태에서, 李秉岐의 경우 대상은 고요하면서도 흥겨움의 공간에 위치해 있고, 자아는 '법열'의 정서를 띠고 있었다. 그리고 鄭芝溶의 경우 대상은 고적함의 공간에 있었고, 자아는 '시름겨움'의 상태에 있었다. 마지막으로 趙芝薰의 경우 대상은 한적함의 공간에 있었고, 자아는 '유유자적' 하고 있었다. 이 모든 것은 앞에서도 누누이 반복하여 말해온 대로, 자아와 대상이 지닌 생명력의 상태와 그 교감 방식에 의거한다. 그리하여 문장파 시인들의 미의식의 핵심이 바로 생명사상에 연하여 있다고 말할 수 있다. 그리고 Ⅲ장에서 문장파의 이러한 생명사상이 바로 유가적인 형이상학적 생명철학에 뿌리를 두고 있음도 언급하였다.

　그러면 문장파의 이 생명사상은 소위 생명파의 생명의식과는 어떻게 다른가? 이는 반드시 논의되어져야 할 테마로 보인다. 왜냐하면 한국문학사에서 '생명문학'이라면 으레 생명파와 관련된 것으로 생각해

왔기 때문이다. 흔히 1930년대 후반에 나온 순수시의 한 갈래로서의 생명파의 시가 바로 생명의식에 연하여 있다고 하는데, 이는 누구도 부인 못할 사실이다. 그런데 본고에서는 '생명사상'이란 용어를 사용하고 그것을 문장파와 관련시켰다. 따라서 생명파의 생명의식과 문장파의 생명사상을 따로 분리하여 비교 설명할 필요가 있다. 사실 생명사상이란 용어를 문장파에 관련시키는 것 자체가 아직은 다소 생소한 일이다. 그래서 더욱 이 양자를 비교할 필요가 있다. 더욱 이 양자 간의 차이점을 지적하지 않을 수 없다.

편의상 생명파의 생명의식부터 먼저 살펴보자. 지금까지의 연구에 의하면 생명파의 대두는 1930년대 후반 시동인지 『시인부락』의 출현 전후이다. 그리고 이 생명파의 형성 동기는, 그들 스스로 천명한 바에 의하면, 모더니즘의 비생명성, 맑시즘의 물질적 전제성, 시문학파 순수시의 기교성을 부인하고 인간 생명 그 자체를 탐구하기 위한 것으로 요약할 수 있다. 그리고 그 중요 구성원으로는 『시인부락』지 동인인 서정주, 김동리, 오장환, 함형수와 비시인부락 출신인 유치환, 윤곤강, 신석초를 들 수 있다. 이들은 종래 한국시가 개척해온 영역인 사회(생활), 자연, 문명 이외에 새로 '인생' 문제를 새로운 영역으로 설정하여 탐구해온 시인들이다.366) 이들이 공통으로 추구해온 바 생의 본질은 한마디로 요약하면 이른바 김동리의 '生의 究竟' 탐구와 관련된다.

그러면 이 生의 究竟은 무엇인가? 즉 생명의 본질과 그것을 인식하는 상황 조건은 무엇인가? 생명파란 용어를 처음 사용한 김동리가 바로 그들의 생명적 본질에 대해 다음과 같이 의미 있는 말을 남기고 있다.

이와 같이 生命의 究竟의 百尺竿頭에 서서 그것의 恩寵을 향해 비약하느
나, 그 呪咀의 굴레를 목에 걸고 深淵으로 내리 박힐 것이냐 하는 데서 徐

---

366) 오세영, 「생명파와 그 시세계」, 『20세기 한국시연구』, 새문사, 1989, p.207.

氏의 "웃음웃는 짐승으로 짐승 속으로"가 나오고 릊氏의 "할렐루야"의 역설 같은 것이 쏟아지는 것이다. 그것이 "짐승"의 길이든 "사탄"의 길이든 그 감정은 종교적 감정이오 그 狂奔은 윤리적 狂奔이다.[367]

이 글에서는 김동리가 파악한 생의 구경의 모습이 보인다. 그 생의 구경이란 생의 한계와 그 초극으로 풀이된다. 김동리가 파악한 한계상황에 선 인간의 생이란 바로 백척간두에 서서 신의 은총을 향해 비약하느냐, 저주의 굴레를 목에 걸고 심연으로 떨어지느냐 하는 갈림길에 서 있는 것이다. 그래서 그것은 종교적이고 윤리적일 수밖에 없다. 이는, 오세영 교수의 지적[368]대로, 인간의 모습을 키에르케고르적인 의미에서의 중간자로 파악한 태도이다. 일찍이 키에르케고르는 인간을 중간자로 파악한 바 있는데, 이 중간자로서의 인간은 신의 은총을 입어 무한에로 초월하느냐, 짐승으로 추락하느냐의 갈림길에 서 있다고 파악한 바 있다. 마치 인간은 거미와 같이 하늘과 땅 사이에 걸려 있는 중간자와 같다는 것이다.

바로 이러한 한계상황에 서있는 중간자로서의 인간의 모습을 보는 것이 소위 '생의 구경'의 단면인 것이다. 그만큼 그것은 종교적이고도 윤리적인 것이다. 그리고 그것은 '生'을 위한 의지적인 것이기도 하다. 그리하여 모더니즘의 비생명성, 순수시파의 기교주의성, 맑시즘의 도식성을 비판할 수 있었던 것이다.

그런데 김동리가 내세운 이러한 한계상황에 선 인간의 생의 모습을 바라보는 시각은 바로 서구적인 생명철학에서 출발한 사상적 태도이다. 생명파는 바로 서구 생명철학(Lebensphilosophie)의 영향을 받아 생의 구경 앞에 놓인 한계상황에서 절대적인 허무를 느꼈고, 그것을 종교적인 태도로 초월해버리든지, 의지로써 대결하든지, 짐승으로 떨

---

367) 김동리, 「신세대의 정신」, 『문장』 제16호, 1940. 5, p.93.
368) 오세영, 「생명파와 그 시세계」, pp.217~218.

어지든지 선택을 해야만 하는 입장에 서 있었다.

원래 서구에서의 생명철학이란 생명에 대한 선험적·절대적 관념, 즉 절대이성을 거부하고 합리주의에 반기를 들어 생생하게 살아 있는 생, 스스로 창조해 내는 생 그 자체를 직접 파악하려는 철학 태도이다.[369] 그런데 이 생명철학 중 특히 니체의 철학사상이 생명파에게 직접적인 영향을 주었다고 볼 수 있다. 생명파의 최고 시인인 서정주는 니체의 영향을 다음과 같이 회고한다.

> 曰, 고대 그리이스적 육체성 - 그것도 그리이스 신화적 육체성의 중시, 고대 그리이스·로마의 황제들이 흔히 느끼고 살았던 바의, 최고로 정선된 사람에게서 신을 보는 바로 그 人神主義的 肉身現生의 중시, 아폴로적인 디오니소스적인 에로스적인 그리스 신화적 존재의식, 또 그런 존재의식을 기초로 하는 르네쌍스 휴머니즘 - 그러자니 자연 기독교적 신본주의와는 영 대립하는 그런 의미의 르네쌍스 휴머니즘 여기에서 전개해서 저절로 도달한 니체의 자라투스트라의 永劫回歸者 - 超人, 온갖 염세와 회의와 균일품적 저가치의 극복과 아폴로적 디오니소스적 신성에의 회귀는 그 당시에 내 가장 큰 지향이기도 했다.[370]

> 니이체는 첫째 내 허약한 육체를 대화 속의 높이로 引上시켜준 공적이 크다. 특히 디오니소스적 생의 열락과 긍정을 내 다난한 청년시절에 권고해 주어서 고마왔다.[371]

물론 오세영과 김용직 교수의 지적[372]대로, 서정주에게는 니체적인 의미에서의 초인이라든가 권력의지가 보이지 않는다. 그럼에도 불구

---

369) 박준, 『현대철학사상』, 박영사, 1979, p.16.
370) 서정주, 「고대 그리이스적 육체성」, 『서정주전집 5』, 일지사, 1972, p.266.
371) 서정주, 「내 시와 정신에 영향을 주신 이들」, 『서정주전집 5』, p.269.
372) 오세영, 앞의 글, pp.218~220. 오세영은 그 대신 서정주에게는 쇼펜하우어적인 삶의 맹목의지가 돋보인다고 했다. 김용직, 「직정미학의 충격파고 - 서정주론」, 『현대시』(1992.2), p.207.

하고 그는, 김춘수의 말대로, 초인이 없는 낭만주의자373)라 규정할 수 있을 것이다. 왜냐하면 서정주의 시에는 데카르트식의 이성적 합리적 사고의 거부가 보이고, 생명의 부조리함, 그리고 그 맹목성과 유한성이 나타나기 때문이다. 또한 거기에는 생명에 대한 끈질긴 집념과 그 것으로 인한 육체적 고뇌 그리고 그를 위한 몸부림이 본능적이면서도 충동적으로 나타나고 있기 때문이다. 이러한 것들이 니체와 매우 유사한 것이다. 이러한 반합리주의적 세계관, 곧 충동과 본능의 정신에 닿아있는 생명의식이 잘 집약되어 있는 것은 〈문둥이〉이다.

> 해와 하늘 빛이
> 문둥이는 서러워
>
> 보리밭에 달 뜨면
> 애기 하나 먹고
>
> 꽃처럼 붉은 우름을 밤새 우렀다.
>
> 〈문둥이〉

한편 서정주에게는, 김용직 교수의 지적374)대로, 니체적인 것보다 오히려 보들레르적인 것이 더 많다고 할 수 있다. 서정주 자신이 보들레르의 영향을 다음과 같이 말하고 있다.

> 나는 보들레르의 글을 처음 사귀던 때나, 지금이나 그가 우리 世界詩文學 속에서 가장 뼈저리게 자기를 詩에 희생한 사람이기 때문에 親密感을 느껴오고 있는 것이다. 나는 그가 한낱 美의 使徒인 점을 좋아하는 게 아니라 그가 世界 詩文學史 속의 여러 詩人들 중에서 제일 철저하게 人間桎梏

---

373) 김춘수, 『한국현대시형태론』, 해동출판사, 1959, p.107.
374) 김용직, 「직정미학의 충격파고 - 서정주론」, 『현대시』(1992. 2), p.207.

의 밑바닥을 떠매고 刑罰받던 詩人인 점을 좋아한다. 刑罰의 質量을 自進
해서 가장 많이 짊어졌던 사람. 스스로 자기의 死刑執行人이고, 또 스스로
死刑囚였던 사람. 이 天痴라면 지독한 天痴. 이 犧牲祭物. 이 거지와 猶太
人과 黑人 毒婦와 이, 벼룩 등 寄生蟲類의 第一隣人-그 말하지 않는 詩人
의 情으로 人間桎梏의 第一親友가 되어 헤매던 이 사람을 좋아한다.[375]

사실 서정주의 글에는 보들레르적인 악마적 속성이 있는 것이 사실
이다. 그것은, 서정주의 해석대로, 보들레르가 가장 철저하게 인간 질
곡의 밑바닥을 떠매고 형벌을 감수했던 것에서 연유하는데, 서정주의
〈문둥이〉에서도 그러함이 보인다. 이러한 퇴폐적이고 악마적인 속성
은 니체적인 것만은 아니다. 다시 말하면 스스로 자기의 사형집행인
이고 또 스스로 사형수였던 사람, 천치라면 지독한 천치, 희생 제물이
었던 이 사람 보들레르는 니체와는 다르게 서정주의 초기시에 자리
잡고 있는 것이다.

이상과 같이 서정주의 초기시에는 니체적인 것과 보들레르적인 것
이 섞여 있었다. 한마디로 그의 生哲學은 한계상황에 서있는 인간의
부조리한 삶과 그것의 본능적이고 충동적인 모습으로 되어 있다. 그
리고 거기에다 악마적인 것들이 깃들고 있었다.

서정주의 이러한 악마성과는 다르게 超人이라든가 權力意志가 들어
가 있어서 니체적인 속성을 많이 띠는 시인으로 유치환이 있다.

신은 죽었다고 웨친 니체의 이 갈파야말로……종교의 인간 자신의 우매
에서 인간이 높이 날 것을 부르짖은 선언이라고 보아야 옳을 것이다.[376]

이와 같이 신을 부정하고 인간이 자신의 힘으로 생의 구경에 서서
자신의 한계와 허무를 극복하려는 의지가 바로 권력의지이며, 그 권력

---

375) 서정주, 「내 시와 정신에 영향을 주신 이들」, 『서정주전집 5』, p.269.
376) 유치환, 『구름에 그린다』, 신흥출판사, 1958, p.172.

의지의 화신이 초인인데, 이런 초인사상이 다음 시에 잘 보인다.

> 나의 知識이 毒한 懷疑를 求하지 못하고
> 내 또한 삶의 愛憎을 다 짐지지 못하여
> 病든 나무처럼 生命이 부대낄 때
> 저 머나먼 亞剌比亞의 沙漠으로 나는 가자
>
> 거기는 한번 뜬 白日이 不死神과같이 灼熱하고
> 一切가 모래 속에 死滅한 永劫의 虛寂에
> 오직 아라 – 의 神만이
> 밤마다 苦悶하고 彷徨하는 熱沙의 끝
>
> 그 烈烈한 孤獨 가운데
> 옷자락을 나부끼고 홀로 서면
> 運命처럼 반드시 「나」와 對面ㅎ게 될지니
> 하여 "나"란 나의 생명이란
> 그 原始의 本然한 姿態를 다시 배우지 못하거든
> 차라리 나는 어느 砂丘에 悔恨 없는 白骨을 쪼이리라.

〈生命의 書〉

이상에서 살펴 본 바에 의하면 생명파의 생명의식은 바로 서구 생명철학의 영향을 받은 것으로 생명의 구경을 탐구하는 것이다. 그것은 김용직 교수의 말[377]대로, 생존 방식의 탐구라 할 수 있다. 이 생존 방식의 탐구로서의 생명철학은 생명의 존재 조건을 한계상황에서 구한다. 그것은 바로 김동리가 말한 바대로 천상으로 초월하거나 지상으로 떨어지든가 하는 그런 종교적 존재로서 인간의 생존 조건을 보는 방식이다. 이 갈림길에 서 있는 존재는 어떤 합리적이고 이성적으로 사고를 하지 않고 본능적, 충동적으로 사고하며 절대적인 허무와

---

377) 김용직, 「시인부락 의 시대, 생존방식 탐구의 불기둥」, 『현대시』(1992. 1).

맞서 싸우고 있다. 또 한편 이 생명파의 생명의식은 역시 김용직 교수의 말[378]대로, 현저히 자아 탐구 형식을 취하고 있다. 인간이 인간 자신을, 그것도 그 자신의 생명을 탐구하는 것이다.

이에 비해 동양적 생명사상에 근거를 둔 문장파의 생명철학은 매우 다르다. 출발부터가 생명파가 서구의 과학주의 세계관을 비판하고 나온 서구의 비합리주의 세계관을 발판으로 하고 있다면, 문장파 구성원들은 서구적인 세계관과 그리 밀접하지 못하다. 예컨대 李秉岐는 원래부터 선비였고, 趙芝薰도 그랬다. 다만 鄭芝溶만이 잠시 모더니즘 쪽으로 외유를 했다가 원래의 고장으로 되돌아온 것뿐이다. 이들은 그들의 체질화된 동양사상을 시대적인 흐름에 힘입어 집단적으로 표출한 것에 지나지 않는다. 사실 문장파는 어떤 조직도 강령도 없다. 밖으로 표방된 배타적인 이념도 창작방법론도 없다. 그들은 자연발생적인 집단이었던 것이다. 전문비평가가 없는 자연발생적 집단인 만큼 그들은 그들 스스로 체질화된 사상을 자연스럽게 표출했다.

그들의 생명사상에 대해서는 제Ⅱ장 4절에서 이미 밝힌 바 있으므로 여기서는 그것을 생명파의 생명의식과 비교하는 선에서 요약하고자 한다. 다시한번 말하면 문장파의 생명사상은 음양이기철학에 근거를 둔 유가적인 형이상학에 뿌리를 두고 있다. 유가적인 형이상학적 생명철학에 대해서는 方東美가 대표적인 학자인데, 그에 의하면 유가들은 우주 자체를 살아있는 생명체로 보고 있다. 즉 우주는 一氣로 되어 있는데, 그 氣는 바로 生氣이며, 이는 또한 生意로써 가득 차 있다는 것이다.[379] 그런 우주는 이른바 보편생명의 흐름으로 되어 있는데, 인간의 생명은 바로 그런 보편생명과 관통되어 있다는 것이다. 그런 까닭에 인간과 자연의 본성 사이에 아무런 간격도 있을 수 없다는 것이다. 그리고 유가들은 그런 보편생명으로서의 우주생명은 광대화해

---

378) 김용직, 「직정미학의 충격파고 – 서정주론」, pp.206~207.
379) 方東美, 『중국인의 인생철학』, p.23.

의 원리에 따라 움직이는 것으로 본다.

유가들에게 있어서 문화 창조는 바로 인간과 자연의 이상적이고 화해로운 만남에 의해 이루어진다. 유가들에 있어서 문화란 자연과 인간에 있을지도 모르는 미완성을 이상적으로 완성하기 위한 인간의 노력에 기인한다. 그리고 그것의 이상적인 완성은 바로 자연과 인간의 생명적 만남에 기인한다. 바로 보편생명과 개체생명의 만남에서 사물의 본질이 인식되고 문화가 발생한다.

이처럼 유가들에 있어서 문화 발생의 단초는 인간 생명과 보편생명과의 만남이다. 이를 문학적으로 얘기하면 시인의 생명과 자연의 생명과의 만남이다. 이것이 이른바 문인화정신의 요체인 것이다. 그것을 시학적으로 다시 풀어 말하면 자아와 대상간의 생명적 만남인 것이다. 이런 생명적 만남이 곧바로 유가들의 미학의 출발이고, 똑같이 문장파의 자연시의 미의식이기도 하다. 이런 미의식에 근거하여 문장파의 생명사상을 생명파의 생명의식과 비교해 보자.

문장파에게는 생명적 관심이 인간 주체에만 한정되지 않는다. 문장파는 인간만 아니라 생물체를 떠나 모든 무생물체도 살아있는 것으로 파악한다. 거기에 비해 생명파의 생명은 현저히 생물체 쪽으로 경사되어 있다. 그것도 인간의 생명에 관심이 집중되어 있다.

> 보릿잎 파릇파릇 종다리 종알종알
> 나물 캐던 큰아기도 바구니 더져 두고
> 따뜻한 언덕 머리에 콧노래만 잦았다
>
> 볕이 솔솔 스며들어 옷이 도리어 주체스럽다
> 바람은 한결 가볍고 구름은 동실동실
> 이 몸도 저 하늘로 동동 떠오르고
>
> 〈볕〉

李秉岐의 이 시조에서는 자아뿐만 아니라 자아를 둘러싼 우주 일체가 生氣로 가득 차 있다. 이렇게 살아 움직이는 자연과 자아가 하나로 만나고 있다. 다시 말하면 보편생명과 개체생명이 만나고 있다. 이를 趙芝薰 식으로 말하면 시인의 의식과 우주의식이 합치된 것으로 볼 수 있다. 趙芝薰은 시란 '자기 이외에서 찾은 저의 생명이요, 자기에게서 찾은 저 아닌 것의 혼'이라고 말했는데, 이는 바로 보편생명과 개체생명의 교감을 두고 말한다. 趙芝薰 역시 시란 우주의 생명적 진실을 수정함으로써 생탄된다고 말했을 때도 그러하다. 이처럼 유가들에 있어서 시정신, 즉 포에지는 바로 자아와 우주와의 생명적 교감 또는 일치 체험에서 생긴다. 그리고 이런 시정신은 사랑으로 충만하다. 趙芝薰 자신이 대자연의 생명은 사랑으로 가득 차 있다고 말한 바가 있다.[380]

이에 비해 서정주의 앞의 시 〈문둥이〉의 경우는 사뭇 인생 중심이다. 거기에는 똑같은 생명을 나눠가진 것으로서의 자연과의 화해가 보이지 않는다. 오히려 자연과 자아는 대립적이기까지 하다. 해와 하늘빛이 서럽다는 것은 문둥이인 자아와 자연이 화해롭게 조화되어 있지 못하다는 것이다. 해와 하늘은 밝은 이미지로 완전하고 이상적인 것을 뜻하는데, 여기에 비해 문둥이는 천형을 받고 저주받은 불완전한 존재로 나타난다. 그리고 문둥이는 그 자신의 비참한 상황으로부터 벗어나기 위해 자연과의 화해를 시도하는 것이 아니라, 본능적이고도 충동적인 살해 행위와 식인 행위를 감행한다. 전혀 이성적이지가 않다. 그리고 그것의 결과도 결코 자아를 완전히 이상적인 데로 끌고 가지 못한다. 꽃처럼 붉은 울음을 밤새 울었다는 데서 끝까지 자연으로부터 분리된 자아의 모습을 보여준다. 여기서는 趙芝薰이 말하는 자연과 자아의 사랑으로 충만된 생명적 교감이 보이지 않는다.

이처럼 서정주의 이 시는 현저하게 인간의 생명 탐구로 경사되어

---

380) 조지훈, 「시의 원리」, p.15.

있다. 그러면서 그 생명이 조화와 질서를 갖는 그런 것은 아니다. 앞의 시조 〈별〉에서는 자아와 자연이 생명적으로 조화 질서를 이루고 있다. 그에 비해 〈문둥이〉에서는 그런 것이 아니 보인다. 주지하다시피 〈문둥이〉의 세계관은 반합리주의에 기반을 두고 있다. 이 반합리주의는 서구의 과학주의 이성주의에 반기를 든 것이다. 서구의 과학주의는 자연을 기계적으로 파악하여 자연과 인간을 분리시키기도 했지만, 결국은 인간까지도 그런 합리적인 이성적 질서에다 봉쇄해버린 것이다. 그러나, 그런 합리주의에 반기를 든 서구 생명철학은 지나치게 반합리주의에 서 있다. 지나치게 감정 위주에 서 있다. 그것이 예를 들면 유치환에게도 보인다. 유치환은 다음과 같이 '知의 詩'(주지시: 필자주), '意의 시'(계급시: 필자주)를 부정하고 오로지 감정에 의거한 '情의 시'만이 본래적 의미의 유일한 서정시라 보고 있다.

오늘날 시의 조류가 대체로 심리의 深部意識과 언어가 가진 次元의 세계를 동원함에 있는 경향이긴 합니다마는 그 본질은 어디까지나 서정시에 있을 것입니다. 왜냐하면 무릇 예술이란 인간의 심리활동의 세 가지, 커다란 방향인 지·정·의에 있어 그것은 情, 즉 느낌에 바탕을 두고 있음은 말할 것도 없기에 말입니다.[381]

그런데 여기서 유치환이 말하는 情은 동양적 의미에서의 情과 다르다. 동양적 의미에서의 '情'은 지·정·의가 통합된 전인격적인 개념이다. Ⅱ장에서 살펴본 바와 같이 趙芝薰에게 그러한 것이 보였다. 이러한 지·정·의 통합설은 鄭芝溶의 후기 시론에서도 보인다.

시가 어떻게 탄생되느냐. 유쾌한 문제다. 시의 母權을 감성에 돌릴 것이냐 지성에 돌릴 것이냐. 감성에 지적 통제를 경유하느냐 혹은 의지의 결재

---

381) 유치환, 『구름에 그린다』, 신흥출판사, 1978, p.156.

를 기다리는 것이냐. 폼人의 어떠한 부분이 詩作의 수석이 되느냐. 또는 어떠한 국부가 이에 협동하느냐.

그대가 시인이면 이 따위 문제보다도 달리 총명할 데가 있다.

비유는 절뚝바리. 절뚝바리 비유가 진리를 대변하기에 현명한 장녀노릇할 수가 있다.

무성한 감람 한포기를 들어 비유에 올리자. 감람 한포기의 공로를 누구한테 돌릴 것이냐, 태양, 공기, 토양, 雨露, 농부, 그들에게 깡그리 균등하게 논공행상하라. 그러나 그들 감람을 배양하기에 협동한 유기적 통일의 원리를 더욱 상찬하라.

감성으로 지성으로 意力으로 체질로 교양으로 지식으로 나중에는 그러한 것들 중에 어느 한가지에도 기울리지 않은 통히 하나로 시에 대진하는 시인은 우수하다. 조화는 부분의 비협동적 단독 행위를 징계한다. 부분의 것을 주체하지 못하여 미봉한 자취를 감추지 못하는 시는 남루하다.[382]

이는 시인이 시를 생산할 적에 모든 정신 능력이 유기적으로 통일되어야 한다는 말이다. 지·정·의가 통합된 상태에서 사물의 본질을 직관적으로 포착할 수 있다는 이 말은 앞의 趙芝薰의 말과 더불어 유가들의 인식론을 그대로 이어받은 것이라 할 수 있다.

이에 비해 서정주의 시 〈문둥이〉는 순전히 감정에 경사되어 있다. 감정도 온유돈후한 것이 아니라 격정적인 것이다. 본능과 충동에 근거를 둔 거친 감정이다. 이 감정은 어떤 합리적인 이성에 의해 통제받지 못하고 있다. 홀로 날뛰기 때문에 천상으로 초월할 수도 있고 지상으로 내리박힐 수도 있다. 그러나 이성에 의해 조율을 받지 못하는 감정은 결국은 대부분 땅(악마)으로 떨어진다.

이처럼 생명파의 생명의식이 인간의 본능에 의거하고 있기 때문에 격렬하고 충동적이라면, 문장파의 생명사상은 생명력이 매우 조화 있고 질서를 갖춘 온유돈후한 것이다. 생명의 존재 조건과 인식 조건으

---

382) 정지용, 「시의 옹호」, 『정지용전집 2』, p.245.

로 거기에는 감정만 있는 것이 아니라 지성과 의지도 결합되어 있다. 감정, 지성과 의지에 의해 조율된 생은 조화와 질서를 갖출 수밖에 없고, 溫柔敦厚할 수밖에 없다. 그리고 온유돈후하기 때문에 그 언어적 표현에 있어서도 조화와 질서를 갖추고 있다. 李秉岐의 시가 정형시인 시조로 되어 있다든지, 鄭芝溶과 趙芝薰의 대부분의 시가 2행 1연으로 된 起承轉結 구조를 보인다는 점 등이 그러하다. 그리고 언어들도 고투로 된 어미를 많이 쓰는데, 그것은 단지 회고적인 정서만을 불러일으키는 것이 아니라, 그 고투가 지닌 조선조 선비적인 미의식과도 연관된다는 점이 중요하다. 선비 문화란 곧 유가적인 형이상학적 세계관에 의해 정신적인 질서가 잡힌 생활 태도이다.

이에 비해 격정적이고 충동적인 생명파의 감정 발산은 서정주가 말하는 이른바 '直情言語'로 나타날 수밖에 없다.

> 直情言語 – 수식이 없이 바로 사람의 마음을 건드릴 수 있는 그런 언어를 추구하는 것이 당시의 내 이상이었던 것이다. 그 결과로서 형용사 대신 좋든 언짢든 행동을 표시하는 동사의 집단이 내 시에 등장했다.[383]

> 이 「花蛇」와 한 무렵에 씌어진 一群의 詩들을 쓸 때 내가 脫却하려고 애쓴 것은 鄭芝溶流의 形容修飾的 詩語組織에 의한 審美價値 形成의 止揚에 있었다. (……) 「무엇처럼」, 「무엇마냥」 等의 形容詞句 副詞句의 效力으로 詩를 裝飾하는데 더 많이 골몰하는 축들은 인생의 眞髓와는 너무나 멀리 있는 것으로 내게는 보였다. 「花蛇集」 속의 내 졸작의 하나인 「復活」은 형용사, 부사는 될 수 있는 한 안 사용하여 쓰기로 작정하고 시험한 작품이다.[384]

鄭芝溶類의 기교주의를 비판하고 나왔다는 서정주의 이 말에서 우리는 그의 언어가 바로 삶의 깊숙한 곳에서 막바로 분출된 언어임을

---

383) 서정주, 「나의 시인생활 약전」, 『서정주전집 4』, p.200.
384) 서정주, 「고대 그리스적 육체성」, 『서정주전집 5』, p.267.

볼 수 있다. 따라서 그런 언어는 鄭芝溶의 언어처럼 세련되지 못하고 거칠다. 그리고 유가들의 雅正하고 溫柔敦厚한 그런 언어가 아니다. 이것은 그들의 생명의식이 바로 본능적인 삶과 관련되어 있기 때문이다.

이상에서 살펴본 바와 같이, 문장파의 생명사상은 인간과 자연이 모두 살아 있는 것으로서 서로 생명적으로 교감을 일으키며 조화와 질서를 갖추고 있음을 내용으로 함을 우리는 알 수 있다. 그리고 자연과 자아 사이의 그런 생명적 교감은 지·정·의가 통합된 전인격적 정신 능력에 의해 일어남을 보았다. 그리고 그렇게 될 수 있었던 형이상학적 인식론적 근거가 유교사상에 연하여 있음을 보았다. 이에 비해 생명파의 생명의식은 무생물보다도 생물에, 비인간보다 인간에 초점이 경사되어 있음을 보았다. 그리고 불완전한 인간은 자연과 쉽게 화해하지 못함을 보았다. 그 속에는 어떤 조화나 질서 감각이 없었다. 대신 부조리와 혼란이 악마적 심상과 함께 공존하고 있었다. 그리고 그런 인간의 생명을 인식하고 정서를 표출하는 것은 순전히 본능에 사로잡힌 의식임을 알았다. 이리하여 직정미학을 띨 수밖에 없었다. 이렇게 되는 이유는 그들의 생명의식이 서구 생철학에 연하여 있기 때문이었다.

 ## 社會詩로의 전환

문장파 소속의 중요한 세 사람 시인인 李秉岐, 鄭芝溶, 趙芝薰은 해방이전에는 모두가 전통지향적 자연시를 썼다. 그러다가 해방기를 맞이하고부터 그들은 모두 사회시를 썼다. 이른바 순수시로서의 전통지향적 자연시를 쓰던 그들이 참여시인 사회시를 쓰게 되는 데는 그들 나름의 논리와 이유가 있을 것이다. 이는 단순한 외도가 아니라 시대 상황에 대응하는 그들의 당연한 처사였다. 다시 말하면 남들이 다 사회시를 쓴다고 덩달아 썼고 또 상황이 그러하니까 사회시를 썼다는 단순한 이유만으로는 설명되지 않는 그들만의 고유한 몫이 따로 있다. 다시 말하면 전통지향적인 자연시를 쓰던 그들이 사회시로 넘어오게 되는 데는 그만한 내적 필연적인 이유가 있다. 이 내적 필연적인 이유는 그들이 해방 전에 쓰던 전통지향적 자연시와 해방기에 쓰던 사회시 사이의 어떤 연속성 속에서 밝혀질 것이다.

앞에서 살펴본 대로 전통지향적 자연시는 자연과 인간의 생명적인 감응관계를 주제로 한 시이다. 그리고 그 인간도 개인적인 인간이다. 다시 말하면 개인으로서의 자아가 그를 둘러싼 환경으로서의 자연과 어떻게 생명적인 교류를 하는가가 문장과 자연시의 핵심적인 미학인 셈이다. 그것은 이른바 孟子가 말하는 '獨善'의 생활 방식과 관련된다. 맹자는 정치가 혼탁할 때는 조용히 물러나 개인적 차원에서 道를 지키며, 혼탁하지 않을 때는 나아가 그 도를 천하 만민에게 펼치고자 하였다.[385] 전자를 獨善의 생활 방식이라 한다면, 후자를 '兼善'의 생활 방식이라 할 것이다. 獨善의 생활 방식이란 산수 속에서의 自得之樂을 추구하는 태도이다.[386] 그것은 다시 반복하여 말하면, 산수 속에서 그 산수와 생명적으로 교감을 누리는 데서 즐거움을 찾는 방식이다. 결국 이는 '治人' 이전에 '修身'을 하는 방식이다. 반면에 후자, 즉 兼善은 '天下之樂'을 추구하는 것으로서 王道政治의 이상의 실현과 관계된다.[387] 그런데 모든 유가들은 기본적으로 왕도정치 이상 실현을 그들의 행동 철학의 당연한 전제로 삼고 있다. 왕도정치의 실현 없이 자신의 修身에만 전념하는 것은 바람직하지 않다. 따라서 修身도 治人을 위한 것이다. 그리하여 獨善은 당연히 兼善을 전제로 삼고 있다. 이때 兼善이란 '獨樂'이 아니라 '同樂'을 지향하는 것으로서 인간과 인간 간

---

385) 『孟子』, 盡心章句. 窮則獨善其身, 達則兼善天下.
386) 自得之樂이란 용어는 權近의 獨樂堂記(『陽村集』 卷之十三)에서 그 용례를 확인할 수 있다.
387) 天下之樂이란 용어는 鄭道傳의 二樂亭記(『三峰集』 卷之四)에서 그 용례를 확인할 수 있다.

의 관계에서 빚어지는 것이다. 獨樂이나 獨善이 자연과 개인적 자아와
의 관계에 서 있다면, 兼善이나 同樂은 인간과 인간 사이의 공동의 이
해에 서 있다. 다시 말하면 獨善에서는 생명적 교류가 자연과 개인 간
이라면, 兼善에서는 생명적 교류가 인간과 인간 간이다. 결국 兼善이
란 생명사상이 개인을 넘어서 국가, 사회로까지 확대된 개념이다. 그
런데 유가들에게는 인간 사회에서의 道가 결국은 자연의 道와 부합되
므로, 자연과 개인 사이에서의 생명적 교류를 지향하는 생명사상이 인
간과 인간 사이의 생명적 교류를 지향하는 생명사상과 근본적으로는
일치한다. 이처럼 유가들에 있어서는 獨善이든 兼善이든 다 같이 생명
사상에 기초하고 있음을 볼 수 있다.

그런데 일제강점기에는 왕도정치의 실현이 불가능한 때였다. 王道
국가도 없이 개인과 민족만이 있던 시대였기 때문에, 그리고 모든 공
적인 생활이 차단된 때이기 때문에 당연히 獨善의 생활만이 가능한 때
였다. 다시 말하면 '處'의 생활만이 가능한 때였다. 이렇게 時運이 불리
할 때 문장파 시인들은 개인적 性命保全을 위해 자연을 벗 삼아 순수
시로서의 전통지향적인 자연시를 썼던 것이다.

그러면 여기서 일제강점기 문장파 시인들이 순수시 옹호를 편 것을
잠깐 살펴보기로 하자. 먼저 李秉岐는 그의 문학 행위의 초기부터 강
한 순수지향성을 보이는데, 그는 학문에서뿐만 아니라 예술에서도 자
신이 현실로부터 일정한 거리를 유지하기를 원하고 있다.

> 김승렬군 하고 오세창씨를 찾아보다. 딴 세상이다. 금석을 가지고 노는
> 세상이다. (……) 걱정이나 없고 돈이나 있고 겨를이나 있으면 두 세 친구
> 데리고 서화나 하고 산수나 구경하고 지내는 것도 좋은 것 같다.[388]

예술의 바람직한 조건으로서 이렇게 현실로부터 어느 정도 거리를

---

388) 이병기, 『가람일기』, p.185.

두어야 한다는 것은 자연히 순수시론으로 귀결된다. 그리고 그러한 순수시가 건전한 시라는 가치관을 갖게 된다. 즉 그는 목적시를 다음과 같은 이유로 건전한 시가 못 된다고 본다.

> 또는 무슨 의식이나 주의를 위하여 지은 노래 – 찬송가·애국가 – 따위도 흔히 감정의 의미가 희박하기 쉬워 詩味 쇠약증에 걸리는 일이 있어 건전한 시가는 못 됩니다. 건전한 시가에는 건전한 감정의 의미가 있어야 한다.[389]

여기서 말하는 건전한 감정의 의미란 어떤 목적성을 띠지 않은 상태에서 자연스럽게 유로되는 감정을 두고 하는 말이다.

한편, 鄭芝溶 역시 일제강점기 당시에 목적시를 다음과 같은 이유에서 반대하고 있다.

> 경제사상이나 정치열에 치구하는 영웅적 시인을 상탄한다. 그러나 그들의 시가 음악과 회화의 상태 혹은 운율의 파동, 미의 원천에서 탄생한 기적의 兒가 아니고 보면 그들은 사회의 명목으로 시의 압제자에 가담하고 만다. 소위 종교가도 무모히 시에 착수할 것이 아니니 그들의 조잡한 파마나티즘이 시에서 즉시 들어나는 까닭이다. 종교인에게도 시는 선발된 은혜에 속하는 까닭이다.[390]

> 일찌기 시의 문제를 當路한 政黨 토의에 위탁한 시인이 있었던 것은 듣지 못하였으니 시와 시인을 다소 정략적 지반운동으로 음모하는 무리가 없지도 않으니, 원인까지의 거리가 없지 않다. 그들은 본시 시의 門外에 출발한 문필인이요, 그들의 시적 견해는 애초부터 왜곡되었던 것이다.
> 비툴어진 것은 비툴어진 대로 그저 있지 않고 소동한다.[391]

---

389) 이병기, 「시조와 그 연구」, 『가람문선』, pp.245~246.
390) 정지용, 「시의 옹호」, p.245.
391) 정지용, 앞의 글, p.246.

이렇게 시의 목적성을 반대한 지용은 자연히 순수지향성을 띨 수밖에 없었다. 趙芝薰은 해방 이전에는 이렇다 할 시론을 발표하지 않았지만, 해방기 이후 중요한 시론가로서 순수시론을 표 나게 내세운다. 여기서는 趙芝薰의 순수시 옹호론을 생략하기로 하겠다.[392]

그런데 이들의 순수시는 1920연대 낭만파의 순수시와 1930년대 초 시문학파의 순수시와는 미학적 기반이 달랐다. 낭만파나 시문학파의 순수시는 당연히 낭만주의적인 미학사상에 뿌리를 두고 있었다. 비록 李秉岐나 鄭芝溶, 趙芝薰 세 사람 모두 시란 감정의 자연스런 유로라는 말을 사용하고 있으나 그들은 결코 단순한 낭만주의자가 아니었다. 그들에게는 서구 낭만주의자들에게 보이는 낭만적 동경이나 그것에 의해 파생되는 낭만적 아이러니가 없었다. 그들은 자기들이 발 딛고 있는 '지금-이곳'에서의 삶 자체를 부정하지 않고 문화 자체도 소홀히 하지 않는다. 사실 役於物(물에 부림 받음)만 피하려는 불가나 도가들이 다소 낭만적 동경이나 그에 따른 낭만적 아이러니를 보임에 비해, 役物的 사고를 하는 유가들의 후예인 그들은 문화 자체를 적극 수용하기 때문에 결코 그러한 아이러니에 빠지지 않는다. 그들에게 자연은 결코 시인들로부터 '저만치'(김소월의 〈산유화〉) 떨어져 있는 것이 아니다. 그들은 현실과 문화를 적극 인정하고 그 현실과 문화는 또한 자연 속에 있는 것으로 본다. 한마디로 그들은 조선조 선비들의 자연시에 투영된 유가적인 이념을 모델로 하고 있는 것이다. 즉 자연 속에서 자아를 발견하고 심성수양 하여 선을 이룩하고자 하는 것이다. 그것이 바로 문장파 시인들이 받아들인 고전부흥운동의 한 측면이다. 객관 정세가 불리할 때, 즉 그들의 용어로 시운이 불리할 때 자연으로 물러나 옛 선비들처럼 獨善의 이상을 지키는 것, 이것은 바로 고전부흥운동에 담긴 자연시 이념의 계승이다. 따라서 이를 단순히 퇴영적

---

392) 조지훈의 순수시론에 대해서는 필자의 논문 「조지훈 순수시론의 몇 가지 이론적 근거」, 『향천김용직박사화갑기념논문집』(민음사, 1992)를 참조.

인 상고주의니 현실도피주의적이니 하고 매도할 수는 없다. 앞에서 말한 대로 독선은 겸선을 전제로 하고 있기 때문이다.

지금까지 말한 대로 문장파 시인들은 일제강점기 당시 주로 전통지향적 자연시를 쓰면서 獨善의 생활을 했다. 그러다가 해방이 되자 일제히 兼善의 생활을 지향하며 사회시, 참여시를 쓰게 되었다. 이제 그들로 하여금 공적 생활, 즉 出의 생활을 가로막던 일제라는 장애가 없어졌기 때문이다. 이제 그들에겐 국가라는 것이 다시 생겼던 것이다. 이 국가가 바로 그들로 하여금 막혔던 정치적 이념을 실현시킬 수 있는 장으로 등장한 셈이다. 그들은 비록 王이 없는 시대에 살고 있었지만 기본 정치 이념에서는 왕도정치를 따랐다. 그것은 곧바로 유교적인 덕치이념이다. 유가들에게 덕치이념이란 곧바로 천하 만민에게 仁을 베푸는 것이다. 그런데 仁이란 바로 이웃사랑으로서 생명 있는 것에 대한 사랑이다. 왜냐하면 이 仁이란 바로 우주의 본질이기 때문이다. 그리고 필자는 Ⅱ장에서 유가들에게 있어서 우주의 본질은 곧바로 생명의 흐름이라고 말한 적이 있다. 따라서 仁이란 생명적인 것으로 이웃에 대한 사랑을 본질로 한다.

그런데 해방기에 이 세 명의 문장파 시인은 똑같은 정치 이념을 지향하지는 않았다. 주지하다시피 李秉岐와 鄭芝溶은 조선문학가동맹에 가담을 했고, 趙芝薰은 조선청년문학가협회에 가담을 했다. 게다가 趙芝薰은 6·25 때는 문총구국대에 들어가 종군 시인으로까지 활약했다. 그러면 이제부터 이들 세 사람의 사회시를 구체적으로 살펴보자.

먼저 李秉岐의 사회시부터 살펴보기로 하자. 사실 李秉岐는 處의 생활, 즉 獨善의 생활을 하면서도 결코 出의 생활, 곧 兼善의 생활을 떨쳐버리지 못했다. 그에게 있어서 出의 생활은 處의 생활과 함께 동전의 양면으로 존재했던 것이다. 일제강점기 때 그는 순수시인 자연시를 쓰면서도 다른 한편으론 아래와 같은 사회시를 쓴 적이 있다. 이런 사회시는 그의 일기에서 몇 군데 보이는데, 그 근처에는 또한 민족에 대한 동포애와 반일 적개심이 강한 어조로 동반되어 있는 산문들이 보인다. 다시 말하면 그가 초기시, 즉 순수시를 쓸 무렵 그에게는 강한 정치성이 도사리고 있었던 것이다.

널장에 밤이 길고 고랑에 성에 끼니
주리고 야위신 몸이 으스스 소름칠 제
아마도 그 몹쓸 추위 뼈속까지 사무치리

겨울밤 더운 구들 배부른 이내 몸이
어인 일로 아니자고 오래도록 앉았는가
창밖에 비닫는 소리 애끊는 듯 하여라

밤으로 낮으로 임계신 데 바라보니
지척이 천리라 보란들 뵈랴마는
어쩌다 예는 넋이야 뉘라서 막을 소냐

위의 시조는『가람일기』(1922. 3. 9)에 실려 있는 미발표 작품이다. 이 시는 당시 독립군 군자금 혐의로 구속 수감된, 친구의 형 최익한을 두고 읊은 사회시이다. 여기서 사회·민족의식이 강하게 나타남을 볼 수 있다. 자신은 별로 하는 일 없이 겨울밤 더운 구들목에 배불리 누워 있지만 결코 잠이 아니 온다. 그리고 창 밖에 비 내리는 소리가 애끊는 듯하다. 이는 자신과 가까이 지내던 운명공동체의 一人인 최익한이 민족독립운동과 관련하여 감옥에 수감되어 있기 때문이다. 이처럼 이 시에서는 자신과 관련이 있으나 지금은 감옥에 수감되어 떨어져 있는 사람과의 어떤 정서적 교류를 다루고 있다. 그 정서적 교류는 고통스럽고 처참하다. 그것은 감옥 속에 있는 최익한의 생명적 상태가 상당히 힘든 상황에 처해 있기 때문이다. 이렇듯 자아와 대상 간에 생명적 교류가 힘든 상황에서 이루어지고 있음을 볼 수 있다. 그런데 李秉岐는 이러한 사회시를 해방 전에 전혀 발표한 적이 없다. 예컨대, 조선어학회 사건으로 인한 감옥 생활을 체험으로 한 연작 시조 〈洪原低調〉는 1942년도에 쓰여진 것으로 보이나, 실제 발표되기는 해방 이후의 일이다.

그러다가 李秉岐는 해방기가 되면서 왕성하게 일련의 사회시들을 발표한다. 그것은 앞에서도 말했듯이 그에게 이제 出의 생활을 위한 길이 트였기 때문이다. 그것이 그로 하여금 해방 직후 고향 여산에서 민회 부위원장을 맡게 하고, 나중에 조선문학가동맹에서 부위원장으로 추대되었을 때도 적극 반대 성명을 아니 내게 하고, 1950년 6월 29일 적 치하에서, 문리대 임시자치위원회의 좌장으로 뽑혔을 때도 그대로 그것을 수락하게 된 것이라고 볼 수 있다. 조선문학가동맹의 경우, 실제 李秉岐는 부위원장직을 자기도 모르게 맡게 되었고, 또 그 직위에서의 역할을 적극 실천하지도 않았으나, 적극 거절하지도 않았다. 어쩌면 암묵적이라도 어느 정도 조선문학가 동맹에 동조했을지도 모른다. 그것은 그가 동맹에서 주최하는 몇몇 문학 집회에 참여한 것을 보아서도 알 수 있다. 그러나 그는 결코 맑시스트는 아니었다. 단지 유교사상 중 진보적인 측면의 입장에서 다소 개혁적인 입장을 지지하게 되었을 것이다. 어쨌거나 그는 6·25 직후 다시한번 부역 문제로 고초를 받고 서울대에서 물러나 귀향한다. 거기서 다시 그는 순수 자연시의 세계로 되돌아간다. 이는 그의 생활이 전통적인 사대부 선비들의 出處觀을 그대로 따르고 있다는 느낌을 갖게 만드는 것이다.

그러면 李秉岐에게 있어서 사회시는 어떻게 나타나는가. 그에게 사회시는 먼저 민족·민중 해방이란 다소 진보적인 이념으로 시작된다.

밝아 오는 이날 새로운 이 뫼와 이들
도는 그 기운 가을도 봄이어라
시들던 나무도 풀도 도로 살아나누나

일찍 님을 여의고 이리저리 헤매이다
버리고 던진 목숨 이루 헬 수 없다
웃음을 하기보다도 눈물 먼여 흐른다

다행히 아니 죽고 이날을 다시 본다
낡은 터를 닦고 새집을 이룩하자
손마다 연장을 들고 어서 바삐 나오라

〈나오라〉

이 작품은 1945년 11월 3일에 쓰여진 것이다. 여기에는 신국가·신사회 건설을 위한 이념이 돋보인다. 이 신국가·신사회의 세계는 밝아오는 세계이고 새로운 뫼와 들로 되어 있다. 그리고 그 세계 가운데 도는 기운은 가을도 봄으로 느껴질 만큼 생명력이 충만하여 있다. 시들던 나무도 풀도 모두 되살아나는 그런 세계이다. 여기서는 사람도 자연도 모두 생명력이 충일하다. 하나의 이상세계이다. 유가들에 있어서 이상정치의 세계는 자연과 인간이 국가라는 기구 하에서 생명력이 충일하고 조화롭게 만나는 그런 공간이다.[393]

그런데 제2연에서는 그런 생명력이 위축된 공간으로 나온다. 바로 일제강점기 하이다. 이 위축된 생명을 활성화시키기 위해 버리고 던진 목숨(생명)이 이루 헬 수 없다고 회고한다. 그것을 생각하니 웃음보다 눈물이 먼저 흐른다. 그러다 제3연에서는, 이제까지 아니 죽고 다시 이 날을 보았으니, 낡은 터를 다시 닦고 새 집을 이룩하자고 한다. 다시 생명력이 충일한 신국가·신사회를 이룩하기 위해 손마다 연장을 들고 어서 바삐 나오라고 한다.

李秉岐의 이러한 생명사상에 근거를 둔, 민족을 향한 강한 열망은 구체적으로 민족 구성원 중 주로 소외받은 자들에 대한 애정으로 향한다. 그것은 가난한 농민과 중소상인 등의 애환 어린 삶에 대한 연민

---

393) 方東美, 『중국인의 인생철학』, 정인재 譯, 탐구당, 1983, pp.184~205.

으로 나타난다.

지루한 苦痛보다는 차라리 自殺이 쾌하다
그 戰爭 끝에 强盜는 자주 나고
해마다 豊年은 들어도 주려 죽게 되었다

〈農人의 말〉

이 시는 전쟁으로 피폐해진 농민이 사회구조적으로 얼마나 고통을
받고 있는가를 나타내고 있다. 해마다 풍년이 들어도 주려 죽게 되었
다는 말 속에는 농민이 처한 생명력의 피폐성이 단지 자연 재해에 따
른 것이 아니고 사회적인 문제 때문임을 나타낸 것이다. 이처럼 李秉
岐는 농민이 지닌 생명력의 위기를 사회적인 것으로 확대시키고 있다.
다음 鄭芝溶의 경우를 살펴보자. 그 역시 해방기에 사회시를 썼으며
李秉岐와 함께 조선문학가동맹에 가담한 적이 있다. 그리고 그는 신문
을 통해 일련의 진보적인 논설을 피력한 적이 있다. 다음은 그의 문학
론의 일부인데, 이는 문장지 시절 자신의 문학에 대한 비판이다.

위축된 정신이나마 정신이 조선의 자연풍토와 조선인적 정서 감정과 최
후로 언어문자를 고수하였던 것이요, 정치 감각과 투쟁의욕을 시에 집중시
키기에는 일경의 총검을 대항하여야 하였고 또 예술인 그 자신도 무력한
인테리 소시민층이었던 까닭이다.
그러니까 당시 비정치성의 예술파가 적극적으로 무슨 크고 놀라운 일을
한 것이 아니라 소극적이나마 어찌할 수 없는 위축된 업적을 남긴 것이니
문학사에서 이것을 수용하기에 구태어 인색히 굴 까닭은 없을까 한다.
그러나 그것이 조선시의 悠遠한 기준이 되어야 한다든지 신축성 없는 시
적 모형을 다음 세대에까지 유습시켜야 하는 것은 아니다. 그래야 한다면
그것은 일제 중압하의 조선시의 상속일 뿐이요, 조선시의 선수권은 언제든
지 소시민층이 보유한다는 것이 된다.

(중략)

> ……정치성 없는 예술이란 말하자면 생활과 사상성이 박약한 예술인 것
> 이므로 정신적 국면 타개에도 방책이 없었던 것이다.[394]

　이와 같이 鄭芝溶은 시의 정치성, 사회성을 강조하는 평론을 썼다. 그러면 鄭芝溶이 말한 정치성이나 사회성을 보장하는 이데올로기는 무엇인가. 우리는 아래의 글에서 그가 매우 진보적인 이념을 지니고 있음을 볼 수 있다.

> 민주주의 발전사는 마침내 인민의 해방발전사인 것이다.
> 인민해방을 끝까지 아주 끝까지 보지 못하고 민주주의가 중간에 봉건지주 독점자본가 · 친일파 외국상품 금권제국주의 · 모리배 탐관오리 외군주둔무기연기 고문 테로 등 일체 반인민적 요소에 걸리어 가지고서야 무슨 민주주의 노릇을 하는 것이냐 말이다.
> ……(중략)……
> 토지가 **實農** 농민에게 돌아가고, 공장이 노동자의 손으로 유쾌히 움직이고 원조를 가장하는 외화 상륙을 거부하며, 행정기구에 탐관오리가 절멸되며 민주주의적 宣撫가 無非 민주주의적 사투리가 아닐 수 없는 것이다.[395]

　鄭芝溶은 이렇게 민주주의를 인민의 해방발전사로 보고 있다. 그것은 토지가 실제로 농사를 짓는 농민에게로 돌아가고 공장이 노동자의 손으로 유쾌히 움직이는 그런 세계이다. 그리고 제국주의 상품이 배척되고, 탐관오리가 절멸되는 그런 세계이다. 그런데 그런 물질적 토대는 어떠한 이념으로 제시되는가? 여기에 鄭芝溶 특유의 사상이 있는 것이다. 그는 해방 당시 토지개혁론과 관련하여 다음과 같이 쓰고 있다.

> 삼천만이 애국자로 동원되었다.
> 애국주의도 마침내 仁愛說에서 발전한 것이고 보면 애국주의자가 맹자의

---

394) 정지용, 「조선시의 반성」, 『정지용전집 2』, p.267.
395) 정지용, 「민주주의와 민주주의 싸움」, 『정지용전집 2』, pp.389～392.

학도에 지니지 못한다는 것도 말할 수 있지 아니한가?

그러나 맹자의 학설이 실천된 국가가 있었다는 것을 본 일이 없다.

맹자의 학설은 왕정과 왕도를 떠나서는 전체계가 붕괴되고마는 것인데 왕정 당시에도 실현되지 못한 맹자의 仁愛王道說이 왕과 왕정이 없어진 오늘날 조선에서 맹자가 대체 어떻게 해석하여야 할 것인가가 남아 있다.

……(중략)……

그러나 왕과 왕도에 절대 기대하였던 맹자도 실상은 백성을 모르는 人君을 仇讐같이 여기는 〈義〉에 치중하였던 나머지에 백성을 대변하여 人君에게 五畝之宅과 百畝之田을 강경히 요청하였던 것을 알아야 한다.

五畝와 百畝를 합쳐 오늘날 계산으로 최고 일만오천평 쯤 되는 것이 아닐지?

맹자가 조선에 재림하신다 하여도 왕도정치가 마침내 토지 일만오천평위에 선다는 것을 二千年一如히 강조하실 것은 믿어서 틀림없다.[396]

완전한 민주주의는 민주적 토지개혁 위에 선다는 것을 소위 五畝百畝와 관련된 맹자의 정전법사상과 연결시키고 있다. 그리고 그런 맹자의 정전법에 기초한 토지개혁이 바로 인애설의 물적 토대임을 밝히고 있다. 이는 맹자의 사상을 이어받은 것이라 할 수 있다. 그는 이 글의 첫머리에도 '性理'라는 말을 사용한 바 있고, 다른 글에서 '天道攝理'란 말을 사용한 적이 있다.[397] 以上으로 보아 그가 맹자의 인애설에 근거한 왕도사상을 오늘날 민주주의 이념의 근간으로 삼고 있음을 볼 수 있다. 이처럼 그는 아무리 진보적이었다 하더라도 맑시스트는 못 되었고, 맹자 등에서 보이는 상당히 진보적인 유가의 이념을 밑바탕으로 하고 있음을 알 수 있다. 맹자의 인애설이란 것이 바로 생명사상에서 나온 것이다.[398] 이렇게 맹자의 仁愛思想을 바탕으로 생명사상을 인간사회, 국가 단위로까지 확대시킨 것이 鄭芝溶의 해방기 시론인 셈이다.

396) 정지용, 「五畝百畝」, 『정지용전집 2』, pp.379~380.
397) 정지용, 「기상예보와 미소공위」, 『정지용전집 2』, p.197.
398) 方東美, 앞의 책, p.197.

끝으로 趙芝薰의 사회시를 살펴보자. 趙芝薰 역시 李秉岐처럼 자연
시를 쓰다가 사회시를 썼다. 그리고 다시 자연시로 되돌아갔다. 이는
李秉岐와 같이 出處觀을 반복한 것으로 보인다. 역시 그러면서도 李秉
岐처럼 자연시를 보다 중요시 여긴 것으로 보인다. 이는 趙芝薰이 사
회시를 쓰다가 다시 자연시로 되돌아 올 때 사회시를 쓰던 그때가 헛
되고 헛되다는 말을 하고 있는 것을 보아도 알 수 있다. 그러나 그의
사회시가 결코 헛되지는 않았다. 그의 사회시는 전통지향적 자연시 못
지 않게 역사적인 의의가 있기 때문이다. 그럼에도 불구하고 그는 자
연시를 더 선호했는데, 이것이 바로 대부분의 유가들과 공통되는 현상이다.
    그의 사회시는 『역사 앞에서』와 『여운』에 집약적으로 실려 있다.
『역사 앞에서』에 실려 있는 시들을 보면 그것은 거의 다 6·25 때 쓰
여진 종군시임을 알 수 있다. 趙芝薰은 해방기에도 우익의 중심에 서
서 좌익과 맞서 싸웠는데, 6·25 전쟁 후에는 우익 편향성이 강해진
다. 그것은 그의 부친이 납북되고, 조부가 인민군의 박해로 인해 자결
한 것과 관련된다. 그리고 『여운』에서의 작품은 거의 다 이승만 독재
정권에 맞서 싸운 저항시이다. 이제 여기서 몇 편을 뽑아 그의 민주주
의에 대한 의식이 어떤 이념 하에 있었는지 살펴보자.

① 첩첩이 문을 닫아 걸고
   사람들은 모두다 떠나 버렸다

   이룩하기도 전에 흔들리는 사직을 근심하고
   조국의 이 艱難한 운명을 슬퍼하며
                              〈종로에서〉 제 1·2연

② −캄캄한 광야의 그 사나운 짐승서리에서 듣는 네 울음은 神明의 손길
   같이 백성 가슴을 새로운 보람에 뛰게 하였더니라.

百鬼夜行의 소름끼치는 공포를 몰아내는
신비한 呪力을 가진 네 울음이여
다가오는 公道를
生命으로 예견하는 시인의 노래여
모가지를 비틀리어 붉은 피를 뚜욱 뚝 흘리면서 죽어갈지라도 배신할
수 없는 이 지조의 절규여
깊은 밤에 혼자 깨어 하늘을 향해 외치는 불타는 목청이여

〈빛을 부르는 새여〉제 3·4연

③ 그것은 해일이었다.
　 바위를 물어뜯고 왈칵 넘치는
　 불퇴전의 의지였다. 고귀한 피값이었다.

　 정의가 이기는 것을 눈 앞에 본 것은
　 우리 평생 처음이 아니냐
　 아 눈물겨운 것
　 그것은 天理였다.
　 그저 터졌을 뿐 터지지 않을 수 없었을 뿐

　 애국이란 이름조차 차라리
　 붙이기 송구스러운
　 이 빛나는 파도여
　 해일이여!

〈혁명〉제5·6·7연

　위에 인용한 세 작품의 시에서 우리는 간단히 그의 사상적 저변이
유교철학에 연하여 있음을 볼 수 있다.[399] 시 ①은 6·25 당시 1·4
후퇴로 인해 서울 시내가 철수된 모습을 그리고 있다. 그리고 그것을

---

399) 유가적 출처관에 기초한 조지훈의 시적 경향의 양면성에 대해서는 오세영
　 의 논문을 참조. 오세영, 「조지훈의 문학사적 위치」, pp.30~36.

국가 사직과 관련시키고 있다. 국가의 사직이 무너짐과 동시에 국가의 생명마저, 모든 국민의 생명마저 비운에 처함을 묘사하고 있다. 시②는 丁酉年 새해 아침에 생명 찬 새해가 되기를 축원하면서 쓴 작품이다. 여기에도 神明, 百姓, 公道, 生命, 志操 등 유가들이 흔히 사용하는 용어가 계속 나온다. 그리고 그는 시인을 다가오는 天理公道를 生命으로 예견하는 자로 인식하고 있다. 이는 천리공도가 바로 우주생명의 존재 방식이며, 이 우주생명의 존재 방식으로서의 천리공도를 바로 인간의 법도(人道)로 전환시키는 인간의 모습을 말하고 있다. 그런 시인은 지조의 화신이다. 여기서 바로 유가적인 생명사상을 볼 수 있다. 그리고 시 ③은 이승만 정권에 맞서 싸운 4·19 혁명을 예찬한 작품이다. 여기서도 유가사상이 나온다. 4·19 혁명이 성공한 것은 天理公道에 따른 것으로 본다. 즉 인간사의 원리를 자연사의 원리와 일치시키고 있음을 본다. 그리고 이런 천리공도에 따른 4·19 혁명은 거대한 생명의 움직임이다. 왜냐하면 그것은 바로 파도요, 해일이기 때문이다. 자연계에서 파도와 해일에 해당하는 것이 인간계의 혁명이다. 이처럼 혁명은 인간계에서 거대한 생명의 움직임인 것이다. 그것은 바로 '혁명'이 생명의 존재 방식을 바꾸는 행위이기 때문이다.

이상에서 살펴 본 바에 따르면 '문장파' 세 사람의 시인은 모두 전통지향적 자연시를 쓰다가 사회시를 썼는데, 그들의 전통지향적 자연시와 사회시에는 동일한 유가적 이념이 내재해 있음을 살펴보았다. 전통지향적 자연시와 사회시는 이른바 각각 獨善(自得之樂)과 兼善(天下之樂)을 지향하는데, 이때 독선과 겸선은 동전의 양면에 지나지 않기 때문이다. 즉 독선과 겸선은 處와 出의 입장으로 동전의 양면이다. 왜냐하면 處와 出은 서로를 전제로 하고 있기 때문이다. 사실 '處'와 '出'은 바로 생명사상을 근간으로 하면서 동전의 양면을 이루고 있는 것이다. '處'에서는 자연과 개인의 생명적 교류를, 그리고 '出'에서는 인간 대 인간의 생명적 교류를 내용으로 하고 있는 것이다. 이러한 이유로 그들 문장파의 사회시에도 유가적인 형이상학에 근거를 둔 생명사상이 미학적 기반을 이루고 있음을 볼 수 있었다. 다시 말하면, 그들의 사회시에도 생명사상에 근거를 둔 유가적 미의식이 보이는 것이다. 바로 이 유가적 미의식이 兼善을 향한 天下之樂인 것이다.

V. 결 론

　본 연구는 1930년대 후반기 시에 나타난 전통지향적인 미의식을 규명하고 분석하는 데 초점을 맞추었다. 그런데 이 전통지향적인 미의식 중에서도 자연시에 나타난 미의식으로 제한을 가했다. 그리고 이 시기 자연시에 나타난 전통지향적인 미의식은 문장파의 자연시에서 가장 잘 보였다. 따라서 본고에서는 문장파의 자연시에 한정을 시켜 그 속에 나타난 전통지향적인 미의식을 규명해 보았다.

　문장파 자연시의 미의식을 구명하기 위해서는 첫째 문장파의 범위를 설정하는 문제와 둘째 전통지향적인 자연시의 개념 규정문제가 뒤따른다. 우선 문장파의 범위 설정 문제부터 살펴보면, 그 속에는 일군의 주체세력이 있었다. 이들이 李秉岐, 鄭芝溶, 李泰俊, 金瑢俊 등이다. 이들은 최재서가 이끄는『인문평론』과 더불어 당시 한국 문단을 양분하여 담당하고 있었다. 그들은 배타적인 이념이나 창작방법론을 개진하지 않고 개방적이었던 만큼 결속력이 다소 약했던 것이 사실이다. 그러나 문장파 문인들은 여러 경로로 그들 나름대로 그들 자신을 다른 집단과 구별지우는 몇몇 특징 있는 문학적 행위들을 해 왔다. 그러한 행위로 인하여『문장』은 공공연히 표방되던 아니던 간에 당대 문학의 지배적인 조류 중의 하나를 대변하고 있었다. 그것이 바로 전통주의이다. 이 전통주의는 당시 일어난 고전부흥운동에 영향을 입은 것이다. 고전부흥운동에 힘입은 이 전통주의는 확실히 당대에 있어서 하나의 문화 창조 노선이었다. 이들 문장파가 그들 스스로 문학 집단의 주체로 선언하지는 않았으나, 그들은 분명히 한국문학사의 한 시기를 점유하는 독특한 정신적 지향점을 그리고 있었다.

　그런데 본고에서는 문장파의 주체 세력으로 趙芝薰을 첨가시켰다.

그것은 趙芝薰이 문장파의 정신을 누구보다 충실히 계승하고 그것을 극대화시킨 시인이기 때문이다. 그리고 이 논문에서의 대상은 전통지향적인 자연시를 쓴 시인 李秉岐, 鄭芝溶, 趙芝薰 세 사람으로 국한시켰다.

문장파 시인들은 유가적인 이념을 지향했다. 그들은 선비 내지 유가의 후예로서 선비적인 삶을 살려고 노력했다. 선비란 유가적인 이상적 지식인인데 경전에 대한 일정한 지식과 예술에 대한 일정한 조예를 겸비한 사람이다.

지면 관계상 李秉岐를 중심으로 이들이 지향한 선비형을 살펴보았다. 李秉岐는 일기, 수필, 평론, 시조 곳곳에서 강한 선비 취향을 보이고 있다. 그런데 李秉岐가 추구하는 이상적 인간형으로서의 선비는 반드시 사회학적으로 규정되는 것이 아니다. 사회적·물적 토대만으로는 해석되지 않는 영역이 선비라고 하는 인간형 속에 있는 것이다. 따라서 李秉岐를 두고 지나간 봉건시대의 한 인물형으로서의 선비와 자기를 동일시하려는 환영에 빠졌다는 것은 너무 성급하고 편협한 결론으로 보인다. 유가들에 있어서 문화란 순환적인 것이어서 그 순환적인 문화 속에서 살아가는 인간이란 반드시 역사적으로만 규정되는 것이 아니다. 그들에게 선비는 언제 어디서나 실현되어야 할 모델인 것이다.

이런 선비는 풍류를 즐기는데, 李秉岐의 일기 곳곳에 이런 풍류남아로서의 모습이 보인다. 이런 풍류는 도락을 근간으로 한다. 이런 도락은 그러나 절제의식 위에 서 있다. 즉 役物的 사고방식 위에 서 있다. 인간이 외적 사물에 의해 부림을 받지 않고 그것을 부리는 위치에 서고자 하는 이 주체의식이 유가들의 기본 인식 태도이다. 이런 역물적 사고방식으로 그는 산업경제관을 유지하기도 한다.

李秉岐의 산업경제관은 독립 준비를 위한 시운사상과도 관련된다. 시운사상이란 『周易』의 時中 개념에서 나온 것으로 그들 나름으로의 역사관이기도 하다. 이런 시중사상에 바탕을 둔 근대화관을 그는 가지고 있다.

이런 역물적 사고방식은 문화·예술 및 학문에도 나타난다. 역물적 사고방식이 미학으로 나타날 때 그것은 바로 풍류와 멋이다. 풍류와 멋은 삶의 여유에서 나오는 것인데, 그것은 바로 인간 자신이 삶의 주체가 되고자 하는 데서 나온다. 그리고 이 풍류사상이 곧 도에 직결되어 있다. 李秉岐가 난을 즐기는 것은 바로 난의 생리(도)를 즐기는 것이다. 이 도는 바로 서권기와도 관련된다. 서권기란 유교적인 인문적 교양의 힘이다.

이 서권기 사상을 누구보다도 예술정신으로 강조한 이는 역시 李秉岐이다. 그는 창작의 원동력은 서권기, 즉 독서의 힘이라고 한다. 여기서 말하는 그의 서권기 사상은 추사 김정희에게서 비롯된 것이다. 이러한 서권기 사상, 곧 시에 정신적 힘이 있어야 한다는 사상이 바로 문인화정신의 요체이다. 문인화정신이란 사물의 핍진한 묘사를 넘어서 어떤 정신적인 것을 드러내야 하는데, 그 추상적인 것이 바로 유가적인 형이상이다. 추사가 지닌 이런 서권기 사상에 의한 문인화정신이 李秉岐를 통해 문장파 일반에게 확산되어 집단을 결속시키는 구심력으로 작용했다.

이 문인화정신이 예술적으로 표현된 것 중 최고 경지의 하나가 바로 전통적 자연시이다. 전통지향적 자연시는 객체로서의 자연과 주체로서의 인간 사이의 관련 양상을 다루지만, 단순히 경물 묘사나 정서의 표현에 머무르지 않고 어떤 정신적인 것을 나타냄을 목표로 하고 있다. 한마디로 전통지향적 자연시의 최고 목적은 형이상의 구현에 있다. 시에서 형이상의 구현을 이상시하는 시론을 형이상학론이라 부르기로 한다. 필자가 사용한 形而上이란 용어는 『周易』〈계사전〉에서 취해 온 것이다.

그런데 형이상학론은 정경론 속에 포함되어 있다. 형이상학론을 살피려면 정경론부터 먼저 알아보아야 한다. 王夫之에 따르면, 전통적인 자연시에 있어서 자아의 情과 사물의 景은 교융되어 서로 불가분의 관계에 있다. 情과 景이 일치된 상태를 興感이라 부르는데, 이 홍감은 敬이나 心齋의 상태에서 일어난다. 따라서 홍감은 직관적인 것이기도 하다. 직관적인 것이기도 하다는 말에는 정경론 속에 형이상학론이 내포된다는 뜻이 함축되어 있다.

문장파 시인들은 다 같이 이렇게 형이상학론적 관점을 지니고 있다. 형이상학론에 따르면, 시에 있어서 형이상(도)의 구현이란 객관적인 도와 주관적인 도의 일치 체험에서 일어난다. 따라서 그것은 객관적인 美만을 일방적으로 반영하는 모방론과도 다르고 주관적인 美만을 표현하는 표현론과도 다르다.

그런데 이들 문장파 시인들은 주로 생명적인 면에서 구현된 형이상에 특별한 관심을 가지고 있다. 생명의 본질적 탐구, 여기에 그들의 미학이 있는 것이다. 그들은 살아있는 생명체로서의 자연과 자아의 생명적 합일 속에서 시정신을 발견한다. 이를 方東美 식으로 말하면 보편생명과 개체생명의 일치 체험 속에 미가 창조된다는 것이다. 方東美는 도를 보편생명의 흐름으로 파악한다. 그리고 미란 생명 내부에 깃든 풍부한 생명력과 활력에 있다고 정의한다. 이러한 형이상학적 생명철학 위에 선 미학사상이 문장파에게도 똑같이 보인다.

문장파 시인들이 쓴 전통지향적 자연시란 개념은 종래의 산수시, 전원시, 영물시를 포함하는 넓은 개념이다. 그것은 자연을 대상으로 한 시이다. 그러면서도 동양 사상이 들어가 있어야 한다. 이런 의미에서 전통지향적인 자연시는 하나의 양식적 개념이 된다.

그리고 문장파 시인들의 자연시에 나타난 미의식을 구체적으로 살펴보았다. 먼저 李秉岐의 경우를 정리하면 다음과 같다. 첫째, 李秉岐의 시조 중 일상적 거주 공간의 자연물을 다룬 시에서는 대상들이 고요함 가운데 홍겨움의 공간에 위치하고 있다. 대상만이 홍겨움의 분위기에 있는 것이 아니다. 자아도 흥겨움의 정서, 곧 '법열'의 정서 속에 있다. 대상과 자아가 흥겨움의 분위기와 법열의 정서 속에 있을 수 있는 것은 양자가 각기 생명력이 충일하여 상호 확산적으로 교감하고 있기 때문이다. 이런 상태에서 자아는 완상에서 오는 도락을 즐기고 있다.

둘째, 일상적 노동 공간의 자연물을 다룬 시에서는 자아가 직접 노동하는 경우와 그렇지 않은 경우가 있다. 전자의 경우 자아와 대상은 흥겨움의 상태에 놓여 있고, 그 흥겨움은 그들이 각기 지닌 생명력의 충일과 확산 때문이다. 그리고 그런 정서와 분위기가 생동감 있게 묘사되고 있다. 그러나 후자의 경우 어떤 흥겨움과 생명력의 충일과 확산은 있어도 상당히 관념적이고 과장되고 추상적이다. 그런데 전자와 후자의 경우 모두 다 노동에서 오는 목가적 즐거움을 미학으로 하고 있다.

셋째, 비일상적 여행 공간의 자연물을 다룬 시의 경우에서도 자아와 대상은 고요함 가운데 흥겨운 분위기와 '法悅'의 정서에 빠져 있다. 그리고 양자는 생명력이 충일한 가운데 상호 확산적 교감을 보이고 있다. 한편 자아는 여행에서 오는 풍류를 미학적 태도로 취하고 있다.

李秉岐의 자연시에는 전체적으로 대상과 자아 사이에 생명력의 확산적 교감이 보인다. 그래서 거기서 빚어지는 미의식은 풍류와 도락이다. 그리고 그의 생명사상은 유가적인 형이상학에 뿌리를 내리고 있다.

다음 鄭芝溶의 경우도 살펴보았다. 첫째, 일상적 거주 공간의 자연물을 다룬 시의 경우, 대상은 흥겹고 상쾌한 분위기에 젖어 있고, 자아 역시 흥겹고 상쾌한 자아이다. 그리고 양자는 서로 생명력이 충일한 가운데서 교감한다. 한편 자아는 자아 자신과 자연물 속의 약동하는 생명력을 완상하며 즐기고 있다.

둘째, 비일상적 여행 공간의 자연물을 다룬 시의 경우에는 단지 쓸

쓸쓸함만이 있는 것도 있고 흥겨움만 있는 것도 있다. 쓸쓸함만이 있는 시는 고적한 공간에서 대상과 자아가 만나고 있고, 생명력이 서로 위축되어 상호 축소적 교감을 보이고 있다. 흥겨움만 있는 시는 흥겨운 공간에서 대상과 자아가 만나 생명력이 충일하여 상호 확산적 교감을 보이고 있다. 그리고 〈백록담〉의 경우 흥겨움과 고적함이 서로 교차된다. 이상과 같이 여기서는 자아가 때에 따라서 우수 또는 흥겨움을 보이고 있다.

셋째, 비일상적 은거 공간을 다룬 경우, 공간은 정적하면서도 고적하다. 그 고적한 공간 속에서 자아도 '시름겨운' 자아이다. 그리고 그런 자아와 대상이 각기 생명력이 위축되어 상호 축소적 교감을 보이고 있다. 여기서는 자아가 은거에서 오는 체념과 극기의 미의식을 내보인다.

이상에서 살펴본 대로 鄭芝溶의 자연시는 대체로 대상과 자아가 고적한 공간에서 시름겨운 상태에 빠져 있다. 그것은 이 양자가 각기 생명력이 위축되어 상호 축소적 교감을 보이고 있기 때문이다. 여기서 그의 생명사상은 유가적인 형이상학에 뿌리를 내리고 있다.

다음 趙芝薰의 경우를 살펴 보았다.

첫째, 일상적 거주 공간의 자연물을 다룬 경우, 대상은 한적한 분위기에 놓여 있고, 자아는 '유유자적' 하고 있다. 그리고 양자가 그렇게 한적하고 유유자적할 수 있는 것은, 이 양자가 각기 생명력의 고요한 움직임 속에 있기 때문이다. 그리고 양자는 그런 상태에서 생명력의 상호 현상유지적 교감을 보이고 있다. 이 때 자아는 대상 및 자아 자신의 고요한 생명력을 완상하며 즐기고 있다.

둘째, 일상적 노동 공간의 자연물을 다룬 경우, 자아와 대상은 한적하고 유유자적함을 보인다. 그리고 생명력의 현상유지적 교감을 보인다. 이 때 자아는 노동에서 오는 목가적 즐거움을 노래하고 있다.

셋째, 비일상적 여행 공간의 경우, 대상과 자아는 한적함과 유유자적함 속에 있다. 그리고 대상도 자아도 생명력의 고요한 움직임 속에서 현상유지적 교감을 보이고 있다. 이 때 자아는 여행에서 오는 달관의 미의식을 지니고 있다.

넷째, 비일상적 은거 공간의 자연물을 다룬 시는 월정사 시기와 고향 마을에서의 은거 시기 둘로 나뉘어진다. 월정사 시기의 은거시는 한적함을 보이고 고향 마을에서의 은거시는 고적함을 보인다. 전자는 생명력이 고요하게 움직이는 상태에 있고, 후자는 위축된 상태에 있다. 전자는 불교적인 사상 위에 후자는 유교적인 사상 위에 구축되어 있다. 그리고 전자에서는 초탈의 시학이 후자에서는 체념의 시학이 보인다. 한편 유교적인 사상의 경우, 그는 퇴계적인 학통을 이어받고 있다. 그리고 대체로 그의 자연시는 달관과 초탈의 미의식을 보이고 있다. 그것은 자아와 대상이 각기 생명력의 현상유지적 교감 속에 있기 때문이다. 그리고 자아와 대상의 생명력은 고요하게 움직이고 있다.

문장파의 이러한 전통지향적 자연시에 나타난 생명사상은 소위 생명파의 생명의식과는 어떻게 다른가. 문장파의 생명사상은 인간과 자연이 모두 살아 있는 것으로서 서로 생명적으로 교감을 일으키며 조화와 질서를 갖추고 있음을 내용으로 한다. 그리고 자연과 자아 사이의 그런 생명적 교감은 지·정·의가 통합된 전인격적 정신능력에 의해 일어난다. 그리하여 그 정서가 대체로 온유돈후하다. 이에 비해 생명파의 생명의식은 무생물보다 생물에, 비인간보다 인간의 생명에 초점이 맞추어져 있다. 그리고 불완전한 인간은 자연과 쉽게 화해하지 못한다. 그 속에는 조화와 질서 감각이 없다. 대신 부조리와 혼란이 악마적 심상과 공존하고 있다. 그리고 그런 인간의 생명력을 인식하고 정서를 표출하는 것은 온전히 본능에 사로잡힌 감정이다. 그렇게 되는 이유는 그들의 생명의식이 서구 생철학에 연하여 있기 때문이다.

마지막으로, 이들 문장파 시인들은 해방 이전에는 모두 전통지향적 자연시를 쓰다가 해방 이후에는 소위 사회시를 썼다. 순수한 전통지향적 자연시를 쓰던 그들이 참여시인 사회시를 쓰는 데는 그만한 내적인 필연적인 이유가 있다. 이 필연적인 이유는 그들이 해방 이전에 쓰던 전통지향적 자연시와 해방기에 쓴 사회시 사이의 어떤 연속성 속에서 찾을 수 있다. 요약하면, 그들의 자연시와 사회시에는 동일한 유가적 이념이 내재해 있다. 전통지향적 자연시와 사회시는 이른바 각각 '獨善'(自得之樂)과 '兼善'(天下之樂)을 지향하는데, 이 때 독선과 겸선은 동전의 양면에 지나지 않는다. 즉 出處觀에서 보면 독선과 겸선은 동전의 양면을 이루고 있다. 사실 '處'와 '出'은 생명사상을 근간으로 하면서 서로 맞물려져 있다. '處'에서는 자연과 개인의 생명적 교류를, 그리고 '出'에서는 인간 대 인간의 생명적 교류를 내용으로 하고 있다. 이러한 이유로 '문장파'의 사회시에서도 유가적인 형이상학에 근거를 둔 생명사상이 미학적 기반을 이루고 있음을 알 수 있다.

참 고 문 헌

1. 자료

이병기, 『가람시조집』, 문장사, 1939.

이병기, 『가람문선』, 신구문화사, 1966.

이병기, 『가람일기』, 정병욱·최승범 편, 1975.

정지용, 『정지용시집』, 시문학사, 1935.

정지용, 『백록담』, 문장사, 1941.

정지용, 『문학독본』, 박문출판사, 1948.

정지용, 『산문』, 동지사, 1949.

정지용, 『정지용전집』 1·2, 김학동 편, 민음사, 1988.

조지훈, 『조지훈전집』 1·2·3·4·5·6·7, 조지훈전집편찬위원회,
　　　　일지사, 1973.

조지훈, 『풀잎단장』, 창조사, 1952.

조지훈, 『조지훈시선』, 정음사, 1958.

조지훈, 『역사앞에서』, 신구문화사, 1959.

조지훈, 『여운』, 일조각, 1964.

이태준, 『무서록』, 서음출판사, 1988.

이태준, 『상허문학독본』, 1988.

김용준, 『근원수필』, 을유문화사, 1948.

2. 논문

곽신환, 「한국 유교철학의 원류와 전개 - 성리학의 致知說을 중심으로」,
　　　　『철학사상의 제문제 Ⅳ』, 한국정신문화연구원, 1986.

권영민, 「조지훈과 민족시로서의 순수시론」, 『한국민족문학론연구』,
　　　　민음사, 1988.

구모룡, 「한국 근대 문학 유기론의 담론분석적 연구」, 부산대 대학원
　　　박사논문, 1992.

김병국, 「고산구곡가 연구」, 성균관대 대학원 박사논문, 1991.

김병국, 「한국 전원문학의 전통과 그 현대적 변이 양상」, 『한국문화』
　　　7호, 서울대 한국문화연구소, 1986.

김용직, 「『시인부락』의 시대, 생존방식의 불기둥」, 『현대시』, 1992. 1.

김용직, 「조지훈론 - 현대시와 전통의 계승」, 『심상』, 1973. 12.

김용직, 「직정미학의 충격파고 - 서정주론」, 『현대시』, 1992. 2.

김종균, 「조지훈 한시 연구-『流水集』을 중심으로-」, 『논문집』제17집,
　　　한국외국어 대학교, 1984.

김진영, 「왕사정 시론 연구」, 서울대 대학원 박사논문, 1992.

김혜숙, 「추사 김정희의 시문학 연구」, 서울대 대학원 박사논문,
　　　1989.

김혜숙, 「한국 현대시의 한시적 전통 계승에 대한 고찰」, 『국어국문학』
　　　92집, 1984.

김　훈, 「정지용 시의 분석적 연구」, 서울대 대학원 박사논문, 1990.

류창교, 「왕국유의 문예미학이론 연구 - 경계설의 중심으로」, 서울대
　　　대학원 석사논문, 1991.

박경혜, 「조지훈 문학 연구 - 시의 변모과정을 중심으로」, 연세대 대
　　　학원 박사논문, 1992.

박　석, 「宋代 理學家 문학관 연구」, 서울대 대학원 박사논문, 1992.

박　석, 「소강절 시론의 도학적 특색」, 『동아문화』29집, 서울대 동
　　　아문화연구소, 1991.

박호영, 「조지훈 문학 연구」, 서울대 대학원 박사논문, 1988.

서익환, 「조지훈 시 연구」, 한양대 대학원 박사논문, 1988.

송효섭, 「〈백록담〉의 구조와 서정」, 『정지용연구』, 새문사, 1988.

신영명, 「16세기 강호시조의 연구」, 고려대 대학원 박사논문, 1990.

양왕용, 「1930년대의 시연구 - 정지용의 경우」, 어문학 제 26집, 1972.

양왕용, 「조지훈 시 연구」, 『상산이재수박사환력기념논문집』, 1972.

여운필, 「이색의 시문학 연구」, 서울대 대학원 박사논문, 1993.

오세영, 「조지훈의 문학사적 위치」, 『민족문화연구』 제22호, 고대민족문화연구소, 1989.

오탁번, 「한국 현대시사의 대립적 구조 - 소월시와 지용시의 시사적 의의」, 고려대 대학원 박사논문, 1982.

이민홍, 「성리학적 외물인식과 형상 사유」, 『국어국문학』 105집, 1991.

이민홍, 「조선전기 자연미의 추구와 한시 - 성정미학과 산수시」, 『한국한문학연구』 제15집, 1992.

이숭원, 「정지용 시 연구」, 서울대 대학원 석사논문, 1980.

이숭원, 「한국 근대시의 자연표상 연구」, 서울대 대학원 박사논문, 1986.

이숭원, 「한국 현대시에 나타난 식물적 상상력에 대한 연구」, 서울대 사대 국어교육과 편, 『宜民이두현교수정년퇴임기념논문집』, 1989.

이혜숙, 「조선조 복색에 관한 연구」, 홍익대 대학원 석사논문, 1979.

임선묵, 「가람 이병기론」, 『단국대학교 논문집』 5, 1971.

장회익, 「조선 성리학의 자연관」, 『과학과 철학』 제2집, 통나무, 1991.

정운채, 「소상팔경을 노래한 시조와 한시에서의 景의 성격」, 국어교육 79・80, 1992.

정운채, 「윤선도의 시조와 한시의 대비적 연구」, 서울대 대학원 박사논문, 1993.

정운채, 「윤선도의 한시와 시조에 나타난 '興'의 성격」, 전남고시가연구회, 『고시가연구』 제1집, 1993.

정운채, 「퇴계 한시 연구」, 서울대 대학원 석사논문, 1987.

정익섭, 「가사와 풍류고」, 『동악어문논집』 17, 1983.

정익섭, 「호남시가의 풍류성 연구」, 『호남문화연구』 13집, 1983.

조동일, 「산수시의 경치·흥취·주제」, 『국어국문학』 98호, 1987.

최동호, 「산수시의 세계와 은일의 정신」, 『晦岡이선영교수회갑기념
　　　　논총 - 1930년대 민족문학의 인식』, 한길사, 1990.

최동호, 「장수산과 백록담의 세계」, 『현대시의 정신사』, 열음사, 1985.

최미정, 「가람 창작시조이론의 고찰」, 『한국학논집』 10, 계명대 한
　　　　국학연구소, 1983.

최승범, 「가람 이병기론 서설」, 『전북대학교 논문집』, 1973.

최승호, 「조지훈 순수시론의 몇 가지 이론적 근거」, 『향천김용직박
　　　　사회갑기념논문집 - 한국현대시론사』, 모음사, 1992.

최승호, 「조지훈의 시학에 있어서 형이상학적 관점」, 『관악어문연
　　　　구』 제16집, 1991.

최완수, 「秋史實紀 - 그 파란의 생애와 예술」, 임창순 편, 『한국의 미』
　　　　17, 중앙일보사, 1985.

최완수, 「추사의 학문과 예술」, 최완수 편역, 『추사집』, 현암사,
　　　　1976.

팽철호, 「『문심조룡』 연구」, 서울대 대학원 박사논문, 1992.

한계전, 「지용의 시론의 변모 - 모더니즘과 전통의 인식」, 『정지용
　　　　연구』, 새문사, 1988.

황종연, 「문장파 문학의 정신사적 성격」, 『동악어문논집』 제21집,
　　　　1986.

황종연, 「한국문학의 근대와 반근대」, 동국대 대학원 박사논문,
　　　　1991.

3. 국내논저

곽신환, 『주역의 이해 - 주역의 자연관과 인간관』, 서광사, 1990.

권영민, 『해방직후의 민족문학운동 연구』, 서울대출판부, 1986.

김용직, 『정명의 미학』, 지학사, 1986.

김용직, 『한국 현대시 해석·비판』, 시와시학사, 1993.

김용직, 『한국문학의 비평적 성찰』, 민음사, 1976.

김용직, 『한국현대시사 下』, 학연사, 1986.

김용직, 『한국현대시연구』, 일지사, 1974.

김용직, 『해방기한국시문학사』, 민음사, 1989.

김윤식, 『한국근대문예비평사연구』, 한얼문고, 1973.

김윤식, 『한국근대문학사상』, 서문당, 1979, 4판.

김윤식, 『한국근대문학사상비판』, 일지사, 1978.

김윤식, 『한국근대문학사상사』, 한길사, 1984.

김윤식, 『한국근대문학사상연구』, 일지사, 1984.

김윤식, 『한근근대작가론고』, 일지사, 1978.

김윤식, 『황홀경의 사상』, 홍성사, 1984.

김윤식·김현 공저, 『한국문학사』, 민음사, 1973.

김종길 외, 『조지훈연구』, 고대출판부, 1978.

김종태, 『동양회화사상』, 일지사, 1984.

김춘수, 『한국현대시형태론』, 해동출판사, 1959.

김학동 편, 『정지용연구』, 새문사, 1988.

김학동, 『정지용연구』, 민음사, 1987.

김학주, 『중국문학사』, 신아사, 1989.

문덕수, 『한국모더니즘시연구』, 시문학사, 1981.

박 준, 『현대철학사상』, 박영사, 1979.

배종호, 『한국유학사』, 연세대출판부, 1990.

서정주, 『서정주전집』, 일지사, 1972.

석지현, 『선으로 가는 길』, 일지사, 1986.

송 욱, 『시학평전』, 정음사, 1969.

양왕용, 『정지용시연구』, 삼지원, 1988.

오광수, 『한국현대미술사』, 열화당, 1979.

오세영, 『20세기 한국시 연구』, 새문사, 1989.

오세영, 『한국 낭만주의시 연구』, 일지사, 1983.

유치환, 『그림에 그린다』, 신흥출판사, 1959.

이건청, 『한국전원시연구』, 문학세계사, 1986.

이민홍, 『사림파문학의 연구』, 형설출판사, 1985.

이병한 편저, 『중국 고전시학의 이해』, 문학과지성사, 1992.

이장희, 『조선시대 선비연구』, 박영사, 1989.

이중환, 『택리지』 1・2, 노도양 역, 명지대출판부, 1988.

임선묵, 『시조시학서설』, 단대출판부, 1981.

임종찬, 『현대시조론』, 국학자료원, 1992.

전형대 외, 『한국고전시학사』, 홍성사, 1983.

전홍실, 『영미모더니스트시학』, 한신문화사, 1990.

정익섭, 『改稿 호남가단연구』, 민문고, 1989.

정종진, 『한국현대시론사』, 태학사, 1991, 재판.

정한모, 『한국현대시의 정수』, 서울대출판부, 1979.

정한모, 『한국현대시의 현장』, 박영사, 1983.

정효구, 『시와 젊음』, 문학과 비평사, 1988.

조동일, 『문학사와 철학사의 관련 양상』, 한샘, 1992.

조동일, 『한국문학과 세계문학』, 지식산업사, 1992.

중국철학회 편저, 『동양의 자연과 종교의 이해』, 형설출판사, 1993.

지순임, 『산수화의 이해』, 일지사, 1991.

차주환, 『중국시론』, 서울대출판부, 1992.

채수영, 『한국현대시의 색채의식 연구』, 집문당, 1987.

최동호, 『현대시의 정신사』, 열음사, 1985.

최진원, 『국문학과 자연』, 성균관대출판부, 1986.

최진원,『한국고전시가의 형상성』, 성균관대학교 대동문화연구소, 1988.

한계전,『한국현대시론연구』, 일지사, 1983.

한국동양철학회 편,『동양철학의 본체론과 인성론』, 연세대출판부, 1986.

향천김용직박사환갑기념논문집간행위원회,『향천김용직박사환갑기념논문집 – 한국현대시론사』, 모음사, 1992.

李珥, 國譯 栗谷全書, 정신문화연구원, 1987.

丁若鏞, 與猶堂全書.

朴趾源, 燕巖集.

申欽, 象村集.

李德懋, 靑莊館全書.

趙翼, 浦渚先生集.

金正喜, 阮堂先生全集, 김익환 편, 1934.

4. 국외 논저

牟宗三,『중국철학의 특질』, 송항룡 역, 동화출판공사, 1983.

朱光潛,『시론』, 정상홍 역, 동문선, 1991.

劉若愚,『중국의 문학이론』, 이장우 역, 동화출판공사, 1984.

劉若愚,『중국시학』, 이장우 역, 범학사, 1979.

張文勳,『儒道佛美學思想探索』, 中國社會科學出版社, 1988.

伍蠡甫,『山水與美學』, 丹靑圖書有限公司.

王國瓔,『中國山水詩硏究』, 聯經, 民國 75.

錢穆,『주자학의 세계』, 이완재·백도근 역, 이문출판사, 1989.

徐復觀,『중국예술정신』, 권덕주 외 옮김, 동문선, 1990.

方東美,『중국인의 인생철학』, 정인재 역, 탐구당, 1992 제 5판.

袁行霈,『중국시가예술연구』, 강영순 외 6인 공역, 아세아문화사,

1990.

劉　勰,『文心雕龍』, 최신호 역, 현암사, 1975.

王運熙・顧易生 主編,『中國文學批評史』, 上海古籍出版社, 1981.

李澤厚・劉綱紀 主編,『中國美學史』, 中國社會科學出版社, 1984.

班　固,『漢書』.

司馬遷,『史記』.

程伊川・程明道,『二程全書』.

王夫之,『薑齋詩話』.

王夫之,『詩廣傳』.

何懷碩,『中國之自然觀與山水傳統』, 大陸雜誌社.

吳經態,『禪學의 황금시대』, 이남영・서돈각 공역, 삼익당, 1982.

『周易』,『論語』,『孟子』,『中庸』,『書經』,『詩經』,『禮記』,『莊子』

山田慶兒,『주자의 자연학』, 김석근 역, 통나무, 1991.

小屋郊一,『중국문학속의 자연관』, 윤수영 역, 강원대출판부, 1988.

諸橋轍次, 大漢和辭典, 大修館書店, 1968.

Abrams, M.H, The mirror and the lamp, Oxford University Press, 1979.

Bate, W.J(ed),『서양문예비평사서설』, 정철인 역, 형설출판사, 1964.

Cahill, James F., Confucian Elements in the Theory of Painting, Arthur F, Wright(ed)., The Confucian Persuation, Stanford University Press, 1960.

Chang, Chung Yuan, Creativity and Taoism, The Julian Press Inc., 1963.

Collingwood, R.G, The Idea of Nature, Oxford University Press, 1964.

----------------, The principles of Art, Oxford University Press, 1974.

Eliade, M., 『성과 속』, 이동하 역, 학민사, 1988, 제 7판.

Gelven, Michael, 『존재와 시간 입문서』, 김성룡 옮김, 시간과 공간사, 1991.

Hegel, G.W.F., 『헤겔시학』, 최동호 역, 열음사, 1985.

Heidegger. M, 『시와 철학』, 소광희 역, 박영사, 1975.

Hulme, T.E., Speculations, London : Routledge and Kegan Paul, 1960.

Langer, K.Susane, Feeling and Form, London, Routledge and Kegan Paul, 1979.

Read, Hebert, 『도상과 사상』, 김병익 역, 열화당, 1991, 3판.

Rogers, W.E., The Three Genres and the interpretation of Lyric, Princeton university Press, 1983.

Mallory, Willram E. and Paul Simpson - Housley(ed), Geography and Litereture, Syracuse University Press, New York, 1987.

Munro, Thomas, 『동양미학』, 백기수 역, 열화당, 1984.

Spears, Monroe, K., Dionysus and the City, London, Oxford University Press, 1971.

Tu, Wei - ming, Confucian Tought : Selfhood as Creative Transformation, New York, State University of New York, 1985.

찾 아 보 기

【ㄱ】

저자 약력

최 승 호

- 필명 : 최 서 림
- 1956년 경북 청도 출생
- 서울대 국어국문학과 및 동 대학원 박사과정 졸업
- 대구대학교 사범대학 국어교육과 교수 역임
- 현재 서울과학기술대학교 문예창작학과 교수
- 저서로 『한국적 서정의 본질 탐구』, 『서정시의 이데올로기와 수사학』, 『서정시와 미메시스』 등이 있다.
- 비평집으로 『말의 혀』가 있다.
- 편저로 『서정시의 본질과 근대성 비판』, 『21세기 문학의 유기론적 대안』, 『21세기 문학의 동양시학적 모색』, 『조지훈』, 『시론』 등이 있다.
- 시집으로 『이서국으로 들어가다』, 『유토피아 없이 사는 법』, 『세상의 가시를 더듬다』, 『구멍』, 『물금』 등이 있다.

한국현대시와 동양적 생명사상

저 자 / 최승호

인 쇄 / 2013년 1월 10일
발 행 / 2013년 1월 15일

펴낸곳 / 도서출판 청운
등 록 / 제7-849호
편 집 / 최덕임
펴낸이 / 전병욱

주 소 / 서울시 동대문구 용두동 767-1
전 화 / 02)928-4482, 070-7531-4480
팩 스 / 02)928-4401
E-mail / chung928@hanmail.net
　　　　 chung928@naver.com

값 / 20,000원
ISBN 978-89-92093-31-6